机器人及人工智能类创新教材

U0211553

机器人
驱动与控制技术

主　编：郭军龙　吴雨瑰　梁　佳
副主编：魏子钰　林志辉　郭剑岚
　　　　秦娟娟

哈尔滨工业大学出版社

内 容 简 介

机器人驱动与控制技术是机器人运动控制领域的重要组成部分,本书作为该领域的入门指导教材,在内容上既囊括了机器人驱动与控制的基础理论和机器人运动控制相关的基本操作。又包括常见的步进电动机、伺服电动机、新型驱动技术、常用的传感器和控制器、传动链设计和人型机器人的运动控制等。本书兼顾理论和实践,以浅显易懂的方式讲解基础理论,并强调实践的操作过程。本书结构清晰、内容全面、知识完整,理论部分通俗易懂,实践部分复现性强,书中介绍了大量的实验案例,并配有程序代码。

本书可作为机器人、计算机、机电一体化、自动化等相关专业的机器人驱动与控制技术课程教材,也可供高等院校机器人工程新工科专业、高等职业院校智能机器人技术专业实践教学环节的指导教师和学生参考。

图书在版编目(CIP)数据

机器人驱动与控制技术/郭军龙,吴雨璁,梁佳主编. —哈尔滨:哈尔滨工业大学出版社,2023.6(2024.8重印)

机器人及人工智能类创新教材

ISBN 978-7-5767-0699-4

Ⅰ.①机… Ⅱ.①郭… ②吴… ③梁… Ⅲ.①机器人控制-高等职业教育-教材Ⅳ.①TP24

中国国家版本馆 CIP 数据核字(2023)第 048404 号

HITPYWGZS@163.COM

艳|文|工|作|室 13936171227

JIQIREN QUDONG YU KONGZHI JISHU

策划编辑	李艳文	范业婷
责任编辑	李佳莹	
出版发行	哈尔滨工业大学出版社	
社　　址	哈尔滨市南岗区复华四道街 10 号　邮编 150006	
传　　真	0451-86414749	
网　　址	http://hitpress.hit.edu.cn	
印　　刷	哈尔滨市石桥印务有限公司	
开　　本	787 毫米×1 092 毫米　1/16　印张 16.5　字数 362 千字	
版　　次	2023 年 6 月第 1 版　2024 年 8 月第 2 次印刷	
书　　号	ISBN 978-7-5767-0699-4	
定　　价	68.00 元	

主编简介

丛书主编/总主编：

冷晓琨，中共党员，山东省高密市人，乐聚机器人创始人，哈尔滨工业大学博士，教授。主要研究领域为双足人形机器人与人工智能，研发制造的机器人助阵平昌冬奥会"北京8分钟"、2022年北京冬奥会，先后参与和主持科技部"科技冬奥"国家重点专项课题、深圳科技创新委技术攻关等项目。曾获中国青少年科技创新奖、中国青年创业奖等荣誉。

本书主编：

郭军龙，中共党员，河南省周口市人，哈尔滨工业大学（威海）海洋工程学院机械系、机器人工程专业副教授，硕士研究生导师，主要研究方向为轮式移动机器人轮壤接触力学建模和运动控制。

吴雨璁，浙江省余姚市人，乐聚（深圳）机器人技术有限公司硬件研发总监，南方科技大学博士，曾获全国机器人锦标赛一等奖，主要研究方向为双足机器人运动控制。

梁佳，中共党员，副教授，山西省平遥县人，乐聚（深圳）机器人技术有限公司职业教育项目负责人，曾长期在高校工作，主编和参编出版多部书籍。

前　言

当前新一轮科技革命和产业变革加速演进，机器人逐渐演变成新一代信息技术、生物技术、新能源、新材料等关键新兴技术的重要载体和现代产业的关键装备，引领产业数字化发展、智能化升级，不断孕育新产业、新模式和新业态。机器人产业即将迎来升级换代、跨越发展的窗口期。2021年12月由工业和信息化部等15个部门联合印发的《"十四五"机器人产业发展规划》对我国的机器人产业发展做出了全面部署和系统规划，国内已有超86所高等学府设立了机器人工程专业。

机器人工程作为理论知识和工程实践紧密结合的专业，既要注重理论基础知识学习，又要加强理论知识的实际应用。本书共8章，第1章介绍了机器人相关的基础知识；第2章讲解了机器人驱动常用的步进电动机及其控制技术，并利用Arduino控制板实现了步进电机的控制；第3章介绍了伺服电动机的原理及其控制技术，并利用Arduino控制板完成了PWM舵机和总线舵机的运动控制；第4章概述了新型机器人驱动技术和Roban人型机器人的使用；第5章总结了机器人常用的传感器和控制器件；第6章描述了机器人传动链的设计；第7章和第8章利用人型机器人Roban进行了整机运动控制仿真和轨迹规划。本书采用"先介绍相关基础理论，后讲解实践操作"的原则，可使读者在掌握基础知识的前提下，实现对应的实践操作。

本书的编写得到了教育部产学合作协同育人项目(202102333015)，以及哈尔滨工业大学(威海)、乐聚(深圳)机器人技术有限公司的鼎力支持，机器人控制程序的修改调试过程得到了哈尔滨工业大学(威海)在校生刘璞、邓洋、邱海平、曾日杰、张庆申、赖文昕和张茂泉同学的大力帮助。编者在编写过程中参阅了大量的图书和互联网资料，在此一并表示衷心的感谢。

本书主要读者为高等学校机器人工程新工科专业、高等职业院校智能机器人技术专业实践教学环节的指导教师和学生。机器人驱动与控制技术随着机器人应用场景的变化，会呈现多种多样的形式。

由于作者水平有限，且机器人驱动与控制技术不断发展，书中难免会有疏漏和不足之处，恳请读者提出宝贵意见和建议。

编　者
2023年4月

目　　录

第1章　机器人概述

1.1　机器人基本知识

1.1.1　机器人的概念

机器人（Robot）是自动执行工作的机器装置，它既可以运行预先编排的程序，也可以根据以人工智能技术制定的纲领行动。它的任务是协助或取代人类的工作，如生产业、建筑业等。机器人是高级整合控制论、机械电子、计算机、材料和仿生学的产物，在工业、物流、医学、农业、建筑甚至军事等领域均有重要用途。

中国科学家对机器人的定义是：机器人是一种自动化的机器，所不同的是这种机器具备一些与人或生物相似的智能能力，如感知能力、规划能力、动作能力和协同能力等，是一种具有高度灵活性的自动化机器。通过研究和开发在未知及不确定环境下作业的机器人的过程，人们逐步认识到机器人技术的本质是感知、决策、行动和交互技术的结合。

国际上对机器人的概念已经逐渐趋近一致。人们一般都可以接受这种说法，即机器人是一种靠自身动力和控制能力来实现各种功能的机器。联合国标准化组织采纳了美国机器人协会给机器人下的定义为：一种可编程和多功能的操作机；或是为了执行不同的任务而具有可用电脑改变和可编程动作的专门系统。机器人能为人类带来许多方便。

机器人技术已从传统的工业领域快速扩展到其他领域，如医疗康复、家政服务、外星探索和勘测勘探等。无论是传统的工业领域还是其他领域，对机器人性能要求的不断提高，都使机器人必须面对更极端的环境、完成更复杂的任务。因而，社会经济的发展也为机器人技术进步提供了新的动力。

1.1.2　机器人的组成

1.机器人的基本组成

机器人一般由执行机构、驱动装置、检测装置、控制系统和复杂机械等组成。

（1）执行机构。

执行机构即机器人本体，其臂部一般采用空间开链连杆机构，其中的运动副（转动副或移动副）常称为关节,关节个数通常即为机器人的自由度数。根据关节配置形式和运动坐标形式的不同,机器人执行机构可分为直角坐标式、圆柱坐标式、极坐标式和关节坐标式等类型。出于拟人化考虑,常将机器人本体的有关部位分别称为基座、腰部、臂部、腕部、手部(夹持器或末端执行器)和行走部(对于移动机器人)等。

（2）驱动装置。

驱动装置是驱使执行机构运动的机构,按照控制系统发出的指令信号,借助动力元件使机器人进行动作。它输入的是电信号,输出的是线、角位移量。机器人使用的驱动装置主要是电力驱动装置,如步进电动机、伺服电动机等,也有液压、气动等驱动装置。

（3）检测装置。

检测装置实时检测机器人的运动及工作情况,根据需要反馈给控制系统,与设定信息进行比较后,对执行机构进行调整,以保证机器人的动作符合预定的要求。作为检测装置的传感器大致可以分为两类:一类是内部信息传感器,用于检测机器人各部分的内部状况,如各关节的位置、速度、加速度等,并将所测得的信息作为反馈信号送至控制器,形成闭环控制;另一类是外部信息传感器,用于获取有关机器人的作业对象及外界环境等方面的信息,以使机器人的动作能适应外界情况的变化,使之达到更高层次的自动化,甚至使机器人具有某种"感觉",向智能化发展,如视觉、听觉等外部传感器采集工作对象、工作环境的有关信息,利用这些信息构成一个大的反馈回路,从而大大提高机器人的工作精度。

（4）控制系统。

机器人的控制方式有两种:一种是集中式控制,即机器人的全部控制由一台微型计算机完成;另一种是分散(级)式控制,即采用多台微型计算机来分担机器人的控制,如采用上、下两级微型计算机共同完成对机器人的控制,主机常用于负责系统的管理、通信、运动学和动力学计算,并向下级微型计算机发送指令信息;作为下级从机,各关节分别对应一个中央处理器(CPU),进行插补运算和伺服控制处理,实现给定的运动,并向主机反馈信息。根据作业任务要求的不同,机器人的控制方式又可分为点位控制、连续轨迹控制和力(力矩)控制。

1.1.3　机器人的执行机构

机器人的执行机构由传动部件和机械构件组成,可仿照生物的形态将其分成臂、手、足、膀、鳍、躯干等部分。臂和手主要用于操作环境中的对象;足、翅膀、鳍主要用于使机器人身体"移动";躯干是连接各个"器官"的基础结构,同时参与操作和移动等运动功能。

1. 臂和手

臂由杆件及关节构成,关节则由内部装有电机等驱动器的运动副构成。关节及其自由度的构成方法极大影响着臂的运动范围和可操作性等指标。如果机构像人的手臂那样将杆件与关节以串联的形式连接起来，则称为开式链机械手；如果机构像人的手部那样将杆件与关节并联起来，则称为闭式链机械手，如并联机器人机构作为机械臂的机构。机械臂具有改变对象位控和姿态的参数（在三维空间中有 6 个参数），或者对对象施加力的作用，因此手臂最少具有 3 个自由度。若考虑移动、转动（关节的旋转轴沿着杆件长度的垂直方向）、旋转（关节的旋转轴沿着杆件长度方向）三种机构的不同组合可有 27 种形式，在此给出具有代表性的一类：圆柱坐标型机械臂、极坐标型机械臂、直角坐标型机械臂和关节型机械臂。

手部是抓握对象并将机械杆的运动传递给对象的机构。如果能将机器人的手部设计得如人手一样具有通用性、灵活性，使用起来则较为理想。但由于目前在机械和控制上存在诸多困难，且机械人手的应用在生产实际中随现场具体情况不同而不同，因此这种万能手不具有普适性。如果任务仅是用手臂末端简单地固定对象，那么手部可以设计成单自由度的夹钳机构。人们把抓取特定形状物体、具有特制刚性手指的手部称为机械手。如果手臂不运动，那么就需要使用手部来操纵对象，此时多自由度多指型机构就大有用武之地。

2. 移动机构

移动机构是机器人的移动装置。由于在机器人出现以前，人类已发明了移动装置，如车辆、船舶和飞机等，因此在设计机器人时也借鉴了相关的成熟技术，如车轮、螺旋桨和推进器等。实用的移动机器人几乎都采用车轮，不过它的弱点是只限于平坦的地面环境。

为了实现人和动物所具备的对地形及环境的高度适应性，人们正在积极地开展对多种移动机理的研究。现就目前已研制出的部分移动机构进行分类介绍。

（1）车轮式移动机构。

车轮式移动机构在地表面等移动环境中控制车轮的滚动运动，移动体本体相对于移动面产生相对运动。该机构的特点是在平坦的环境下移动效率较履带式移动机构和腿式移动机构要高，结构简单，可控性好。

车轮式移动机构由车体、车轮、处于轮子和车体之间的支撑机构组成。车轮根据其有无驱动力可分为主动轮和从动轮两大类。根据单个车轮的自由度，可分为圆板形的一般车轮、球形车轮、合成全方位车轮三类。

（2）履带式移动机构。

履带式移动机构所用的履带是一种循环轨道，采用沿车轮前进方向边铺设移动面边移动的方式。该机构可在有台阶、壕沟等障碍物的空间中移动，比轮式机构应用范围广，但结构较轮式机构复杂。

履带机构一般由履带、支撑履带的链轮、滚轮及承载这些零部件的支撑框架构成，最后将支撑框架安装在车体上。

（3）双足式移动机构。

双足机器人是用两条腿来移动的机器人。双足式移动机构主要模仿人或动物的移动机理，因此大多数双足机构的结构类型都模仿了人类腿脚的旋转关节机构。

（4）多足式移动机构。

多足机器人是除双足以外的所有足类机器人的总称。这种移动机构环境适应性强，能够任意选择着地点（平面、不平整地面、一定高度的障碍物、平缓斜坡地面和陡急斜坡地面等）进行移动。

（5）混合式移动机构。

为了既能发挥轮式机构在平整地面上高速有效移动的优点，又能在某种程度上适应不平整地面，一种可行的途径就是将车轮与其他形式的机构组合起来，有效地发挥两者的优点。

1.1.4　机器人的传感器

机器人的传感器的主要作用就是给机器人输入必要的信息。例如，测量角度和位移的传感器，对于掌握手和腿的速度、移动的方向，以及被抓持物体的形状和大小都是不可缺少的。

根据输入信息源是位于机器人的内部还是外部，传感器可以分为两大类：一类是为了感知机器人内部的状况或状态的内部测量传感器（简称内传感器），它是在机器人本身的控制中不可缺少的部分，虽然与作业任务无关，却在机器人制作时将其作为本体的组成部分进行组装；另一类是为了感知外部环境的状况或状态的外部测量传感器（简称外传感器），它是机器人适应外部环境所必需的传感器，按照机器工作的内容，分别将其安装在机器人的头部、肩部、腕部、臂部、腿部和足部等。

内传感器大多与伺服控制元件组合在一起使用。尤其是位置或角度传感器，它们一般安装在机器人的相应部位。对于满足给定位置、方向及姿态的控制不可或缺，而且大多采用数字式，以便计算机进行处理。

1.1.5　机器人的驱动器

驱动器是机器人结构中的重要环节，如同人身上的肌肉，因此驱动器的选择和设计在研发机器人时至关重要。常见的驱动器主要有电驱动器、液压驱动器和气压驱动器。随着技术的发展，现在涌现出许多新型驱动器，像压电元件、超声波电动机、形状记忆元件、橡胶驱动器、静电驱动器、氢气吸留合金驱动器、磁流体驱动器、ER 流体驱动器、高分子驱动器和光学驱动器等。

1. 步进电动机驱动器

在控制电路中,给电动机输入一个脉冲,电动机轴仅旋转一定的角度,称为"一个步长的转动",旋转角的理论值称为步距角。因此,步进电动机轴按照与脉冲频率成正比的速度旋转。当输入脉冲停止时,电动机轴在最后的脉冲位置处停止,并产生相对于外力的一个反作用力。因此,步进电动机的控制较为简单,适用于开环回路驱动器。

2. 直流伺服电动机

直流伺服电动机最适合工业机器人的试制阶段或竞技用机器人。

(1)直流伺服电动机的特点。

直流伺服电动机的特点之一是转矩 T 基本与电流 I 成比例,其比例系数 K_T 称为转矩常数。直流伺服电动机的特点之二是无负载速度与电压基本成比例。直流电动机轴在外力的作用下旋转,两个端子之间会产生电压,称为反电动势。反电动势 e 与转动速度 Q 成比例,比例系数是 K_E。在无负载运转时,施加的电感基本等于反电动势,与转动速度成正比。

(2)直流伺服电动机的运转方式。

直流伺服电动机的运转方式有两种:线性驱动和脉宽调制器(PWM)驱动。

线性驱动即给电动机施加的电压以模拟量的形式连续变化,是电动机的理想驱动方式,但在电子线路中易产生大量热损耗。实际应用较多的是脉宽调制方法,其特点是在低速时转矩大,高速时转矩急速减小。因此,常用于竞技机器人的驱动器。

(3)直流伺服电动机的控制方法。

步进电动机是开环控制的;而直流伺服电动机采用闭环实现对速度和位置的控制,这就需要利用速度传感器和位置传感器进行反馈控制。在这种情况下,不仅希望有位置控制,同时也希望有速度控制。进行电动机的速度控制有以下两种基本方式:电压控制,向电动机施加与速度偏差成比例的电压;电流控制,向电动机供给与速度偏差成比例的电流。从控制电路来看,前者简单,而后者具有较好的稳定性。

3. 直接驱动电动机

在齿轮、皮带等减速机构组成的驱动系统中,存在间隙、回差、摩擦等问题。克服这些问题可以借助直接驱动电动机。该电动机被广泛地应用于装配平面关节型(SCARA)机器人、自动装配机、加工机械、检测机器及印刷机械中。对直接驱动电动机的要求是没有减速器,但仍要提供大输出转矩(推力),可控性要好。

直接驱动电动机的工作原理从特性上看,有基于电磁铁原理的可变磁阻电动机和基于永久磁铁的电动机。在相同质量的条件下,后者能够提供大转矩。在低速时,直接驱动的性能更优秀。世界上第一台关节型直接驱动机器人使用的是直流伺服电动机,其后又开发出使用交流伺服电动机的技术。在商用机器中,大多数使用的是反应式步进

(VR)电动机或混合式步进(HB)电动机。可是,VR电动机的磁路具有非线性,控制性能比较差;基于永久磁铁的 HB 电动机存在转速波动大的缺点。

4.液压驱动器

液压伺服系统主要由液压源、液压驱动器、伺服阀、位置传感器、控制器等构成,如图1.1所示。通过这些元件的组合,组成反馈控制系统驱动负载。液压源产生一定的压力,通过伺服阀控制液体的压力和流量,从而驱动驱动器。位置指令与位置传感器的偏差被放大后得到电气信号,然后将其输入伺服阀中驱动液压执行器,直到偏差变为零为止。若传感器信号与位置指令相同,则负载停止运动。液压传动的特点是转矩与惯性比大,也就是单位质量的输出功率高。

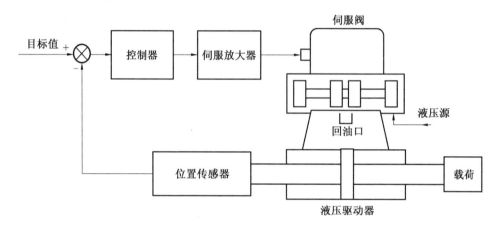

图 1.1　液压伺服系统的组成

液压驱动主要应用在重负载下具有高速和快速响应,同时要求体积小、质量轻的场合。液压驱动在机器人中的应用,以移动机器人,尤其是重载机器人为主。它用小型驱动器即可产生大的转矩(力)。在移动机器人中,使用液压传动的主要缺点是需要准备液压源,其他方面则与电气驱动无大的区别。如果选择液压缸作为直动驱动器,那么实现直线驱动就十分简单。

1.1.6　机器人的控制系统

机器人控制系统是指使机器人完成各种任务和动作所应用的各种控制手段。机器人系统通常分为机构本体和控制系统两大部分。控制系统的作用是根据用户的指令对机构本体进行操作和控制,从而完成作业的各种动作。机器人控制器是影响机器人性能的关键之一,它从一定程度上影响着机器人的发展。一个良好的控制器要有灵活、方便的操作方式和多种形式的运动控制方式,并且要安全可靠。

控制系统是机器人的神经中枢,控制系统的性能在很大程度上决定了机器人的性能,因此其重要性不言而喻。构成机器人控制系统的主要要素是控制系统软、硬件,输入、输出,驱动器和传感器系统。为了解决机器人的高度非线性及强耦合系统的控制问题,要运用到最优控制,解耦、自适应控制,以及变结构滑模控制和神经元网络控制等现代控制理论。另外,一些机器人是机、电、液高度集成的,是一个复杂的系统和结构,其作业环境又极为恶劣,控制系统设计必须考虑具有散热、防尘、防潮、抗干扰、抗振动和抗冲击等性能其才能确保高可靠性。

控制系统设计要求如下:

(1) 为机器人末端执行器完成高精度、高效率的作业实行实时监控,通过所配备的控制系统软、硬件,将执行器的坐标数据及时转换成驱动执行器的控制数据,使之具有智能化、自适应系统变化能力;

(2) 采取有多个控制通路或多种形式控制方式的策略,而且必须拥有自动、半自动和手工控制等控制方式,以应对各种突发情况下,通过人机交互选择后,仍能完成定位、运移、变位、夹持、送进、退出与检测等各种施工作业的复杂动作,使机器人始终能按照人们所希望的目标保持正常运行和作业。

机器人的控制系统主要由输入/输出设备,计算机软、硬件,驱动器,传感器等构成,如图1.2所示。机器人硬件包括控制器、执行器和伺服驱动器;机器人包括各种控制算法。

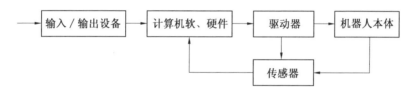

图 1.2 机器人控制系统构成

最早的机器人采用顺序控制方式。随着计算机的发展,机器人采用计算机系统来综合实现机电装置的功能。随着信息技术和控制技术的发展,以及机器人应用范围的扩大,机器人控制技术正朝着智能化的方向发展,出现了离线编程、任务级语言、多传感器信息融合、智能行为控制等新技术。多种技术的发展促进了智能机器人的实现。伴随着机器人技术的进步,控制技术也发展到现代智能控制技术。

1. 最基本的控制方法

对机器人机构来说,最简单的控制就是分别实施各个自由度的运动(位置及速度)控制。这种控制可以通过对控制各个自由度运动的电动机实施比例积分微分(PID)控制简单地实现。在这种情况下,需要根据运动学理论将整个机器人的运动分解为各个自由度的运动来进行控制。这种系统常由上、下位机构成。从运动控制的角度来看,上位机进行运动规划,将要执行的运动转化为各个关节的运动,然后按控制周期传给下位机;下位机进行运动的插补运算及对关节进行伺服,所以常用多轴运动控制器作为机器人的关节控制器。多轴运动控制器的各轴伺服控制也是独立的,每一个轴对应一个关节。

若要求机器人沿着一定的目标轨迹运动,则是轨迹控制。对于工业生产线上的机械臂,轨迹控制常采用示教再现方式。示教再现分两种:点位(PTP)控制,用于点焊、更换刀具等情况;连续路径(CP)控制,用于弧焊、喷漆等作业。如果机器人本身能够主动地决定运动,那么可经常使用路径规划加上在线路径跟踪的方式,如移动机器人的车轮控制方法。

2. 利用传感器反馈的运动调整

对每个自由度实施运动控制时,也可能发生臂和手受到环境约束的情况。这时,机器人与环境之间或许会因为产生过大的力而造成自身的损坏。在这样的状态下,机器人必须适应环境,修改预先规划的轨迹。在这种场合下,借助力传感器反馈力信息并调整运动,能够让整个机器人的行动符合任务的需求。当机器人靠腿、脚进行移动时,若地面的平整度有尺寸误差,则机器人可能会失去平衡。在这种情况下,也需要通过将着地点的力加以反馈,以调整运动,使机器人实现适应地面的平稳步行。

3. 现代控制方法

机器人是一个复杂的多输入、多输出、非线性系统,具有时变、强耦合和非线性的动力学特性。由于建模和测量的不精确,再加上负载的变化及外部扰动的影响,因此实际上无法得到机器人完整的运动学模型。现代控制理论为机器人的发展提供了一些能适应系统变化能力的控制方法。

(1)自适应控制。

当机器人的动力学模型存在非线性和不确定因素,含未知的系统因素(如摩擦力)和非线性动态特性,以及机器人在工作过程中环境和受控对象的性质与特征变化时,解决方法之一是在运行过程中不断测量受控对象的特性。根据测量的信息使控制系统按照新的特性实现闭环最优控制,即自适应控制。自适应控制中的模型参考自适应控制结构,如图 1.3 所示。

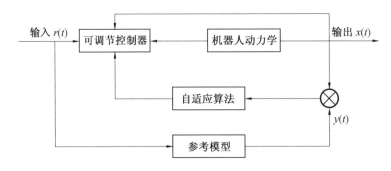

图 1.3　模型参考自适应控制结构

自适应控制在受控系统参数发生变化时,通过学习、辨识和调整控制规律,可以达到一定的性能指标,但实现复杂,实时性要求严格。当存在非参数不确定时,自适应难以保证系统的稳定性。鲁棒控制是针对机器人不确定性的另一种控制策略,可以弥补自适应控制的不足,适用于不确定因素在一定范围内变化的情况,保证系统稳定和维持一定的性能指标。

（2）智能控制。

随着科技的进步,计算机技术、新材料、人工智能、网络技术等的发展出现了各种新型智能机器人。它具有由多种内、外传感器组成的感觉系统,不仅能感觉内部关节的运行速度、力的大小,还能通过外部传感器（如视觉、触觉传感器等）对外部环境信息进行感知、提取、处理并做出适当的决策,在结构或半结构化环境中自主完成一项任务。智能机器人系统具有以下特征。

① 模型的不确定性。

一是模型未知或知之甚少;二是模型的结构或参数可能在很大范围内变化。智能机器人属于后者。

② 系统的高度非线性。

对于高度的非线性控制对象,虽然有一些非线性控制方法可用,但非线性控制目前还不成熟,有些方法也较复杂。

③ 控制任务的复杂性。

对于智能系统,常要求系统对复杂任务有自行规划与决策的能力,有自动躲避障碍物运动到规划目标位置的能力。这是常规控制方法所不能达到的,典型代表是自主移动机器人。这时的自主控制器要完成问题求解和规划、环境建模、传感器信息分析、底层的反馈控制等任务。学习控制是人工智能技术应用到机器人领域的一种智能控制方法,如模糊控制、神经网络控制、基于感知器的学习控制、基于小脑模型的学习控制等。

4. 其他控制

除了上述控制方法之外,人们也正在模仿生物体的控制机理,研究仿生型的非模型控制法。目前,已经实现了稳定的双足机器人、四足机器人的步行控制,基于行为的控制方法已与集中式控制方法相结合,应用到足球机器人的控制系统中。

上述介绍的传统方法,在大多数情况下,都假设杆件是刚体,其不存储应变的能量,力的生成仅靠自由度来实现。利用该方法,能够比较简单地建立具有一般性的系统设计方法。但是,由于驱动器输出有限,响应速度也有限,因此在机器人的具体制作方面造成了很大的限制。为了弥补这一缺陷,人们尝试了多种办法,如使杆件具有弹簧或阻尼功能,以便它能无时间延迟地进行能量存储及耗散,或者以硬件的形式引入各个自由度中的弹簧或阻尼功能,以避免时间延迟,而非依靠软件（转矩控制）来实现。这是考虑"控制"的机构设计的例子。另外,也有考虑"机构"的控制设计的例子。例如,在某些情况下因质量减轻而导致杆件变细,从而演变成柔性机构,这时就可以尝试通过控制来补偿由此产生的误差或振动。如上所述,今后研究中重要的一点是将机构与控制整合起来处理。

1.2 机器人的技术参数与分类

1.2.1 机器人的技术参数

1. 机器人自由度与机动度

自由度是机器人的一个重要技术指标，它是由机器人的结构决定的，并直接影响到机器人的机动性。

（1）刚体的自由度。

刚体能够对坐标系进行独立运动的数目称为自由度。刚体所能进行的运动有：沿 OX、OY 和 OZ 轴的 3 个平移运动 T_1、T_2 和 T_3；绕 OX、OY 和 OZ 轴的 3 个旋转运动 R_1、R_2 和 R_3。这意味着刚体能够运用 3 个平移和 3 个旋转，相对于坐标系进行定位和定向。

一个刚体有 6 个自由度。当两个刚体间确立起某种关系时，每一刚体就对另一刚体失去一些自由度。这种关系也可以用两刚体间由于建立连接关系而不能进行的移动或转动来表示。

（2）机器人的自由度。

机器人的自由度是指其末端相对于参考坐标系能够独立运动的数目。一般情况下，机械手的手臂可以看成由相互连接的刚体组成。如上所述，若要求机器人能够达到空间任意位姿，则它应当具有 6 个自由度。不过，如果机械臂末端安装的工具本身具有某种特别结构，那么就可能不需要 6 个自由度。例如，要把一个球放到空间某个给定位置，有 3 个自由度就足够了；又如，旋转钻头的定位与定向仅需要 5 个自由度，因为钻头可表示为某个绕着它的主轴旋转的圆柱体。

当要求机器人钻孔时，钻头必须转动，不过，这一转动总是由外部的电动机带动的，因此，不把它看作机器人的 1 个自由度。同样，机械手应能开闭，也不能把它当作机器人的自由度之一。因为机械手的开闭只对其操作起作用。

（3）机器人的机动度。

机器人的机动度是指机器人各关节所具有的能自由运动的数目。如图 1.4(a) 所示，在二维空间中，若仅仅需要确定点 D 的位置，那么关节 C 在理论上是冗余的，这时，可以认为关节 C 不再具有自由度，但具有机动度。但是，如果需要同时确定点 D 的位置和方向，那么关节 C 就成为 1 个自由度，它能够使 CD 在一定范围内定向。如果要使 CD 指向任何方向，那么还需要增加另外 2 个自由度。由此可见，并不是所有的机动度都构成 1 个自由度。例如，如图 1.4(b) 所示的二维空间中，尽管机器人有 5 个关节，但是在任何情况下这台机器人的独立自由度不多于 2 个。

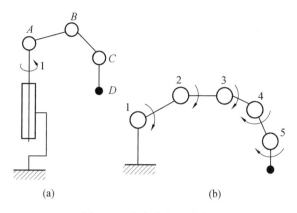

图1.4　自由度与机动度

在三维空间中，一般不要求机器人具有6个以上的自由度，但是可以采用较多的机动度。机动度越多，机器人的灵活性越大，然而其控制难度将随之增加。

2. 机器人额定速度与额定负载

机器人每个关节的运动过程一般包括启动加速阶段、匀速运动阶段和减速制动阶段。为了缩短机器人运动周期，提高生产效率，启动加速阶段和减速制动阶段的时间要尽可能短，匀速运动速度要尽可能快，因此加速阶段和减速阶段的加速度较大，将会产生较大惯性，容易导致被抓物品松脱。由此可见，机器人负载能力与其速度有关。

机器人在保持运动平稳性和位置精度的前提下所能达到的最大速度称为额定速度，其某一关节运动的速度称为单轴速度，由各轴速度分量合成的速度称为合成速度。

机器人在额定速度和行程范围内，末端执行器所能承受负载的允许值称为额定负载。极限负载是在限制作业条件下，保证机械结构不损坏，末端执行器所能承受负载的最大值。

3. 机器人工作空间

机器人末端执行器上参考点能达到的空间的集合称为机器人工作空间。通常，工业机器人的工作空间用其在垂直面内和水平面内的投影表示。对于一些结构简单的机器人，其工作空间也可用解析方程表示。

工作空间是衡量和评价机器人性能的重要指标，特别对于机动型机械，如装载机、挖掘机和钻机等来说，这点尤为重要。研究证实，机器人工作空间与机器人的结构构型、结构参数，以及关节（球铰）变量的允许活动范围密切相关。对于某一自由度的并联机构机器人，可根据其中一条"腿"所能达到的最大长度，计算出该机构的位置反解，进而求得其边界点。从这一思路出发，得到特定结构所对应的活动空间轮廓，即可确定出该机器人的工作空间。当出现并联机器人工作空间过小而不能满足作业要求时，则需要设计可调的冗余自由度，以解决这一问题。

研究表明,想用解析法去求解工作空间仍有很大难度,因为它在很大程度上依赖并联机构位置解的结果。通过给定动平台(或末端执行器)位姿,再利用离散关节空间,由位置正解分析,可逐点求出动平台位置,进而确定出相应的工作空间。而 Gossel 曾采用圆弧相交产生的包络线,确定出6自由度并联机构在姿态固定情况下的工作空间。可见,要想准确、容易地获取任意一种工程机械中机器人的工作空间,并正确分析工作空间的奇异性等,还有许多难题需要破解。

4. 机器人分辨率、位姿准确度和位姿重复性

分辨率是机器人各关节运动能够实现的最小移动距离或最小转动角度,它有控制分辨率和空间分辨率之分。

控制分辨率是机器人控制器根据指令能控制的最小位移增量。若机器人末端执行器借助于二进制 n 位指令移动距离为 d,则控制分辨率为 $d/2^n$;对于转动关节,则为角度的运动范围除以 2^n 得到控制角分辨率,再乘臂长得到末端执行器的控制分辨率。空间分辨率是机器人末端执行器运动的最小增量。空间分辨率是一种包括控制分辨率、机械误差及计算机计算时的圆整、截尾、近似计算误差在内的联合误差。

机器人多次执行同一位姿指令,其末端执行器在指定坐标系中实到位姿与指令位姿之间的偏差称为机器人位姿准确度。位姿准确度可分为位置准确度和姿态准确度。在相同条件下,用同一方法操作机器人时,重复多次所测得的同一位姿散布的不一致程度称为位姿重复性。

5. 作业精度及动态测量

作业精度及动态测量是机器人技术水平的一项重要指标。机器人精度主要体现在末端执行器的位姿误差。例如,当末端执行器是凿岩机器人的液压钻臂,钻凿炮孔时,要强调孔序分布和孔径的精度;当末端执行器在并联机构液压支架顶梁呈3点接触顶板时,则要求所有立柱供油达最大初撑力等。这些都由精度和动态测量来保证。研究表明,工作精度上的误差主要是由零部件制造、装配,铰链间隙,伺服控制,载荷及热变形等因素导致的准静态误差,以及由机器人结构、系统特性和作业中振动所产生的动态误差这两方面因素引起的。经理论分析认为,当这些误差源不变时,末端执行器的误差还会因其所处位姿不同而不同,并且其总误差不是各项误差源的简单线性叠加,而是有不同程度的重叠或抵消。

为了保证精度、减小误差,一方面采取提高机器人主要零部件,如两端支承(球铰)结构与"腿"的加工、安装精度,减小铰链间隙,推行专业化、规模化生产等措施;另一方面则要设置精度的测量、反馈和误差修正系统。通过机器人末端执行器工作过程中所提取的信息,构造实测信息与模型输出间的泛函数,并用非线性最小二乘技术识别模型参数,再用识别结果去修正控制器中的逆解模型参数,以达到误差的补偿和修正。

精度及动态测量,从机器人面世起就为人们所重视,因为这是关系到机器人能否投入工业应用、推向市场的关键。国内外学者、专家在这方面不断进行研究和探索,研究成果也已表明不论是采用编码器还是激光干涉仪,要对并联机构机器人的移动位移,或其各条杆件(腿)的长度做精密测量,都无法解决由于热膨胀、摩擦和负载等引起的变形所导致的测量精度问题。将惯性传感器用于并联机构杆件长度变化的测量是求解这一问题的一种途径。然而,由于惯性传感系统的动态测量特性及工作环境的影响,惯性测量数据中含有偏差误差、未对齐误差和广域的随机误差,因而也将导致系统测量不精确。最新的一项研究进展是在该测量系统基础上,提出了惯性误差修正法以抑制误差的漂移,并采用卡尔曼滤波数据融合和低通滤波的方法来进行误差修正与消除。通过对300 mm 全程运动的试验测量和对试验结果的分析表明,应用新的惯性传感系统可使位置精度提高约61%,运动精度提高20%以上。测量结果还说明,新的惯性动态测量传感系统是一种改善并联机构机器人动态定位精度的可行方法,并随着低成本固态加速度计技术的进一步完善,使为机器人应用的位置与速度动态测量提供更高精度成为可能。毫无疑问,从控制、传感、检测等方面直接对动平台或动平台上末端执行器实现全闭环控制,将是今后解决定位、钻凿、抓持等作业精度和动态测量问题的有效方法和途径。

1.2.2 机器人的分类

机器人的分类方法很多,这里介绍5种分类法,即分别按机器人的几何结构、控制方式、智能程度、移动方式及应用环境进行分类。

1. 按机器人的几何结构分类

机器人的结构形式多种多样,最常见的结构形式是用其坐标特性来描述的。这些坐标结构包括笛卡儿坐标结构、柱面坐标结构、极坐标结构、球面坐标结构和关节式结构等。在此简单介绍柱面坐标、球面坐标和关节式结构这三种最常见的机器人。

(1) 柱面坐标机器人。

柱面坐标机器人主要由垂直柱子、水平移动关节和底座构成。水平移动关节装在垂直柱子上,能自由伸缩,并可沿垂直柱子上下运动。垂直柱子安装在底座上,并与水平移动关节一起绕底座转动,这种机器人的工作空间是一个圆柱面。因此,把这种机器人称为柱面坐标机器人。

(2) 球面坐标机器人。

球面坐标机器人像坦克的炮塔一样,机械手能够里外伸缩移动、在垂直平面内摆动及绕底座在水平面内转动。因此,这种机器人的工作空间形成球面的一部分,称为球面坐标机器人。

（3）关节式机器人。

关节式机器人主要由底座、大臂和小臂构成。大臂和小臂可在通过底座的垂直平面内运动，大臂和小臂间的关节称为肘关节，大臂和底座间的关节称为肩关节。在水平平面上的旋转运动，既可由肩关节完成，也可以通过绕底座旋转来实现。这种机器人与人的手臂非常类似，称为关节式机器人。

2. 按机器人的控制方式分类

（1）非伺服机器人。

非伺服机器人按照预先编好的程序进行工作，使用终端限位开关、制动器、插销板和定序器来控制机器人的运动。例如，Taskor 就是采用步进电机的典型非伺服机器人。

（2）伺服控制机器人。

伺服控制机器人比非伺服机器人更强的工作能力，但是在某些情况下不如非伺服机器人可靠。伺服系统的输出可为机器人末端执行装置（或工具）的位置、速度、加速度或力等。通过反馈传感器取得的反馈信号与来自给定装置（如给定电位器）的综合信号，用比较器加以比较后，得到误差信号，经过放大后用以控制机器人的驱动装置，进而带动末端执行装置以一定规律运动到达规定的位置或速度等。

伺服控制机器人又可分为点位伺服控制和连续轨迹伺服控制两种。点位伺服控制机器人一般只对其一段路径的端点进行示教，而且机器人以最快、最直接的路径从一个端点移动到另一端点。点与点之间的运动总是有些不平稳，即使同时控制两根轴，它们的运动轨迹也很难完全一样。因此，点位伺服控制机器人用于只对终端位置有要求而对点位之间的路径和速度不做要求的场合。

点位伺服控制机器人的初始程序比较容易设计，但不易在运行期间对点位进行修正。由于有行程控制，因此实际工作路径可能与示教路径不同。这种机器人具有很大的操作灵活性，因而其负载能力和工作范围均较大。点焊等加工是这种机器人的典型应用。

连续轨迹伺服控制机器人能够平滑地跟随某个规定的轨迹，它能较准确地复原示教路径。连续轨迹伺服控制机器人具有良好的控制和运行特性，其数据是依时间采样的，而不是依预先规定的空间点采样，这样能够把大量的空间信息存储在磁盘或光盘上。这种机器人的运行速度较快，功率较小，负载能力也较差。喷漆、弧焊、抛光和磨削等加工是这种机器人的典型应用。

3. 按机器人的智能程度分类

按智能程度，机器人可分为一般机器人和智能机器人。

（1）一般机器人。

一般机器人不具有智能，只具有一般编程能力和操作功能，一般不能对环境中意外情形采取主动的调整策略。这类机器人广泛应用于工序及运动比较确定的工业自动化连续生产线、各类物流系统,在一些特殊与极端环境代替人完成工作任务。

（2）智能机器人。

智能机器人按照具有智能的程度不同又可分为以下几种。

① 传感型机器人:具有利用传感信息（包括视觉、听觉、触觉、接近觉、力觉和红外、超声及激光等）进行传感信息处理、实现控制与操作的能力。

② 交互型机器人:通过计算机系统与操作员或程序员进行人机对话,实现对机器人的控制与操作。

③ 自主型机器人:无须人的干预,能够在各种环境下自动完成各项任务。

4. 按机器人的移动方式分类

按移动方式,机器人可分为固定机器人和移动机器人。

（1）固定机器人:固定机器人固定在某个底座上,只能通过移动各个关节完成任务。一般用于各类生产线或制造系统,如加工原料与产品上、下料机械手,固定工位焊接机器人。

（2）移动机器人:移动机器人可沿某个方向或任意方向移动。这种机器人又可分为有轨式机器人、履带式机器人和步行机器人,其中步行机器人又可分为单足、双足、多足行走机器人。

5. 按应用环境分类

中国的机器人专家从应用环境出发,将机器人分为两大类,即工业机器人和特种机器人。国际上的机器人学者,从应用环境出发将机器人也分为两类:制造环境下的工业机器人和非制造环境下的服务与仿人型机器人,这和中国的分类方法是一致的。

（1）工业机器人。

所谓工业机器人就是面向工业领域的多关节机械手或多自由度机器人。它能自动执行工作,靠自身动力和控制能力来实现各种功能,可以接受人类指挥,也可以按照预先编排的程序运行。现代的工业机器人还可以根据人工智能技术制定的原则纲领行动。当今工业机器人技术正逐渐向着具有行走能力、多种感知能力、较强的对作业环境自适应能力的方向发展。

工业机器人按臂部的运动形式分为四种:直角坐标型的臂部可沿2个直角坐标移动;圆柱坐标型的臂部可做升降、回转和伸缩动作;球坐标型的臂部能回转、俯仰和伸缩;关节型的臂部有多个转动关节。

工业机器人按执行机构运动的控制机能,又可分为点位型和连续轨迹型机器人。点位型机器人只控制执行机构由一点到另一点的准确定位,适用于机床上、下料,点焊和一般搬运、装卸等作业;连续轨迹型机器人可控制执行机构按给定轨迹运动,适用于连续焊接和涂装等作业。

工业机器人按程序输入方式不同分为编程输入型和示教输入型机器人。编程输入型机器人是将计算机上已编好的作业程序文件,通过 RS-232 串口或者以太网等通信方式传送到机器人控制柜。示教输入型机器人的示教方法有两种:一种是由操作者用手动控制器(示教操纵盒)将指令信号传给驱动系统,使执行机构按要求的动作顺序和运动轨迹操演一遍;另一种是由操作者直接拖动执行机构,按要求的动作顺序和运动轨迹操演一遍。在示教的同时,工作程序的信息即自动存入程序存储器中,在机器人自动工作时,控制系统从程序存储器中检索出相应信息,将指令信号传给驱动机构,使执行机构再现示教的各种动作。示教输入程序的工业机器人称为示教再现型工业机器人。

具有触觉、力觉或简单的视觉的工业机器人能在较为复杂的环境下工作,如具有识别功能或更进一步增加自适应、自学习功能,即成为智能型工业机器人。

(2)特种机器人。

特种机器人是除工业机器人之外的、用于非制造业并服务于人类的各种先进机器人,包括服务机器人、水下机器人、娱乐机器人、军用机器人和农业机器人等。在特种机器人中,有些分支发展很快,有独立成体系的趋势,如服务机器人、水下机器人、军用机器人和微操作机器人等。

1.3　机器人驱动与控制

1.3.1　机器人技术及应用的主要进展

在计算机技术、网络技术和微机电系统(MEMS)技术等新技术发展的推动下,机器人技术正从传统的工业制造领域向医疗服务、教育娱乐、勘探勘测、生物工程、救灾救援等领域迅速扩展,适应不同领域需求的机器人系统被深入研发与推广应用。

1.工业机器人

工业机器人已广泛应用于汽车工业的点焊、弧焊、喷漆、热处理、搬运、装配、上下料和检测等作业。在物流、食品和药品等领域,工业机器人正逐步代替人工从事繁重枯燥的包装、码垛和搬运作业。工业机器人研究的运动学标定、运动规划、控制等已有成熟的控制方案。但由于工业机器人是一个非线性、多变量的控制对象,而制造业也对机器人性能提出新需求,因此机器人的控制方法仍是研究重点。工业机器人技术也朝着智能化、重载、高精度、高速、网络化等方向发展,结合位置、力矩、力、视觉等信息反馈,柔顺控制、力位混合控制、视觉伺服控制等方法得到大致研究,以适应高速、高精度、智能化作业的需求。利用网络技术,工业机器人不仅简化了系统结构,同时也实现了协同作业。

在工业机器人研究中,国内很多单位(如哈尔滨工业大学、中国科学院沈阳自动化研究所、中国科学院自动化研究所、清华大学、北京航空航天大学、上海交通大学、天津大学、南开大学、华南理工大学、湖南大学、上海大学等)开展了大量工作;在机构、驱动和控制等方面取得了丰富成果,为国内机器人产业的发展奠定了技术基础。而随着国内工业机器人的需求越来越迫切,沈阳新松机器人自动化股份有限公司、哈尔滨博实自动化股份有限公司、广州数控设备有限公司、上海沃迪智能装备股份有限公司、奇瑞汽车股份有限公司等企业在工业机器人产业方面也不断发展壮大。

2. 移动机器人

移动机器人的应用广泛,覆盖了地面、空中、水下,乃至太空。在此简要介绍地面移动机器人中的轮式／履带式、腿足式和仿人形机器人的研究进展。

(1) 轮式／履带式移动机器人。

轮式／履带式移动机器人主要有智能轮椅、导游机器人、野外侦查机器人,以及大型智能车辆等,其定位、运动规划、自主控制、服务作业等技术和方法也得到广泛研究。

机器人利用航迹推算、计算机视觉、路标识别、无线定位,以及即时定位与地图构建(SLAM)等技术进行定位;基于地图完成机器人运动路径的规划和运动控制;结合语音识别、图像识别,实现友好的人机交互,提供引导、解说、物品递送等服务,为家庭、老人、残障人士服务的具有单臂或多臂的移动机器人研究得到重视。

Willow Garage 公司的 PR2 机器人具有全向移动功能、双机械臂和夹持器、立体视觉和激光测距系统。夹持器上装有视觉传感器和力觉传感器阵列,通过视觉和力觉的感知、运动规划与控制,实现打开冰箱、拿取不同物品等作业。日本物理与化学研究所开发的双臂服务机器 RIBA,重 180 kg,机械臂上由触觉传感器覆盖,并可通过触觉感知护理人员的引导信息,协助其抱起并移动 61 kg 重的患者。

在野外探测、危险作业中,轮式／履带式移动机器人受复杂的地形、天气等不确定因素的影响,在自主控制、环境适应方面面临巨大挑战。美国卡内基梅隆大学利用 Nomad 机器人在南极冰原完成了自主搜索陨石作业,研制了重 3.6 t、高 1.2 m 的六轮车辆 Crusher,实现了通过 1.8 m 的障碍或深沟。美国斯坦福大学研制的无人车"斯坦利"集成了激光测距仪、摄像头和 GPS 等多种传感器,设计了道路与路面识别、路径规划,以及速度和转向控制等算法,在加利福尼亚州和内华达州之间的莫哈维沙漠实现自主行驶 6 小时 53 分钟,行程达 200 km。美国卡内基梅隆大学设计的无人车实现了识别不同道路交通标识,按交通规则行驶。Google 公司也开发了无人驾驶汽车,最新报道介绍其无人驾驶汽车已累计驾驶 48.28 万 km。

国内在轮式／履带式移动机器人方面开展了大量工作。哈尔滨工业大学、中国科学院沈阳自动化研究所、中国科学院自动化研究所、上海交通大学、北京航空航天大学、北京理工大学、清华大学、中国科学院深圳先进技术研究院、华中科技大学等单位开发了多种轮式／履带式移动机器人,如智能轮椅、可变形机器人、复合结构机器人等,开展了环境建模、避障路径规划、识别语音命令、人机对话、路标识别定位、作业臂抓取、多机协作等方法研究。国防科学技术大学、清华大学、南京理工大学、浙江大学等单位在无人车自动驾驶方面都开展了大量研究和研制工作。国防科学技术大学研制的红旗 HQ3 无人车实现了行驶、变线、超车等自主控制,完成了 286 km 的高速公路无人驾驶。

(2)腿足式移动机器人。

腿足式移动机器人是模仿哺乳动物、昆虫、两栖动物等的腿足结构和运动方式而设计的机器人系统,研究包括系统设计、步态规划和稳定性等方面内容。

卡内基梅隆大学在 1986 年研制出了具有简单腿结构的液压驱动四足机器人。由于当时腿足式机器人的液压系统在尺寸、质量、性能、控制和便携动力源等方面存在较大困难,因此,此后的大部分研究工作中四足机器人、仿昆虫多足机器人等多采用电动机驱动方式。但电动机直接驱动的机器人存在负载比较低、动态响应性能差、抗冲击能力弱等问题。

2006 年,波士顿动力公司研制了新型液压驱动四足仿生机器人 BigDog,该机器人可负载 150 kg,行走 20 km,负载能力高、环境适应性好、行走速度快、续航能力强。此后,该公司研制的液压四足机器人 AlphaDog 的抵抗侧向冲击、负载、环境适应性和运动范围等性能得到进一步提高,研制的液压四足机器人 Cheetah 实现了约 29 km/h 的奔跑速度。韩国工业技术研究院研制了一种液压马达驱动的四足机器人。意大利技术研究院研制了电、液混合驱动四足机器人 HyQ。

国内研制的腿足式移动机器人多以电动机为主要驱动方式,在四足、六足、八足等机器人机构设计、运动规划、控制方面开展了大量工作。山东大学研制了液压驱动四足机器人实验样机,实现了 Trot 动步态行走,最高速度达到了 1.8 m/s。北京理工大学、哈尔滨工业大学、国防科学技术大学、上海交通大学、北京邮电大学和南京航空航天大学等单位也在液压驱动四足仿生机器人研发方面开展了大量工作。

(3)仿人机器人。

仿人机器人研究主要集中于步态生成、动态稳定控制和机器人设计等方面。步态生成有离线生成方法和在线生成方法。离线生成方法是将预先规划的数据用于在线控制,可完成行走、舞蹈等动作但无法适应环境变化;在线规划则实时调整步态规划、确定各关节的期望角。在稳定性控制方面,零力矩点(Zero Moment Point,ZMP)方法虽应用广泛,但该方法仅适用于平面情况。

日本本田技研工业株式会社研制的仿人机器人 ASIMO 高 1.3 m,行走速度达 6 km/h,可完成"8"字形行走、上下台阶、弯腰等动作,还可与人握手、挥手、语音对话,识别出人和物体等。日本川田株式会社的仿人机器人 HRP-2 高 1.5 m,可模仿人的舞蹈动作。索尼研制了 0.6 m 高的小型娱乐仿人机器人。Aldebaran Robotics 公司研制的用于教学和科研、高 0.57 m 的小型仿人机器人 Nao,集成了视觉、听觉、压力、红外、声呐、触觉等传感器,可用于控制、人工智能等研究。此外,值得关注的是波士顿动力公司在液压四足仿生机器人基础上开发的液压驱动双足步行机器人 Petman,其行走过程显示出良好的柔性和抗外力干扰性,可完成上下台阶、俯卧撑等动作。

国内在仿人机器人方面也开展了大量工作。国防科学技术大学研制开发了 KDW 系列双足机器人,研制了仿人机器人"先行者"和 Blackmann。清华大学研制了 THBIP,高1.7 m,质量为130 kg,可实现上、下楼梯运动;Stepper 机器人是小型、刚性驱动双足机器人,高0.44 m,步速可达3.6 km/h。哈尔滨工业大学研制了 HIT 系列双足步行机器人。在小型仿人机器人方面,哈尔滨工业大学等单位开展了大量研究和研制工作。

3. 医疗与康复机器人

(1) 外科手术机器人。

外科手术机器人可分为3类:监控型、遥操作型和协作型机器人。监控型机器人是由外科医生针对病人制订治疗程序,在医生监控下完成手术的机器人。遥操作型机器人是由外科医生操纵控制手柄来遥控机器人完成手术的机器人。协作型机器人主要用于稳定外科医生使用的器械以便完成高稳定性、高级度的外科手术。第一例机器人辅助外科手术由 Kwoh 等在1985年完成,利用工业机器人将固定装置稳定保持在患者头部附近以便完成神经外科手术的钻孔和将组织取样针插入指定位置。此后,用于辅助外科手术的机器人系统 Probot、ROBODOC、AESOP、da Vinci、Zeus 相继开发并获得应用。基于虚拟现实和机器人结合的远程外科手术技术也得到重视和研究。目前 da Vinci 外科手术辅助机器人是其中比较成功的商用系统,获得了美国食品和药物管理局(FDA)认证,可用于多种外科手术。da Vinci 系统是一个主从结构的系统,医生通过摄像头传回的图像获取手术部位信息,依靠踏板控制摄像头和手术器械、依靠主控手柄遥控机器臂动作来完成外科手术。

国内在外科手术机器人领域的研究工作也发展迅速。北京航空航天大学与中国人民解放军海军总医院合作研制了脑外科机器人系统,并完成了多例脑外科立体定向远程遥操作手术;与北京积水潭医院联合研制了骨科手术机器人系统,并完成了长骨骨折髓内创－内固定远程遥操作手术;与中国人民解放军海军总医院、北京医院合作研制了心血管介入手术机器人。天津大学研制了主从式遥操作结构、具有三维力传感器的显微外科手术机器人,并成功地完成了动物实验。中国科学院自动化研究所与上海市胸科医院等单位合作研制了血管介入手术机器人,并完成了多例动物实验。哈尔滨工业大学、北京理工大学、上海交通大学等也开展了不同类型医疗手术机器人系统的研究并开发了机器人系统。

(2) 康复与助力机器人。

机器人技术用于辅助病人康复、生活自理的研究工作很早就已经开展。近些年来,在康复机器人、助力机器人方面的研究取得了较大进展。

针对老人、残障人士辅助运动的动力机器外骨骼研究得到快速发展。加利福尼亚大学伯克利分校机器人和人体工学实验室研制了穿戴式下肢骨骼负载器 BLEEX 以满足士兵的高机动性和大负重行军需要,使用者可负重 70 kg 以 1.3 m/s 的速度行走。日本 Cyberdyne 公司和筑波大学研制的穿戴式动力外骨骼系统 HAL 系列,分为下肢型和全身型两种,最新系统为 HAL5,可辅助老人或残障人士行走、上下楼梯、搬运物品。类似系统的研究还有很多,如美国麻省理工学院研制了 Leg exoskeleton 等。

国内单位在康复机器人、助力机器人方面也开展相关科研工作。清华大学、哈尔滨工业大学、北京航空航天大学、华中科技大学、东南大学等单位开展了各类不同功能的康复机器人研制工作。哈尔滨工程大学研制了下肢康复机器人、手臂康复机器人等系统。中国科学院自动化研究所研制了具有肌电图信号采集和功能性电刺激功能的下肢康复辅助训练机器人。华东理工大学、上海交通大学、哈尔滨工程大学、中国科学院沈阳自动化研究所等单位在助力机器人系统方面开展了研究和研制工作。

4. 生物启发的机器人系统 —— 仿生机器人

随着机器人应用从工业领域向社会服务、环境勘测等领域的扩展,机器人的作业环境从简单、固定、可预知的结构化环境变为复杂、动态、不确定的非结构化环境,这就要求机器人研究在结构、感知、控制、智能等方面给出新方法以适应新环境、新任务和新需求。因此,很多学者从自然界寻找灵感,从而提出解决新问题的新方法。对生物结构和运动方式进行仿生是研究适应某种特定环境的机器人系统的基本方法之一,如皮肤仿生、攀爬运动仿生等。

由于鱼类运动的高效率、高机动、低噪声等特点,仿生鱼类运动方式的仿生机器鱼研究得到了广泛重视。针对不同类型仿生鱼鳍的设计、建模和控制已开展了很多研究工作,如麻省理工学院研制了机器鱼 RoboTuna 和 RoboPike,大阪大学研制了胸鳍推进的机器鱼 BlackBass,英国赫瑞-瓦特大学研究了波动鳍。华盛顿大学、埃塞克斯大学在控制方面,名古屋大学、新墨西哥大学在微小型机器鱼方面,美国西北大学、南洋理工大学、大阪大学在波动鳍推进方面都取得了很好的研究成果。

此外,蛇形机器人有 ACMR5、密歇根大学研制的 OmniTread、卡内基梅隆大学研制的 Uncle Sam 等,其中 Uncle Sam 实现了爬树运动。仿生两栖机器人有洛桑联邦理工学院(EPFL)研制的 Salamandra、纽约瓦萨学院研制的 Madeline、加拿大约克大学等研制的 AQUA 机器人等。仿生飞行机器人有德国 Festo 公司研制的仿生鸟 SmartBird,多伦多大学研制的四翼扑翼飞机 Mentor、加利福尼亚大学伯克利分校研制的飞行昆虫等。南加州大学研制的自重构机器人 Conro 可自重构成蛇形、四足、履带等形状进行运动。斯坦福大学在壁虎足部结构研究基础上研制了可攀爬墙壁的机器壁虎 Stickybot。名古屋大学机器人学实验室研制了仿生长臂猿机器人 Brachiator。

国内在类似仿生机器人方面也有很多研究,如国防科技大学、中国科学院沈阳自动化研究所、上海交通大学、北京航空航天大学等单位研制了蛇形仿生机器人；哈尔滨工程大学研制了仿生机器螃蟹；中国科学院自动化研究所、中国科学院沈阳自动化研究所、北京航空航天大学等单位研制了水陆两栖机器人；西北工业大学、南京航空航天大学、北京航空航天大学等单位研制了扑翼飞行机器人；哈尔滨工业大学等单位研制了六足仿生机器人。

通过向生物组织输入信号、提取生物组织输出信号实现机器人控制也有很多研究工作，如神户大学和南安普顿大学的研究人员利用黏菌细胞控制六足机器人实现避光运动。杜克大学等单位的研究人员利用检测到的恒河猴脑信号控制机械臂运动。利用嵌入式系统输出电脉冲信号来控制生物的运动，如美国麻省理工学院等单位利用电刺激控制由生物肌肉驱动的仿生机器鱼运动、加利福尼亚大学等单位遥控由甲虫头部插入的电极输出信号控制甲虫飞行。国内也开展了类似的工作，如清华大学研究的脑机接口、南京航空航天大学的生物壁虎控制、山东科技大学的鸽子飞行控制等研究。

1.3.2 机器人技术发展趋势

机器人技术从工业领域快速向其他领域延伸扩展，传统工业领域对作业性能提升的需求和其他领域的新需求极大促进了机器人理论与技术的进一步发展。

在工业领域，工业机器人的应用已不再仅限于简单的动作重复。对于复杂作业需求，工业机器人的智能化、群体协调作业成为解决问题的关键；对于高速度、高精度、重负载的作业，工业机器人的动力学、运动学标定、力控制还有待深入研究。而机器人和操作员在重叠的工作空间合作作业问题，则对机器人结构设计、感知、控制等研究提出了确保人机协同作业安全的新要求。

在工业领域以外，机器人在医疗服务、野外勘测、深空深海探测、家庭服务和智能交通等领域都有广泛的应用前景。在这些领域，机器人需要在动态、未知、非结构化的复杂环境下完成不同类型的作业任务，这就对机器人的环境适应性、环境感知、自主控制、人机交互提出了更高的要求。

1. 环境适应性

机器人的工作环境可以是室内、室外、火山、深海、太空，乃至地外星球，其复杂的地面或地形、不同的气压变化、巨大的温度变化、不同的辐照、不同的重力条件导致对机器人的机构设计和控制方法必须进行针对性、适应性的设计。通过仿生手段研究具有飞行、奔跑、跳跃、爬行、游动等不同运动能力的、适应不同环境条件的机器人机构和控制方法，对于提高机器人的环境适应性具有重要的理论价值。

2. 环境感知

面对动态变化、未知、复杂的外部环境，机器人对环境的准确感知是进行决策和控制的基础，感知信息的融合、环境建模、环境理解、学习机制是环境感知研究的重要内容。

3. 自主控制

面对动态变化的外部环境,机器人必须依据既定作业任务和环境感知结果,利用自主控制进行规划、决策和控制,以达到最终目标。在无人干预或大延时无法人为干预的情况下,自主控制可以确保机器人规避危险、完成既定任务。

4. 人机交互

人机交互对于提升机器人作业能力、满足复杂的作业任务需求具有重要作用。在实时作业环境的二维建模中,听觉、视觉、触觉等多种人机交互的实现方式,人机交互中的安全控制等都是人机交互中的重要研究内容。

针对上述问题的研究,通过与仿生学、神经科学、脑科学,以及互联网技术的结合,可能加速机器人理论、方法和技术研究工作的进展。

机器人技术与仿生学的结合,不仅可以促进高适应性的机器人结构设计方法的研究,对机器人的感知、控制与决策方法的研究也能够提供有力的支持。

机器人学与神经科学、脑科学的结合,将使得人—机器人间的应用接口更加方便。通过神经信号控制智能假肢、外骨骼机器人或远程遥控机器人系统,利用生物细胞来提升机器人的智能,为机器人研究提供了新的思路。

机器人学与互联网技术的结合,使机器人可以通过互联网获取海量的知识,基于云计算、智能空间等技术辅助机器人的感知和决策,将极大提升机器人的系统性能。

1.4　基本仪器设备使用

1.4.1　实验要求

(1)认识示波器的基本构造与工作原理,理解电阻—电容电路时间常数;

(2)测量正弦波、三角波、方波、正弦绝对值这些波形的频率与幅值;

(3)根据 RC 电路时间常数测量方法使用示波器测量几个 RC 电路的时间常数;

(4)讲解锡焊的基本原理;

(5)焊接实训板并测试。

1.4.2　实验过程

1. RC 电路时间常数

RC 电路时间常数是表示过渡反应时间的常数。在电阻、电容的电路中,它是电阻和电容的乘积。若 C 的单位是 μF(微法),R 的单位是 $M\Omega$,时间常数的单位是 s,在这样的

电路中当恒定电流 I 流过时,电容的端电压达到最大值的 $1-\dfrac{1}{e}$(约 0.63)时所需要的时间即是时间常数,而在电路断开时,时间常数是电容的端电压达到最大值的 $\dfrac{1}{e}$(约 0.37)时所需要的时间。

(2)测量波形的频率及幅值。

通过示波器的 measure 按钮,添加需要测量的物理量。

(3)RC 电路时间常数的测量方法。

先用电阻乘电容,得到理论上的 RC 时间常数,然后调节脉冲的频率,使其大于 5 倍的时间常数,能够让电容充分地充、放电,再通过测量电容电压上升 0.632 或者下降 0.632,测量这段时间,所测得的时间即为电路的时间常数。

(4)电烙铁焊锡的物理原理。

电烙铁运用电流的热效应,即在电烙铁电路中间连一个高阻值的电阻,电流通过电阻时将电能转化为内(热)能。

(5)焊接 555 波形发生器实训板。

注意电阻的大小和颜色对应,一些元件的正、负极对应,焊接成功后通过跳帽或者是一根杜邦线选择输出的波形。555 波形发生器输出的方波、锯齿波和正弦波,如图 1.5 所示。

 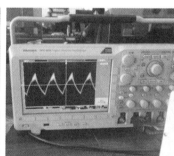 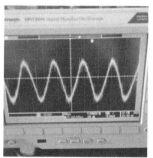

(a) 方波   (b) 锯齿波   (c) 正弦波

图 1.5 555 波形发生器输出波

1.5 基本仪器设备使用:Arduino

1.5.1 点亮 Arduino 开发板自带的 LED 灯

1. 实验说明

本实验需要点亮 Arduino 开发板自带的 LED 灯,如图 1.6 所示。

图 1.6　Arduino 开发板

2. 函数说明

(1)pinMode(pin, mode)。

① 参数设置:pin 代表引脚号;mode 代表模式,可设置为以下三种模式。

a.输出(OUTPUT)模式:当引脚设置为输出模式时,引脚为低阻抗状态。这意味着 Arduino 可以向其他电路元器件提供电流。也就是说,Arduino 引脚在输出模式下可以点亮 LED 或者驱动电机(如果被驱动的电机需要超过40 mA 的电流,Arduino 将需要三极管或其他辅助元件来驱动它们)。

b.输入(INPUT)模式:当引脚设置为输入模式时,引脚为高阻抗状态(100 MΩ)。此时该引脚可用于读取传感器信号或开关信号。

c.输入上拉(INPUT_PULLUP)模式:Arduino 微控制器自带内部上拉电阻。如果需要使用该内部上拉电阻,可以通过 pinMode() 将引脚设置为输入上拉模式。

注意:当 Arduino 引脚设置为输入模式或者输入上拉模式时,请勿将该引脚与负压或者高于 5 V 的电压相连,否则可能会损坏 Arduino 控制器。

② 函数作用:设置引脚模式。

(2)digitalWrite(pin, value)。

① 参数设置:pin 代表引脚号;value 代表 HIGH 或 LOW。

② 函数作用:如果该引脚通过 pinMode() 设置为输出模式,可以通过 digitalWrite() 语句将该引脚设置为 HIGH(5 V) 或 LOW(0 V/GND)。如果该引脚通过 pinMode() 设置为输入模式,当用户通过 digitalWrite() 语句将该引脚设置为 HIGH 时,这与将该引脚将被设置为输入上拉模式相同。

(3)delay(x)。

① 参数设置:x 代表暂停的毫秒数。

② 函数作用:可用于暂停程序运行。

3. 点亮程序说明

初始化 LED_BUILTIN 的引脚为输出模式,代码如图 1.7 所示。LED_BUILTIN 是 arduino 中对应 LED 的引脚(不同开发板 LED 引脚数量可能不同,大部分是 13,此处用 LED_BUILTIN 代指 LED 的引脚)。

```
void setup() {
  pinMode(LED_BUILTIN,OUTPUT);
  /*
  初始化LED_BUILTIN的引脚为输出模式。LED_BUILTIN是arduino中对应LED的引脚(不同开发板LED引脚可能不同,不一定都是13)
  pinMode(引脚号, OUTPUT/INPUT/INPUT_OULLUP);函数解释:pin意为引脚. Mode意为模式。引脚编号,数字为0~13。
  模拟引脚A0~A5作为输入时不需要设置,但它们作为输出时需要这条命令,作为数字输出。
  */
}
```

图 1.7　初始化 LED_BUILTIN 的引脚为输出模式代码

通过设置引脚的高低电平控制 LED 的亮灭,代码如图 1.8 所示。

```
void loop() {
  digitalWrite(LED_BUILTIN,HIGH);//将电平设为高, 使灯亮
  delay(1000);//等待1s
  digitalWrite(LED_BUILTIN,LOW);//将电平设为低, 使灯灭
  delay(1000);//等待1s

}
```

图 1.8　通过设置引脚的高低电平控制 LED 的亮灭代码

4. 连接说明

将图 1.9 中的两个框选部分连接,线的另一端与电脑连接即可。

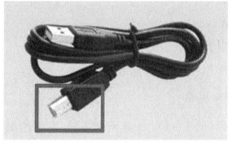

图 1.9　连接图示

1.5.2　呼吸灯的效果

1. 实验说明

本实验需要控制 Arduino 开发板外接 LED 灯(图 1.10),使其实现呼吸灯的效果。

2. 函数说明

(1) pinMode(pin,mode)。

参数设置和函数作用见 1.5.1 小节。

(2) Serial.begin(speed)。

① 参数设置:speed 代表每秒传输字节数。

② 函数作用:设置计算机与 Arduino进行串口通信时的数据传输速率(每秒传输字节数),可使用以下速率:300、600、

图 1.10　Arduino 开发板外接 LED 灯

1 200、2 400、4 800、9 600、14 400、19 200、28 800、38 400、57 600、115 200,也可以根据所使用的设备而设置其他传输速率。

(3) digitalWrite(pin, value)。

参数设置和函数作用见 1.5.1 小节。

(4) analogWrite(pin,value)。

① 参数设置:pin 代表引脚;value 代表亮度值,0 ~ 255。

② 函数作用:模拟输入控制 LED 亮度。

(5) Serial.println(i)。

① 参数设置:i 代表需要输出的参数。

② 函数作用:从串行端口输出数据,跟随一个回车(ASCII 13 或 'r')和一个换行符(ASCII 10,或 'n')。

(6) delay(x)。

参数设置:x 代表暂停的毫秒数。

函数作用:暂停程序运行。

3. 程序说明

初始化(图 1.11):将具有 PWM 功能的引脚设为输出模式(注意:必须使用具有PWM 功能的引脚);设置计算机与 Arduino 进行串口通信时的数据传输速率;将使用的引脚设为低电平。

```
void setup(){
    pinMode(3,OUTPUT);//必须使用带有PWM功能的引脚
    Serial.begin(9600);
    digitalWrite(3,0);
}
```

图 1.11　呼吸灯程序初始化

通过循环设置 LED 的亮度,如图 1.12 所示。

```
void loop(){
    //渐亮
    for (int i = 0; i < 255; i=i+1)
    {
        analogWrite(3,i);
        Serial.println(i);
        delay(10);
    }
    //渐暗
    for (int i = 255; i >0; i=i-1)
    {   analogWrite(3,i);
        Serial.println(i);
        delay(10);
    }

}
```

图 1.12　通过循环设置 LED 的亮度

4. 连接说明

将设置为高电平的引脚与 LED 正极相连,电阻与 LED 负极连接,最后与电线接地端(GND) 相连,如图 1.13 所示。

1.5.3　基本的串口输入与输出

1. 实验说明

本实验需要向计算机返回计算机发送的数据。

2. 函数说明

图 1.13　引脚连接示意图

(1)Serial. begin(speed)。

参数设置和函数作用见 1.5.2 小节。

(2)Serial. println(i)。

参数设置和函数作用见 1.5.2 小节。

(3)Serial. write(i)。

① 参数设置:i 代表需要发送的信息。

② 函数作用:以字节的形式向串口发送信息。

(4)Serial. available()。

① 参数设置:无参数。

② 函数作用:返回串口缓冲区中当前剩余的字符个数。一般用这个函数来判断串口

的缓冲区有无数据,当 Serial. available()＞0 时,说明串口接收到了数据,可以读取。

(4)Serial. read()。

① 参数设置:无参数。

② 函数作用:从串口的缓冲区取出并读取一个 Byte 的数据。

3.程序说明

初始化(图 1.14):调用库函数;定义整型参数;设置计算机与 Arduino 进行串口通信时的数据传输速率;当串口准备就绪,打印 Serial init for Arduino。

```
#include "SoftwareSerial.h"
int read_first_byte;

void setup()
{
    Serial.begin(9600);
    while (!Serial)
    {
        /* 等待连接 */
    }
    Serial.println(" Serial init for arduino");
}
```

图 1.14　基本的串口输入与输出程序初始化

用 A/B 测试串口如图 1.15 所示。

```
void loop()
{

    Serial.write('A');
    delay(1000);
    if(Serial.available() > 0)
    {
        read_first_byte = Serial.read();
        Serial.print(read_first_byte);
    }
    Serial.write('B');
    delay(1000);
    if(Serial.available() > 0)
    {
        read_first_byte = Serial.read();
        Serial.print(read_first_byte);
    }
```

图 1.15　用 A/B 测试串口

4. 连接说明

详见 1.5.1 小节的第 4 部分。

1.5.4 模拟量的输入和读取

1. 实验说明

本实验需要将模拟量电压的数值上传到串口,接线图如图 1.16 所示。

图 1.16 将模拟量电压的数值上传到串口

2. 函数说明

(1)Serial. begin(speed)。

参数设置和函数作用见 1.5.2 小节。

(2)Serial. println(i)。

参数设置和函数作用见 1.5.2 小节。

(3)analogRead(pin)。

① 参数设置:pin 引脚。

② 函数作用:本指令用于从 Arduino 的模拟输入引脚读取数值。Arduino 控制器有多个 10 位数模转换通道。这意味着 Arduino 可以将 $0\sim5$ V 电压输入信号映射到数值 $0\sim1\,023$。换句话说,可以将 5 V 等分成 1 024 份。0 V 的输入信号对应着数值 0,而 5 V 的输入信号对应着 1 023。

3. 程序说明

初始化(图 1.17):定义一个整型参数,设置计算机与 Arduino 进行串口通信时的数据传输速率。

从 Arduino 的模拟输入引脚读取数值,如图 1.18 所示。

```
int value;

void setup() {
  Serial.begin(9600);
}
```

```
void loop() {
  value=analogRead(A0);
  Serial.println(value);

}
```

图 1.17　模拟量的输入与读取程序初始化　　图 1.18　从 Arduino 的模拟输入引脚读取数值

4.连接说明

将电位器的 1 号引脚接 5 V 电源,2 号引脚接 analog input 的 A0,3 号引脚接 GND,如图 1.19 所示。

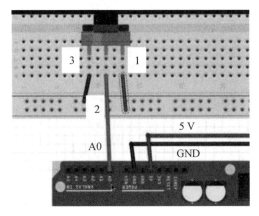

图 1.19　连接示意图

第2章　步进电动机驱动与控制技术及其应用

2.1　步进电动机及其在机器人中的应用

　　步进电动机是一种把开关激励的变化变换成精确的转子位置增量运动的执行机构，它将电脉冲转化为角位移。当步进驱动器接收到一个脉冲信号时，它就驱动步进电动机按设定的方向转动一个固定的角度（即步距角）。可以通过控制脉冲个数来控制角位移量，从而达到准确定位的目的；同时可以通过控制脉冲频率来控制电动机转动的速度和加速度，从而达到调速的目的。步进电动机具有转矩大、惯性小、响应频率高等优点，因此具有瞬间启动与急速停止的优点。使用步进电动机的控制系统通常不需要反馈就能对位置或速度进行控制。

　　步进电动机的步距角有误差，转子转过一定的步数以后也会出现累积误差，但转子转过一周以后，其累积误差为"0"，故其位置误差不会累积，且与数字设备兼容。控制系统结构简单，价格便宜。

2.1.1　步进电动机的工作原理

　　图 2.1 为三相反应式步进电动机工作原理图，其定子有 6 个均匀分布的磁极。当 A、B、C 三个磁极的绕组依次通电时，A、B、C 三对磁极依次产生磁场吸引转子转动。

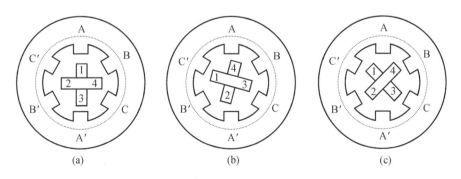

图 2.1　三相反应式步进电动机工作原理图

如图 2.1(a) 所示,如果先将电脉冲加到 A 相励磁绕组,定子 A 相磁极就产生磁通,并对转子产生磁拉力,使转子的 1、3 两个齿与定子的 A 相磁极对齐。然后将电脉冲通入 B 相励磁绕组,B 相磁极便产生磁通。如图 2.1(b) 所示,这时转子 2、4 两个齿与 B 相磁极靠得最近,于是转子便沿着逆时针方向转过 30° 角,使转子 2、4 两个齿与定子 B 相磁极对齐。如果按照 A、B、C、A 的顺序通电,转子则沿逆时针方向一步步地转动,每步转过 30° 角,这个角度称为步距角。显然,单位时间内通入的电脉冲数越多(即电脉冲频率越高),电动机转速越高。如果按 A、C、B、A 的顺序通电,步进电动机将沿顺时针方向一步步地转动。从一相通电换接到另一相通电称为一拍,每一拍转子转动一个步距角。像上述的步进电动机,三相励磁绕组依次单独通电运行,换接 3 次完成一个通电循环,称为三相单三拍通电方式。如果使两相励磁绕组同时通电,即按 AB、BC、CA、AB 的顺序通电,这种通电方式称为三相双三拍,其步距角仍为 30°。

还有一种是按三相六拍通电方式工作的步进电动机,即按照 A、AB、B、BC、C、CA、A 的顺序通电,换接 6 次完成一个通电循环。这种通电方式的步距角为 15°,其工作过程如图 2.2 所示,若将电脉冲首先通入 A 相励磁绕组,转子齿 1、3 与 A 相磁极对齐,如图 2.2(a) 所示。将电脉冲同时通入 A、B 相励磁绕组,这时 A 相磁极拉着 1、3 两个齿,B 相磁极拉着 2、4 两个齿,使转子沿着逆时针方向旋转。转过 15° 角时,A、B 两相的磁拉力正好平衡,转子静止于如图 2.2(b) 所示的位置。如果继续按 B、BC、C、CA、A 的顺序通电,步进电动机就沿着逆时针方向以 15° 步距角一步步转动。

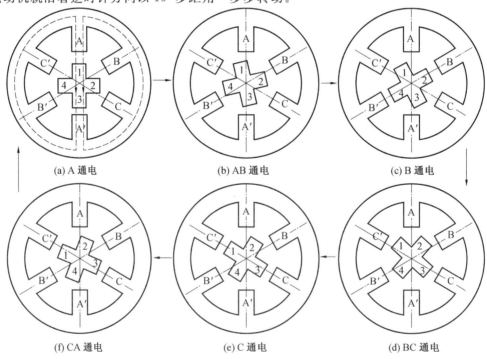

图 2.2　三相六拍反应式步进电动机工作原理图

步进电动机的步距角越小,意味着它所能达到的位性精度越高。通常的步距角是 1.5°,为此需要将转子做成多极式的,并在定子磁极上制成小齿。定子磁极上的小齿和转子磁极上的小齿大小一样,两种小齿的齿宽和齿距相等。当一相定子磁极的小齿与转子的齿对齐时,其他两相磁极的小齿都与转子的齿错开一个角度。按着相序,后一相比前一相错开的角度要大。例如,转子上有 40 个齿,则相邻两个齿的齿距角为 $360°/40＝9°$。若定子每个磁极上制成 5 个小齿,当转子齿和 A 相磁极小齿对齐时,B 相磁极小齿则沿逆时针方向超前转子齿 1/3 齿距角,即超前 3°;而 C 相磁极小齿则超前转子 2/3 齿距角,即超前 6°。按照此结构,当励磁绕组按 A、B、C 顺序进行三相三拍通电时,转子按逆时针方向以 3° 步距角转动;当按照 A、AB、B、BC、C、CA、A 顺序以三相六拍通电时,步距角将减小一半,即 1.5°;如通电顺序相反,则步进电动机将沿着顺时针方向转动。

步进电动机也可以制成四相、五相、六相或更多的相数,以减小步距角来改善步进电动机的性能。为了减少制造电动机的困难,多相步进电动机常做成轴向多段式(又称顺轴式)。例如,五相步进电动机的定子沿轴向分为 A、B、C、D、E 五段。每一段是一相,在此段内只有一对定子磁极。在磁极的表面上开有一定数量的小齿,各相磁极的小齿在圆周方向互相错开 1/5 齿距角。转子也分为 5 段,每段转子具有与磁极同等数量的小齿,但它们在圆周方向并不错开。这样,定子的 5 段就是电动机的五相。

与三相步进电动机相同,五相步进电动机的通电方式也可以是五相五拍、五相十拍等。但是,为了提高电动机运行的平稳性,多采用五相十拍的通电方式。

归纳起来,步进电动机具有以下特点:

(1)定子绕组的通电状态每改变一次,其转子便转过一定的角度,转子转过的总角度(角位移)严格与输入脉冲的数量成正比;

(2)定子绕组通电状态改变速度越快,其转子旋转的速度就越快,即通电状态的变化频率越高,转子的转速就越高;

(3)改变定子绕组的通电顺序,将导致其转子旋转方向的改变;

(4)若维持定子绕组的通电状态,步进电动机便停留在某一位置固定不动,即步进电动机具有自锁能力,不需要机械制动;

(5)步距角 α 与定子绕组相数 m,转子齿数 z,通电方式 k(k＝拍数／相数,拍数是指步进电动机旋转一周,定子绕组的通电状态被切换的次数,相数是指步进电动机每个通电状态下通电的相数)有关。

2.1.2　步进电动机的分类及型号命名

1. 分类

按结构特点进行分类,常使用的步进电动机主要有以下三种类型。

（1）VR 型步进电动机。

VR 型步进电动机又称磁阻反应式步进电动机,转子结构由软磁材料或钢片叠制而成。当定子的线圈通电后产生磁力,吸引转子使其旋转。该电动机在无励磁时不会产生磁力,故不能保持力矩。这种 VR 型电动机转子转动惯量小,适用于高速下运行。

（2）PM 型步进电动机。

永磁型步进电动机,它的转子采用永久磁铁。按照步距角的大小可分为大步距角和小步距角两种。大步距角型的步距角为 $90°$,仅限于小型机种上使用,具有自启动频率低的特点,常用于陀螺仪等航空管制机器、计算机、打字机、流量累计仪表和远距离显示器装置。小步距角型的步距角小,有 $7.5°$、$11.5°$ 等类型,由于采用钣金结构,其价格便宜,属于低成本型的步进电动机。

（3）混合型步进电动机。

此类步进电动机是将 VR 型和 PM 型组合起来构成的电动机,它具有高精度、大转矩和步距角小等许多优点。步距角多为 $0.9°$、$1.8°$、$3.6°$ 等,应用范围从几牛·米的小型机到数千牛·米的大型机。

按转子的运动方式,步进电动机又可分为旋转式步进电动机、直线式步进电动机和平面式步进电动机。其中平面式步进电动机大多由四组直线运动的步进电动机组成,在励磁绕组电脉冲的作用下,可以在 X 轴和 Y 轴两个互相垂直的方向上运动,实现平面运动。

2. 型号命名

步进电动机的型号命名一般由四部分组成,即机座号、电机类型、相数、电机转子齿数。其中,机座号表示机壳外径。电机类型代号如下:电磁式步进电动机代号为 BD,永磁式步进电动机代号为 BY,永磁式感应式步进电动机代号为 BYG,反应式步进电动机代号为 BF,印制绕组式步进电动机代号为 BN,直线式步进电动机代号为 BX,滚切式步进电动机代号为 BG。02 代表第二个性能参数序号的产品。

2.1.3　步进电动机的运行特性

1. 分辨力

在一个电脉冲作用下(即一拍)电动机转子转过的角位移,就是步距角 α,α 越小,分辨力越高。最常用的 α 值有 $0.6°/1.2°$、$0.75°/1.5°$、$0.9°/1.8°$ 和 $1°/2°$ 等。

2. 静态特性

步进电动机的静态特性是指它在稳定状态时的特性,包括静转矩、矩角特性及静态稳定区。

（1）矩角特性。

在空载状态下,给步进电动机某相通以直流电流时,转子齿的中心线与定子齿的中心线相重合,转子上没有转矩输出,此时的位置为转子初始稳定平衡位置。

如果在电动机转子轴加上负载转矩,则转子齿的中心线与定子齿的中心线将错开一个电角度才能重新稳定下来,此时转子上的电磁转矩与负载转矩相等,该转矩为静态转矩,角度为失调角。失调角=±90°时,其静态转矩为最大静转矩。静态转矩越大,自锁力矩越大,静态误差就越小。

(2)保持转矩。

保持转矩指步进电动机通电但没有转动时,定子锁住转子的力矩。它是步进电动机最重要的参数之一,通常步进电动机在低速时的力矩接近保持转矩。由于步进电动机的输出力矩随速度的增大而不断衰减,输出功率也随速度的增大而变化,因此保持转矩就成了衡量步进电动机最重要的参数之一。例如,2 N·m 步进电动机在没有特殊说明的情况下是指保持转矩为 2 N·m 的步进电动机。

3. 动态特性

步进电动机的动态特性将直接影响到系统的快速响应及工作的可靠性。这里仅就动态稳定区、启动转矩和矩频特性等几个问题做简要说明。在某一通电方式下各相的矩角特性总和为矩角特性曲线族。每一曲线依次错开的电角度 $\theta_e = 2\pi/m$(m 为运行拍数),当通电方式为三相单三拍时 $\theta_e = 2\pi/3$;通电方式为三相六拍时 $\theta_e = \pi/3$。

(1)动态稳定区。

步进电动机从 A 相通电状态切换到 B 相(或 AB 相)通电状态时,不致引起丢步,该区域被称为动态稳定区。由于每一条曲线依次错开一个电角度,故步进电动机在拍数越多的运行方式下,其动态稳定区就越接近于静态稳定区。

(2)启动转矩 T_q。

A 相与 B 相矩角特性曲线交点所对应的转矩被称为启动转矩,它表示步进电动机单相励磁时所能带动的极限负载转矩。启动转矩通常与步进电动机相数和通电方式有关。

(3)空载启动频率。

空载启动频率即步进电动机在空载情况下能够正常启动的脉冲频率。如果脉冲频率高于该值,则电动机不能正常启动,可能发生丢步或堵转。在有负载的情况下,启动频率应更低。如果要使电动机达到高速转动,脉冲频率应该有加速过程,即启动频率较低,然后按一定加速度升到所需要的高频(电动机转速从低速升到高速)。否则,步进电动机将无法启动,并常伴有啸叫声。

(4)最高连续运行频率及矩频特性。

步进电动机在连续运行时所能接受的最高控制频率被称为最高连续运行频率,用 f_{jmax} 表示。电动机在连续运行状态下,其电磁转矩随控制频率的升高而逐步下降。这种转矩与控制频率之间的变化关系称为矩频特性。在不同控制频率下,电动机所产生的转矩称为动态转矩。当步进电动机转动时,电动机各相绕组的电感将形成一个反向电动势。频率越高,反向电动势越大。在它的作用下,电动机随频率(或速度)的增大,相电流减小,从而导致力矩下降,且在较高转速时会急剧下降,所以其最高工作转速一般在 $300 \sim 600\ \mathrm{r/min}$。

2.2 机器人驱动与控制技术教案

2.2.1 步进电动机驱动技术

1. 步进电动机驱动装置的组成

步进电动机的运行特性与配套使用的驱动电源有密切关系。驱动电源由脉冲分配器和功率放大器组成,如图 2.3 所示。变频信号源是一个脉冲频率能从几赫兹到几十千赫兹连续变化的脉冲信号发生器,常见的有多谐振荡器和单结晶体器构成的弛张振荡器,它们都是通过调节 R 和 C 的大小,改变充放电的时间常数,得到各种频率的脉冲信号。

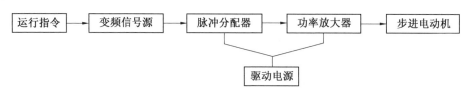

图 2.3 步进电动机驱动组成框图

驱动电源是将变频信号源(微型计算机或数控装置等)送来的脉冲信号和方向信号,按要求的配电方式自动地循环供给电动机各相绕组,以驱动电动机转子正、反向旋转。因此,只要控制输入电脉冲的数量和频率,就可以精确控制步进电动机的转角和速度。

2. 环型脉冲分配器

步进电动机的各相绕组必须按一定的顺序通电才能正常工作。这种使电动机绕组的通电顺序按一定规律变化的部分称为脉冲分配器,又称为环型脉冲分配器。实现环型分配的方法有三种:

第一种是采用计算机软件,利用查表或计算方法来进行脉冲的环型分配,简称软环分。该方法能充分利用计算机软件资源,以降低硬件成本,尤其是对多相电动机的脉冲分配具有更大的优点。但由于软环分占用计算机的运行时间,故会使插补一次的时间增加,易影响步进电动机的运行速度。

第二种是采用小规模集成电路搭接而成的三相六拍环型脉冲分配器。这种方式灵活性很大,可搭接任意通电顺序的环型分配器,同时在工作时不占用计算机的工作时间。

第三种是采用专用环型分配器器件,如CH250即为一种三相步进电动机专用环型分配器,它可以实现三相步进电动机的各种环型分配,使用方便,接口简单。

3. 功率放大器

从计算机输出或从环型分配器输出的信号脉冲电流一般只有几毫安,不能直接驱动步进电动机,必须采用功率放大器将脉冲电流进行放大,使其增大到几安至十几安,从而驱动步进电动机运转。由于电动机各相绕组都是绕在铁芯上的线圈,故电感较大,绕组通电时,电流上升率受到限制,因而影响电动机绕组电流的大小。绕组断电时,电感中磁场的储能组件,将维持绕组中的电流,防止发生突变,在绕组断电时会产生反电动势,为使电流尽快衰减,并释放反电动势,必须适当增加续流回路。对功率放大器的要求包括能提供具有足够的幅值且前后沿较陡的励磁电流,功耗小、效率高,运行稳定可靠,便于维修,成本低廉。

4. 细分驱动

步进电动机的各种功率放大电路都是由已安装的环型分配器决定的分配方式来控制电动机各相绕组的导通或截止,从而使电动机产生步进运动。步距角的大小只有两种,即整步工作和半步工作。步距角由步进电动机结构所确定。如果要求步进电动机有更小的步距角或者为减小电动机振动、噪声,可以在每次输入脉冲切换时,不是将绕组电流全部通入或切除,而是只改变相应绕组中额定的一部分,则电动机转子的每步运动也只有步距角的一部分。这里绕组电流不是一个方波,而是阶梯波,额定电流是台阶式的投入或切除,电流分成多少个"台阶",则转子就以同样的个数转过一个步距角。这样将一个步距角细分成若干步的驱动方法称为细分驱动。细分驱动的特点是在不改动电动机结构参数的情况下,能使步距角减小。细分后的步距角精度不高,功率放大驱动电路也相应复杂;但细分技术能解决低速时易出现低频振动带来的低频振荡现象,使步进电动机运行平稳,匀速性提高,振荡得到减弱或消除。

2.2.2 步进电机控制技术

步进电动机控制技术主要包括步进电动机的速度控制、步进电动机的加减速控制,以及步进电动机的微机控制等。

1. 步进电动机的速度控制

控制步进电动机的运行速度,实际上就是控制系统发出时钟脉冲的频率或者换相的周期。系统可用两种办法来确定时钟脉冲的周期:一种是软件延时;另一种是用定时器。软件延时方法是通过调用延时子程序的方法来实现的,它占用CPU时间;定时器方法是通过设置定时时间常数的方法来实现的。

2. 步进电动机的加减速控制

对于点位控制系统,从起点至终点的运行速度都有一定要求。如果要求运行的速度小于系统的极限启动频率,则系统可以按照要求的速度直接启动,运行至终点后可以立即停发脉冲串而令其停止,系统在这样的运行方式下速度可认为是恒定的。但在一般情况下,系统的极限启动频率是比较低的,而要求的运行速度往往较高。如果系统以要求的速度直接启动,因为该速度超过极限启动频率而不能正常启动,可能发生丢步或不能运行的情况。

系统运行后,如果到达终点时突然停发脉冲串,令其立即停止,则因为系统的惯性原因,会发生冲过终点的现象,使点位控制发生偏差。因此在点位控制过程中,运行速度都需要有一个加速 → 恒速 → 减速 →(低恒速)→ 停止的过程,如图2.4所示。各种系统在工作过程中,都要求加减速过程时间尽量短,而恒速时间尽量长。特别是在要求快速响应的工作中,从起点至终点运行的时间要求最短,这就必须要求加速、减速的过程最短,而恒速时的速度最高。

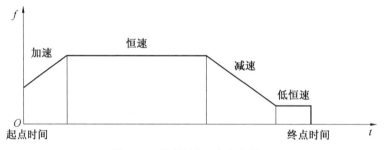

图 2.4　控制的加、减速过程

加速规律一般可有两种选择:一是按直线规律加速;二是按指数规律加速。按直线规律加速时加速度为恒值,因此要求步进电动机产生的转矩为恒值。从电动机本身的矩频特性来看,在转速不是很高的范围内,输出的转矩可基本认为恒定。但实际上电动机转速升高时,输出转矩将有所下降,如按指数规律升速,加速度是逐渐下降的,接近电动机输出转矩随转速变化的规律。用微型计算机对步进电动机进行加减速控制,实际上就是改变输出时钟脉冲的时间间隔。加速时使脉冲串逐渐加密,减速时使脉冲串逐渐稀疏,微型计算机用定时器中断方式来控制电动机变速时,实际上就是不断改变定时器装载值的大小,一般用离散法来逼近理想的升降速曲线。为了减少每步计算装载值的时间,系统设计时就把各离散点速度所需的装载值固化在系统的EEPROM中,系统运行中用查表法查出所需的装载值,从而大大减少占用CPU的时间,提高系统反应速度。

3. 步进电动机的微型计算机控制

步进电动机的工作过程一般由控制器控制,控制器按照设计者的要求完成一定的控制过程,使功率放大电路按照要求的规律,驱动步进电动机运行。简单的控制过程可以用各种逻辑电路来实现,但其缺点是线路复杂,控制方案改变困难。微处理器的问世给步进电动机控制器设计开辟了新的途径。各种单片机的迅速发展和普及为设计功能强大且价格低廉的步进电动机控制器提供了条件。使用微型计算机对步进电动机进行控制有串行和并行两种方式,分别介绍如下。

(1)串行控制。

具有串行控制功能的单片机系统与步进电动机驱动电源之间有较少的连线,将信号送入步进电动机驱动电源的环型分配器(在这种系统中,驱动电源必须含有环型分配器)。

(2)并行控制。

用微型计算机系统的数个端口直接控制步进电动机各相驱动电路的方法,称为并行控制。在电动机驱动电源内,不包括环型分配器,而其功能必须由微型计算机系统完成。由系统实现脉冲分配器的功能有两种方法:一种是纯软件方法,即完全用软件来实现相序的分配,直接输出各相导通或截止的信号;另一种是软、硬件相结合的方法,在这种接口中,计算机向接口输入简单形式的代码数据,而后接口输出步进电动机各相导通或截止的信号。

2.2.3 步进电动机在机器人驱动与控制中的应用概况

1.步进电动机应用于机器人的优势

步进电动机具有惯量低、定位精度高、无累积误差、控制简单等特点。步进电动机是低速大转矩设备,传输距离更短,有更高的可靠性,更高的效率,更小间隙和更低的成本。正是这一特点使得步进电动机适用于机器人,因为大多数机器人运动是短距离要求高加速度达到低点的循环周期。步进电动机功率-质量比高于直流电动机。大多数机器人的运动不是长距离和高速度,但通常需要短距离的停止和启动。在低转速高转矩工况下,步进电动机是理想的机器人驱动器。

2.机器人步进电动机设计应用注意事项

对步进电动机的选型,主要考虑三方面的问题:第一,步进电动机的步距角要满足进给传动系统脉冲当量的要求;第二,步进电动机的最大静力矩要满足进给传动系统的空载快速启动力矩的要求;第三,步进电动机的启动矩频特性和工作矩频特性必须满足进给传动系统对启动力矩与启动频率、工作运行力矩与运行频率的要求。总之,应遵循以下原则。

(1)应使步距角和机械系统相匹配,以得到所需的脉冲当量。有时为了在机械传动过程中得到更小的脉冲当量,一是改变导程,二是通过步进电动机的细分驱动来完成。

但细分只能改变其分辨率,不能改变其精度。精度是由电动机的固有特性所决定的。

（2）要正确计算机械系统的负载转矩,使电动机的矩频特性能满足机械负载要求并有一定的余量,保证其运行可靠。在实际工作过程中,各种频率下的负载力矩必须在矩频特性曲线的范围内。一般来说,最大静力矩大的电动机,其承受的负载力矩也大。

（3）应当估算机械负载的负载惯量和机器人要求的启动频率,使之与步进电动机的惯性频率特性相匹配且还有一定的余量,使之最高速连续工作频率能满足机器人快速移动的需要。

（4）合理确定脉冲当量和传动链的传动比。脉冲当量应该根据进给传动系统的精度要求来确定。如果取得太大,则无法满足系统精度要求;如果取得太小,要么机械系统难以实现,要么对系统的精度和动态特性提出的要求过高,使经济性降低。对于开环系统来说,一般取 0.005 ~ 0.01 mm 为宜。

一般来说,利用步进电动机的步距角、滚珠丝杠的基本导程和脉冲当量计算传动链的传动比 i,传动比 i 的值一般情况下不会等于 1,这表明采用步进电动机作为驱动的传动系统,电动机轴与滚珠丝杠轴不能直接连接,必须有一个减速装置过渡。当传动比 i 的数值不大时,可以采用同步齿形带或一级齿轮副传动,否则可以采用多级齿轮副传动。

2.3　Arduino 控制步进电动机

2.3.1　Arduino 控制步进电动机的接线方式

步进电动机是一种将电脉冲转化为角位移的执行机构。通俗地讲,当步进驱动器接收到一个脉冲信号时,它就驱动步进电动机按设定的方向转动一个固定的角度（即步进角）。可以通过控制脉冲个数来控制角位移量,从而达到准确定位的目的;同时也可以通过控制脉冲频率来控制电动机转动的速度和加速度,从而达到调速的目的,Arduino 控制步进电动机的接线方式如图 2.5 所示。

图 2.5　接线方式

2.3.2　实验代码

```
unsigned int forward[4] = {0x03,0x06,0x0c,0x09};  // 正转
unsigned int reverse[4] = {0x03,0x09,0x0c,0x06};  // 反转
int IO_array[4] = {8, 9, 10, 11};
void SetMotor(unsigned int InputData)
{
  if(InputData == 0x03)
  {
    digitalWrite(8, HIGH);
    digitalWrite(9, HIGH);
    digitalWrite(10, LOW);
    digitalWrite(11, LOW);
  }
  else if(InputData == 0x06)
  {
    digitalWrite(8, LOW);
    digitalWrite(9, HIGH);
    digitalWrite(10, HIGH);
    digitalWrite(11, LOW);
  }
  else if(InputData == 0x09)
  {
    digitalWrite(8, HIGH);
    digitalWrite(9, LOW);
    digitalWrite(10, LOW);
    digitalWrite(11, HIGH);
  }
  else if(InputData == 0x0c)
  {
    digitalWrite(8, LOW);
    digitalWrite(9, LOW);
    digitalWrite(10, HIGH);
    digitalWrite(11, HIGH);
```

```
    }
    else if(InputData == 0x00)
    {
      digitalWrite(8, LOW);
      digitalWrite(9, LOW);
      digitalWrite(10, LOW);
      digitalWrite(11, LOW);
    }
}
void motor_circle(int n, int _direction, int delay_ms)
{
    int i, j;
    for(i = 0; i < n * 8; i++)
    {
      for(j = 0; j < 4; j++)
      {
        if(1 == _direction)
        {
          SetMotor(0x00);
          SetMotor(forward[j]);
        }
        else
        {
          SetMotor(0x00);
          SetMotor(reverse[j]);
        }
        delay(delay_ms > 2 ? delay_ms : 2);
      }
    }
}
void setup() {
    // put your setup code here, to run once:
    int i = 0;
    for( i = 0 ; i < 4 ; i++ )
```

```
    {
        pinMode(IO_array[i]，OUTPUT)；
    }
}
void loop(){
    // put your main code here，to run repeatedly：
        // 电机正转半圈
        motor_circle(32，1，2)；
        // 电机反转半圈
        //motor_circle(32，0，2)；
    delay(3000)；
}
```

2.3.3　代码说明

通过对步进电机相位进行通电时序控制，完成正、反转，并通过改变脉冲个数来调节转动角度，改变脉冲频率调节速度。

第3章　机器人伺服电动机驱动与控制技术及其应用

3.1　直流伺服电动机及其在机器人中的应用

电气伺服系统根据所驱动的电动机类型分为直流伺服系统和交流伺服系统。20世纪50年代,无刷电动机和直流电动机实现了产品化,并在计算机外围设备和机械设备上获得了广泛的应用。20世纪70年代则是直流伺服电动机应用最为广泛的时代。

3.1.1　直流伺服电动机的特点

直流伺服电动机通过电刷和换向器产生的整流作用,使磁场磁动势和电枢电流磁动势正交,从而产生转矩,其电枢大多为永久磁铁。

同交流伺服电动机相比,直流伺服电动机启动转矩大,调速广且不受频率和极对数限制,机械特性线性度好,从零转速至额定转速具备可提供额定转矩的性能,功率损耗小,具有较高的响应速度、精度和频率,以及优良的控制特性。

但直流电动机的优点也正是它的缺点,因为直流电动机要产生额定负载下恒定转矩的性能,则电枢磁场与转子磁场必须恒维持90°,这就要借助电刷及整流子;电刷和换向器的存在增大了摩擦转矩,换向火花带来了无线电干扰,除了会造成组件损坏之外,使用场合也受到限制,寿命较短,需要定期维修,使用维护较麻烦。

若使用要求频繁启停的随动系统,则要求直流伺服电动机启动转矩大;在连续工作制的系统中,则要求伺服电动机寿命较长。使用时要特别注意先接通磁场电源,然后加电枢电压。

3.1.2　直流伺服电动机的工作原理

直流伺服电动机的基本结构及工作原理与一般直流电动机相似。

直流电动机的主磁极磁场和电枢磁场如图3.1(a)所示。主磁极磁势 F_0 在空间固定不动,当电刷处于几何中线位置时,电枢磁势 F_a 和 F_0 在空间正交,也就使电动机保持在最大转矩状态下运行。如果直流电动机的主磁极和电刷一起旋转而电枢绕组在空间固定不动,如图3.1(b)所示,则此时 F_a 和 F_0 仍保持正交关系。为了适应各种不同随动系统的需要,直流伺服电动机在结构上做了许多改进,如无槽电枢伺服电动机、空心杯形电枢伺服电动机、印刷绕组电枢伺服电动机、无刷直流执行伺服电动机,以及扁平形结构的直流力矩电动机。

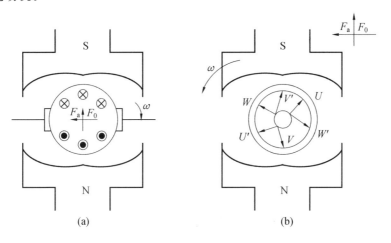

图 3.1 直流电动机原理图

20 世纪 60 年代研制出了小惯量直流伺服电动机,其电枢绕组直接固定在电枢铁芯上,因而转动惯量小、反应灵敏、动态特性好,适用于高速且负载惯量较小的场合。否则,根据其具体的惯量比设置精密齿轮副才能与负载惯量匹配,将大大增加成本。印刷绕组电枢直流电动机是一种盘形伺服电动机,电枢由导电板的切口成形,裸导体的线圈端部起换向器作用,这种空心式高性能伺服电动机大多用于工业机器人、小型车床和线切割机床。它在结构上采取了一些措施,尽量提高转矩,改善动态特性。既具有一般直流电动机的各项优点,又具有小惯量直流电动机的快速响应性能,易与较大的惯性负载匹配,能较好地满足伺服驱动的要求,因此在数控机床、工业机器人等机电一体化产品中得到了广泛的应用。

宽调速直流伺服电动机的结构特点是:励磁便于调整,易于安排补偿绕组和换向极,电动机的换向性能得到改善,可以在较宽的速度范围内得到恒转速特性。永久磁铁的宽调速直流伺服电动机有不带制动器和带制动器两种结构。电动机定子(磁钢)采用矫顽力高、不易去磁的永磁材料(如铁氧体永久磁铁),转子(电枢)直径大并且有槽,因而热容量大;结构上又采用了凸极式和隐极式永磁电动机磁路的组合,增大了电动机气隙磁通密度。同时,在电动机尾部装有高精密低纹波的测速发电动机,并可加装光电编码器或旋转变压器及制动器,为速度环提供了较高的增盈,能获得优良的低速刚度和动态性能。因此,宽调速直流伺服电动机是目前机电一体化闭环伺服系统中应用较广泛的一种控制用电动机,其主要特点是调速范围宽,低速运行平稳,负载特性高,过载能力强,在一定的速度范围内可以做到恒力矩输出,响应速度快,动态响应特性好。当然,宽调速直流伺服电动机体积较大,其电刷易磨损,寿命受到一定限制。一般的直流伺服电动机均配有专门的驱动器。

宽调速直流伺服电动机应根据负载条件来选择，加在电动机轴上的有两种负载，即负载转矩和负载惯量。当选用电动机时必须正确地计算负载，即必须确认电动机能满足下列条件：在整个调速范围内，其负载转矩应在电动机连续额定转矩范围以内，工作负载与过载时间应在规定的范围以内，应使加速度与希望的时间常数一致。一般来讲，由于负载转矩起减速作用，如果可能加、减速则应选取相同的时间常数。

值得一提的是，惯性负载值对电动机灵敏度和快速移动时间有很大影响。对于大的惯性负载，当指令速度变化时，电动机达到指令速度的时间较长。如果负载惯量达到转子惯量的 3 倍，灵敏度要受到影响；当负载惯量是转子惯量的 3 倍时，响应时间降低很多，而当惯量大大超过转子惯量时，伺服放大器不能在正常条件范围内调整，必须避免使用这种惯性负载。

3.1.3　直流伺服电动机驱动概述

直流伺服电动机为了直流供电和调节电动机转速与方向，需要将其直流电压的大小和方向进行控制。目前常用晶闸管直流调速驱动和晶体管脉宽调速驱动两种方式。

晶闸管直流驱动方式，主要通过调节触发装置控制晶闸管的触发延迟角（控制电压的大小）来移动触发脉冲的相位，从而改变整流电压的大小，使直流电动机电枢电压的变化易于平滑调速。由于晶闸管本身的工作原理和电源的特点，导通后是利用交流过零关闭的，因此，在低整流电压时，其输出是很小的尖峰值（三相全波时每秒 300 个）的平均值，从而造成电流的不连续。而采用晶体管脉宽调速驱动系统，其开关频率高（通常达 2 000 ～ 3 000 Hz），伺服机构能够响应的频带范围也较宽，与晶闸管相比，其输出电流脉动非常小，接近于纯直流。目前，脉冲宽度调制（PWM）式功率放大器得到越来越广泛的应用。由于 PWM 式功率放大器中的功率元件（如双极型晶体管或功率场效应管）、MOSFET 等工作在开关状态，因而功耗低；其次，PWM 式放大器的输出是一串宽度可调的矩形脉冲，除包含有用的控制信号外，还包含一个频率与放大器切换频率相同的高频分量，在高频分量作用下，伺服电动机时刻处于微振状态，有利于克服执行轴上的静摩擦，改善伺服系统的低速运行特性；此外，PWM 式功率放大器还具有体积小、维护方便、工作可靠等优点。

当输入一个直流控制电压 U 时，就可得到宽度与 U 成比例的脉冲方波，给伺服电动机电枢回路供电，通过改变脉冲宽度来改变电枢回路的平均电压，得到不同大小的电压值 U_a，使得电动机平滑调速。设开关 S 周期性地闭合、断开，开和关的周期是 T，在一个周期 T 内闭合的时间是 τ，开断的时间是 $(T-\tau)$，若外加电源电压 U 为常数，则电源加到电动机电枢上的电压波形将是一个方波列，其高度为 U，宽度为 f。

当 T 不变时，只要连续地改变 $\tau(0 \sim T)$，就可以连续地使 U_a 由 0 变化到 U，从而达到连续改变电动机转速的目的。实际应用的 PWM 系统采用大功率晶体管代替开关 S，其开关频率一般为 2 000 Hz,即 $T=0.5$ ms,它比电动机的机械时间常数小得多,故不至于引起电动机转速脉动,常选用的开关频率为 500 ~ 2 500 Hz。

为使电动机实现双向调速,多采用如图 3.2 所示的桥式电路,其工作原理与线性放大桥式电路相似。电桥由 4 个大功率晶体管 VT_1 ~ VT_4 组成。如果在 VT_1 和 VT_3 的基极上加正脉冲的同时,在 VT_2 和 VT_4 的基极上加负脉冲,则 VT_1 和 VT_3 导通,VT_2 和 VT_4 截止,电流沿 $+90$ V $\rightarrow c \rightarrow VT_1 \rightarrow d \rightarrow M \rightarrow b \rightarrow VT_3 \rightarrow a \rightarrow 0$ 的路径流通,设此时电动机的转向为正向。反之,如果在晶体管 VT_1 和 VT_3 的基极上加负脉冲,在 VT_2 和 VT_4 的基极上加正脉冲,则 VT_2 和 VT_4 导通,VT_1 和 VT_3 截止,电流沿 $+90$ V $\rightarrow c \rightarrow VT_2 \rightarrow b \rightarrow$ M $\rightarrow d \rightarrow VT_4 \rightarrow a \rightarrow 0$ 的路径流通,电流的方向与前一种情况相反,电动机反向旋转。显然,如果改变加到 VT_1 和 VT_3、VT_2 和 VT_4 这两组晶体管基极上控制脉冲的正负和导通率 μ,就可以改变电动机的转向和转速。

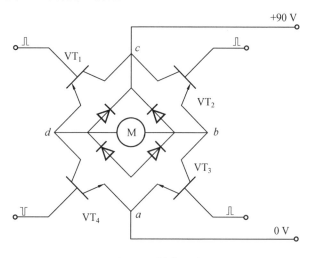

图 3.2　桥式电路

3.1.4　直流伺服电动机控制概述

直流伺服电动机的结构与普通小型直流电动机相同,不过由于直流伺服电动机的功率不大,也可由永久磁铁制成磁极,省去励磁绕组,其励磁方式几乎只采取他励式。直流伺服电动机的工作原理和普通直流电动机相同,只要在其励磁绕组中有电流通过且产生了磁通,当电枢绕组中通过电流时,这个电枢电流就与磁通相互作用而产生转矩使伺服电动机投入工作。这两个绕组其中的一个断电时,电动机立即停转,它不像交流电动机那样有"自转"现象,所以直流伺服电动机是自动控制系统中一种很好的执行元件。

1. 控制方式及其特性

交流伺服电动机的励磁绕组与控制绕组均装在定子铁芯上。从理论上讲,这两种绕组的作用对换时,电动机的性能不会出现差异。但直流伺服电动机的励磁绕组和电枢绕组分别装在定子和转子上。

由直流电动机的调速方法可知,改变电枢绕组端电压或改变励磁电流进行调速时,特性有所不同。直流伺服电动机由励磁绕组励磁,用电枢绕组来进行控制;或由电枢绕组励磁,用励磁绕组来进行控制。两种控制方式的特性不一样。下面就这两种控制方式的主要特性做一些简要的分析,以便正确使用并进一步认识直流伺服电动机。为了便于分析,假定磁路不饱和,并不计电枢反应,在小功率的直流伺服电动机中,这两个假定是允许的。

电枢控制是由励磁绕组进行励磁,即将励磁绕组接于恒定电压为 U_1 的直流电源上,使其中通过电流 I_1 以产生磁通 Φ。电枢绕组接控制电压 U_c,即为控制绕组。当控制绕组接到控制电压以后,电动机就转动;控制电压消失,电动机立即停转。电枢控制时,直流伺服电动机的机械特性和他励式直流电动机改变电枢电压时的人为机械特性一样。

2. 磁场控制时直流伺服电动机的特性

在磁场控制方式中,电枢绕组作为励磁绕组,接恒定的励磁电压 U_r;而励磁绕组作为控制绕组,接控制电压 U_c。信号系数仍规定为 $\alpha = U_c/U_r$。

3. 控制方式的比较

$\alpha = 1$ 时,两种控制方式的电磁关系完全一样,所以两者机械特性一样。当 $\alpha < 1$ 时,磁场控制的机械特性较为稳定,也就是说,在转速变化比较大时,转矩变化较小,这种特性在某些场合下非常有用。电枢控制方式的机械特性与调节特性均为线性,而特性曲线族是一组平行线。另外,由于励磁绕组进行励磁时,所消耗的功率较小,并且电枢电路的电感小,时间常数小,响应迅速,因此直流伺服电动机多采用电枢控制方式。

3.2   无刷直流电动机

无刷直流电动机是集永磁电动机、微处理器、功率逆变器、检测元件、控制软件和硬件于一体的新型机电一体化产品。它采用功率电子开关(GTR、MOSFET、IGBT)和位置传感器代替电刷和换向器,既保留了直流电动机良好的运行性能,又具有交流电动机结构简单、维护方便和运行可靠等特点,在航空航天、数控装置、机器人、计算机外设、汽车电器、电动车辆和家用电器的驱动中获得了越来越广泛的应用。

永磁无刷直流电动机主要由永磁电动机本体、转子位置传感器和功率电子开关三部分组成。直流电源通过电子开关向电动机定子绕组供电,由位置传感器检测电动机转子位置并发出电信号去控制功率电子开关的导通或关断,使电动机转动。直流无刷电动机是在交流调速电动机原理基础上提出的,性能方面既有直流电动机的启动转矩大、转速稳定、调速方便等特点,又有交流电动机的结构简单没有易损件(没有直流电动机的电刷)等特点。价格方面,因为需要专门的驱动电路驱动,故价格要比普通直流电动机高三四倍。调速方面,因为直流无刷电动机大部分都自带驱动电路(可以调速,也有恒速的),所以驱动起来只要给它接上额定电压后,输入调速 PWM 信号就可以了。这点无须再添加专门的驱动电路,另外直流无刷电动机因为有霍尔元件做反馈所以转速几乎是稳定恒速的。

3.2.1　基本结构

永磁无刷直流电动机的结构如图 3.3 所示,各主要组成部分的结构如下。

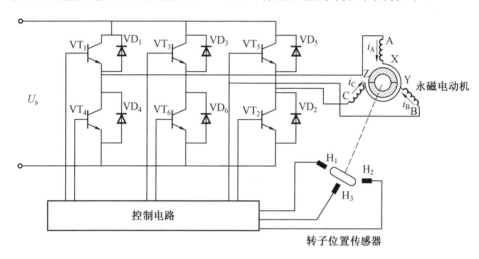

图 3.3　永磁无刷直流电动机的结构

1. 电动机本体

电动机本体是一台反装式的普通永磁直流电动机,其电枢放在定子上,永磁磁极放在转子上,结构与永磁式同步电动机相似。定子铁芯中安放对称的多相绕组,通常是三相绕组,绕组可以是分布式的也可以是集中式的,接成星形或三角形,各相绕组分别与电子开关中的相应功率管连接。永磁转子多用铁氧体或钕铁硼等永磁材料制成,不带鼠笼绕组等任何启动绕组,主要有凸极式和内嵌式结构。

2. 逆变器

逆变器主电路有桥式和非桥式两种。在电枢绕组与逆变器的多种连接方式中,以三相星形六状态和三相星形三状态使用最广。

3. 转子位置传感器

转子位置传感器是无刷直流电动机的重要组成部分,用来检测转子磁场相对于定子绕组的位置,以决定功率电子开关器件的导通顺序。常见的有磁敏式、电磁式和光电式。

（1）磁敏式位置传感器。

磁敏式位置传感器利用电流的磁效应进行工作，所组成的位置检测器由与转子同极数的永磁检测转子和多只空间均布的磁敏元件构成。目前，常用的磁敏元件为霍尔元件或霍尔集成电路，它们在磁场作用下产生霍尔电动势，经整形、放大后得到所需的电压信号，即位置信号。

霍尔传感器结构简单、体积小，但对工作温度和环境有一定限制。霍尔位置传感器是永磁无刷直流电动机中使用较多的一种。

（2）电磁式位置传感器。

电磁式位置传感器利用电磁效应来测量转子位置。传感器由定子和转子两部分组成。定子由磁芯、高频励磁绕组和输出绕组组成。定子、转子磁芯均由高频导磁材料（如软铁氧体）制成。电动机运行时，输入绕组中通入高频励磁电流，当转子扇形磁芯在输出绕组下面时，输入和输出绕组通过定子、转子磁芯耦合。输出绕组感应出高频信号，经滤波整形处理后，用于控制逆变器开关管。这种传感器机械强度较高，可经受较大的振动冲击，其输出信号较大，一般不需要放大便可驱动开关管，但输出电压是交流，需先整流。缺点是过于笨重。

（3）光电式位置传感器。

光电式位置传感器由固定在定子上的几个光电耦合开关和固定在转子轴上的遮光盘组成。若干个光电耦合开关沿圆周均布，每个光电耦合开关由相互对着的红外发光二极管和光敏三极管组成。遮光盘处于发光二极管和光敏三极管中间，盘上开有一定角度的窗口。红外发光二极管通电后发出红外光，遮光盘随电动机转子一起旋转，红外光间断地照在光敏三极管上，使其不断地导通和截止，它输出的信号反映了电动机转子的位置，经放大后驱动逆变器开关管。这种传感器轻便可靠，安装精度高，抗干扰能力强，调整方便，获得了广泛的应用。

随着微处理器技术的发展和高性能单片机的应用，近几年无位置传感器无刷直流电动机得到了迅速发展。结构上，无位置传感器无刷直流电动机与有位置传感器无刷直流电动机的主要区别是前者不使用转子位置传感器，而使用硬件和软件来间接获取转子位置信号，从而增加了系统的可靠性。

3.2.2　工作原理

下面以一相导通星形三相三状态和两相导通三相六状态永磁无刷直流电动机为例，分析工作原理。

1. 一相导通星形三相三状态永磁无刷直流电动机

一相导通星形三相三状态永磁无刷直流电动机示意图如图3.4所示。三只光电位置

传感器 H_1、H_2、H_3 在空间对称均布,互差 $120°$,遮光圆盘与电动机转子同轴安装,调整圆盘缺口与转子磁极的相对位置使缺口边沿位置与转子磁极的空间位置相对应。设缺口位置使光电传感器 H_1 受光而输出高电平,功率开关管 VT_1 导通,电流流入 A 相绕组,形成位于 A 相绕组轴线上的电枢磁动势 F_A。F_A 顺时针方向超前于转子磁势 F_f $150°$ 电角度,如图 3.4(a) 所示。电枢磁势 F_A 与转子磁势 F_f 相互作用,拖动转子顺时针方向旋转。电流流通路径为电源正极 → A 相绕组 → VT_1 管 → 电源负极。当转子转过 $120°$ 电角度至图3.4(b)所示位置时,与转子同轴安装的圆盘转到使光电传感器 H_2 受光、H_1 遮光,功率开关管 VT_1 关断。VT_2 导通,A 相绕组断开,电流流入 B 相绕组,电流换相。电枢磁势变为 F_B,F_B 在顺时针方向继续领先转子磁势 F_f $150°$ 电角度,两者相互作用,又驱动转子顺时针方向旋转。电流流通路径为电源正极 → B 相绕组 → VT_2 管 → 电源负极。当转子磁极转到图 3.4(c) 所示位置时,电枢电流从 B 相换流到 C 相,产生电磁转矩,继续使电动机转子旋转,直至重新回到图3.4(a) 所示的起始位置,完成一个循环。

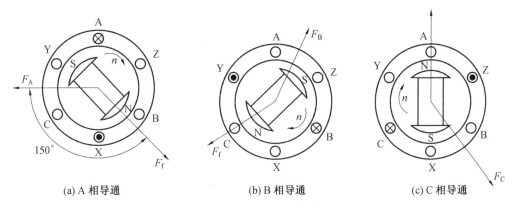

(a) A 相导通　　　　　　(b) B 相导通　　　　　　(c) C 相导通

图 3.4　一相导通星形三相三状态永磁无刷直流电动机绕组通电顺序和磁势位置图

由以上分析可知,由于同轴安装的转子位置传感器的作用,定子三相绕组在位置传感器信号的控制下供电,转子每转过 $120°$,功率管导通就换流一次,换流顺序为 VT_1、VT_2、VT_3、VT_1、… 这样,定子绕组产生的电枢磁场和旋转的转子磁场在空间始终能保持近似垂直(相位差为 $30° \sim 150°$ 电角度,平均为 $90°$ 电角度)的关系,为产生最大电磁转矩创造了条件。

转子每转过 $120°$ 电角度(1/3 周期),逆变器开关管换流一次,定子磁场状态就改变一次。可见,电动机有三个磁状态。一方面,每个状态对应不同相的开关管导通,每个功率开关元件导通 $120°$ 电角度,逆变器为 $120°$ 导通型;另一方面,每一个状态导通的开关管与不同相绕组相连,每一状态导通一相,每相绕组中流过电流的时间相当于转子转过 $120°$ 电角度的时间。

同时也可以看出,换相过程中的电枢磁场不是匀速旋转磁场,而是跳跃式的步进磁场,由于这种磁场产生的电磁转矩是一个脉动转矩,使电动机工作时产生转速抖动和噪声。解决该问题的方法之一是增加转子一周内的磁状态数,如采用二相导通三相六状态工作模式。

2. 二相导通星形三相六状态永磁无刷直流电动机

一相导通星形三相三状态配上逆变器便可实现二相导通星形三相六状态,其工作原理如图 3.5 所示。当转子永磁体转到图 3.5(a)所示位置时,转子位置传感器发出磁极位置信号,经过控制电路逻辑变换后驱动逆变器,使功率开关管 VT_1、VT_6 导通,A 进 B 出,绕组 A、B 通电,电枢电流在空间形成磁势 F_A,如图 3.5(a)所示。此时定子、转子磁场相互作用拖动转子顺时针方向转动。电流流通路径为电源正极 → VT_1 管 → A 相绕组 → B 相绕组 → VT_6 管 → 电源负极。当转子转过 60° 电角度,到达图 3.5(b)所示位置时,位置传感器输出的信号经逻辑变换后使开关管 VT_6 截止,VT_2 导通,此时 VT_1 仍导通。绕组 A、C 通电,A 进 C 出,电枢电流在空间合成磁场,如图 3.5(b)所示,定子、转子磁场相互作用使转子继续顺时针方向转动。电流流通路径为电源正极 → VT_1 管 → A 相绕组 → C 相绕组 → VT_2 管 → 电源负极。依此类推,每当转子沿顺时针方向转过 60° 电角度时,导通功率管就进行一次换流。随着电动机转子的连续转动,功率开关管的导通顺序依次为 VT_2VT_3 → VT_3VT_4 → VT_4VT_5 → VT_5VT_6 → VT_6VT_1 → …,使转子磁场始终受到定子合成磁场的作用而沿顺时针方向连续转动。

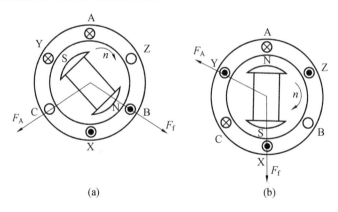

(a)　　　　　　　　(b)

图 3.5　二相导通星形三相六状态永磁无刷直流电动机工作原理示意图

从图 3.5(a)到图 3.5(b)的 60° 电角度范围内,转子磁场顺时针连续转动,而定子磁场在空间保持图 3.5(a)中 F_A 的位置不动,只有当转子磁场转过 60° 电角度到达图 3.22(b)中 F_f 的位置时,定子合成磁场才从图 3.5(a)中位置顺时针跃变至图 3.5(b)中的位置。定子合成磁场在空间也是一种跳跃式旋转磁场,其步进角度为 60° 电角度,即 1/6 周期。

转子每转过 60° 电角度,逆变器开关管导通换流一次,定子磁场状态就改变一次。可见,与一相导通三相三状态不同,二相导通三相六状态控制方式时电动机有六个磁状态,每个状态各有不同相的上、下桥臂开关管导通,每个功率开关管元件导通 120° 电角度,逆变器为120°导通型;另外,每个状态导通的开关管与不同相绕组相连,每个状态导通两相,每相绕组中流过电流的时间相当于转子转过120°电角度的时间。

3.3 机器人交流伺服电动机驱动与控制技术及其应用

3.3.1 交流伺服电动机及其在机器人中的应用

1. 交流伺服电动机的发展

从20世纪70年代后期以来,随着集成电路、电力电子技术和交流可变速驱动技术的发展,以及微处理器技术、大功率高性能半导体功率器件技术和电动机永磁材料制造工艺的发展及其性能、价格比的日益提高,永磁交流伺服驱动技术有了突出的发展,交流伺服驱动技术已经成为工业领域实现自动化的基础技术之一。交流伺服电动机和交流伺服控制系统逐渐成为主导产品。著名电气厂商相继推出了各自的交流伺服电动机和伺服驱动器系列产品,并不断完善和更新。交流伺服系统已成为当代高性能伺服系统的主要发展方向,使原来的直流伺服系统面临被淘汰的危机。20世纪90年代以后,世界各国的交流伺服系统已经商品化,采用全数字控制的正弦波电动机伺服驱动、交流伺服驱动装置在传动领域的发展日新月异。德国Rexroth公司的Indramat分部1978年在汉诺威工业博览会上正式推出MAC永磁交流伺服电动机和驱动系统,标志着此种新一代交流伺服技术已进入实用化阶段。到了20世纪80年代中后期,很多公司都有了完整的系列产品,整个伺服装置市场都转向了交流系统。早期的交流系统是模拟系统,在诸如零漂、抗干扰、可靠性、精度和柔性等方面存在诸多不足,尚不能完全满足运动控制的要求。近年来随着微处理器、新型数字信号处理器的应用,出现了数字控制系统,控制部分可完全由软件进行。

迄今为止,高性能的电伺服系统大多采用永磁同步型交流伺服电动机,控制驱动器多采用快速、准确定位的全数字位置伺服系统,典型的生产厂家有德国西门子、美国科尔摩根和日本松下及安川等公司。日本安川公司推出了小型交流伺服电动机和驱动器,其中D系列适用于数控机床(最高转速为1 000 r/min,力矩为0.25～2.8 N·m),R系列适用于机器人(最高转速为3 000 r/min,力矩为0.016～0.16 N·m)。之后又推出M、F、S、H、C、G共6个系列。20世纪90年代先后推出了新的D系列和R系列,由旧系列矩形波驱动、8051单片机控制,改为正弦波驱动、80C、154CPU和门阵列芯片控制,力矩波动由24%降低到7%,并提高了可靠性。这样就形成了8个(功率范围为0.05～6 kW)较完整的系列,满足了工作机械、搬运机构、焊接机器人、装配机器人、电子部件、加工机械、印刷机、高速卷绕机、绕线机等的不同需要。

日本FANUC公司以生产机床数控装置而闻名,在20世纪80年代中期也推出了S系列(13个规格)和L系列(5个规格)的永磁交流伺服电动机。L系列有较小的转动惯量和机械时间常数,适用于要求特别快速响应的位置伺服系统,如图3.6所示。

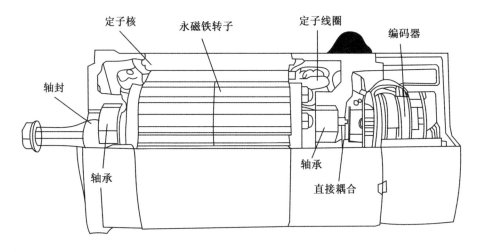

图 3.6 永磁伺服电动机剖面

在控制上,现代交流伺服系统一般都采用磁场矢量控制方式,它能使交流伺服驱动系统的性能完全达到直流伺服驱动系统的性能。正因如此,在数控机床上、交流伺服系统全面取代直流伺服系统已经成为技术发展的必然趋势。

2. 同步电动机与异步电动机

交流伺服系统按其采用的驱动电动机的类型来分,主要有两大类:同步电动机和异步电动机。

采用永久磁铁磁场的同步电动机(SM)不需要磁化电流控制。只要检测磁铁转子的位置即可。由于它不需要磁化电流控制,故比异步伺服电动机容易控制,转矩产生机理也与直流伺服电动机相同。其中,永磁同步电动机交流伺服系统在技术上已趋于完全成熟,具备了十分优良的低速性能,并可实现弱磁高速控制,拓宽了系统的调速范围,适应了高性能伺服驱动的要求。随着永磁材料性能的大幅度提高和价格的降低,其在工业生产自动化领域中的应用将越来越广泛,目前已成为交流伺服系统的主流。

交流异步电动机即感应式伺服电动机(IM),由于感应式异步电动机结构坚固、制造容易、价格低廉,因此具有很好的发展前景,可以代表将来伺服技术的方向。但由于该系统采用矢量变换控制,相对永磁同步电动机伺服系统来说控制比较复杂,而且电动机低速运行时还存在着效率低、发热严重等有待克服的技术问题,因此目前并未得到普遍应用。

3. 模拟式交流伺服系统与数字式交流伺服系统

交流伺服系统按其指令信号与内部的控制形式,可以分为模拟式伺服与数字式伺服两类。初期的交流伺服系统一般是模拟式伺服系统,而目前使用的交流伺服通常都是全数字式交流伺服系统。

(1)模拟式交流伺服系统。

典型的交流模拟伺服系统原理如图 3.7 所示。速度给定指令 VCMD 来自数控系统。来自检测元件(通常为脉冲编码器)的信号经 F/V 变换后作为系统的速度反馈信号 TSA;它们经比较、放大后输出速度误差信号。速度误差信号再经放大器放大,作为转矩指令输出。转矩指令信号通过乘法器,分别与转子位置计算回路中输出的 $\sin\theta$ 和 $\sin(\theta-240°)$ 算子相乘,其乘积作为电流指令信号输出。电流指令又与电流反馈信号相比较后,产生电流误差信号,电流误差信号经放大,输入 PWM 控制回路,进行脉宽调制控制。脉宽调制信号通过功率晶体管与电源回路的逆变,形成三相交流电,控制交流伺服电动机的电枢。在实际系统中,图 3.7 中的虚线框通常为集成一体的专用大规模集成电路。在

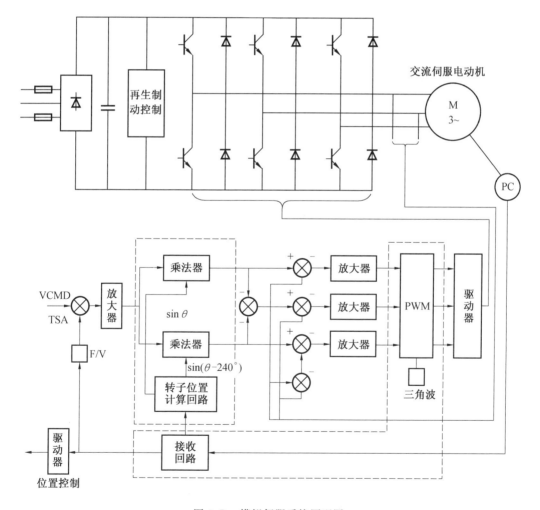

图 3.7 模拟伺服系统原理图

FANUC 公司常见的交流伺服驱动中,其中一片型号为 AF20,它包括两个乘法器和一个转子位置计算回路;另一片型号为 MB63137,它包括 PWM 控制回路和脉冲编码器的接收回路。

(2)数字式交流伺服系统。

数字式交流伺服系统是随着交流伺服控制技术、计算机技术的发展而产生的新颖的交流伺服系统,它所用的元器件更少,通常只要一片专用大规模集成电路,如 FANUC 公司通常采用的是 MB651105 专用大规模集成电路。

此外,在数字式伺服系统中,还可以采用绝对脉冲编码器作为位置检测器件,在数控系统停电后,仍能记忆机床的实际位置;因此,机床开机时可以不进行手动"回参考点"操作。

3.4 电机拆装实验

3.4.1 三相异步电机

1. 概述

三相异步电机是感应电机的一种,是靠同时接入 380 V 三相交流电流(相位差120°)供电的一类电动机,由于三相异步电机的转子与定子旋转磁场以相同的方向、不同的转速旋转,存在转差率,所以称为三相异步电机。三相异步电机转子的转速低于旋转磁场的转速,转子绕组因与磁场间存在着相对运动而产生电动势和电流,并与磁场相互作用产生电磁转矩,实现能量变换。

三相异步电机工作原理为:当电机的三相定子绕组(各相差 120°电角度)通入三相对称交流电后,将产生一个旋转磁场,该旋转磁场切割转子绕组,从而在转子绕组中产生感应电流(转子绕组是闭合通路),载流的转子导体在定子旋转磁场作用下将产生电磁力,从而在电机转轴上形成电磁转矩,驱动电机旋转,并且电机旋转方向与旋转磁场方向相同。

按转子结构的不同,三相异步电机可分为笼式和绕线式两种。笼式转子异步电机结构简单、运行可靠、质量轻、价格便宜,得到了广泛的应用,其主要缺点是调速困难。绕线式三相异步电机的转子和定子一样也设置了三相绕组并通过滑环、电刷与外部变阻器连接。调节变阻器电阻可以改善电动机的启动性能和调节电动机的转速。本实验采用的是笼式三相异步电机,如图 3.8 所示。

2. 拆装过程

如图 3.9 所示,电机侧面有一个螺栓,首先将螺栓拧下。电机的机身除上述螺栓外,

图 3.8 实验所用电机

再无其他固定件,因此可以判断电机是通过径向的过盈配合,将机身和内部结构固定在一起。如图 3.10 所示,利用工具将输出轴处的突出的圆台撬开。注意:该步骤比较困难,费时费力,请寻找一个合适的工具。

图 3.9 拧下螺栓   图 3.10 撬开圆台

拆开之后的效果如图 3.11 所示。可以看到,三相异步电机主要由定子、转子和机身三部分组成,本实验采用的电机转子部分的结构类似于鼠笼,因此称为笼型三相异步电机,转子部分除了黄色的铜线构成的绕组外,还有银白色的硅钢片,硅钢片两面涂有绝缘漆以减小铁芯的涡流损耗。复原过程是用工具将转子部分敲入机身,装上螺栓即可,复原后的电机如图 3.12 所示。

(a) 整体效果图   (b) 转子部分   (c) 定子部分

图 3.11 撬开圆台后的效果图

图 3.12　复原后的电机

3.4.2　步进电机

1. 概述

步进电机是一种将电脉冲信号转换成相应角位移或线位移的电机。每输入一个脉冲信号,转子就转动一个角度或前进一步,其输出的角位移或线位移与输入的脉冲数成正比,转速与脉冲频率成正比。因此,步进电机又称脉冲电机。

基于最基本的电磁铁原理,它是一种可以自由回转的电磁铁,其动作原理是依靠气隙磁导的变化来产生电磁转矩。步进电机的结构形式和分类方法较多,一般按励磁方式分为磁阻式、永磁式和混磁式三种;按相数分为单相、两相、三相和多相等形式。本实验采用的步进电机如图 3.13 所示。

图 3.13　实验用步进电机

2. 拆装过程

首先利用工具将电机输出轴一面上的四个金属折扣复原。注意：此步骤较为困难，请选用合适的工具。随后便可将机身的盖子打开，下一步按顺序将齿轮组卸下，随后将定子和转子卸下，如图 3.14 所示。可以看到步进电机的主要结构有定子、转子和齿轮组，复原过程是按照拆解相反顺序一步一步组装。

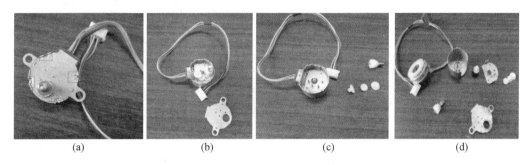

　　(a)　　　　　　　　(b)　　　　　　　　(c)　　　　　　　　(d)

图 3.14　步进电机拆装过程

3.4.3　直流电机

1. 概述

直流电机的基本原理是当直流电源通过电刷向电枢绕组供电时，电枢表面的 N 极下导体可以流过相反方向的电流，根据左手定则，导体将受到顺时针方向的力矩作用；电枢表面 S 极下部分导体也流过相反方向的电流，同样根据左手定则，导体也将受到顺时针方向的力矩作用。这样，整个电枢绕组即转子将按顺时针旋转，输入的直流电能就转换成转子轴上输出的机械能，如图 3.15 所示。

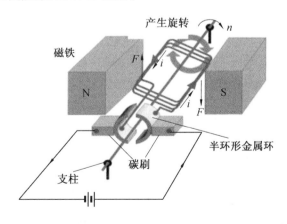

图 3.15　直流电机原理图

直流电机基本构造分为定子和转子两部分，定子包括主磁极、机座、电刷装置等。转子包括电枢铁芯、电枢绕组、换向器、轴等。

2.拆装过程

本实验采用直流有刷电机,将电机盖两边的金属折扣打开,即可把电机拆开,如图
3.16所示。

(a) (b) (c)

图3.16 直流电机拆装过程

拆开之后,直流电机的转子部分如图3.17所示,铜丝是转子绕组,中间位置的是硅钢
片,作为转子铁芯其作用是降低电机工作时的涡流损耗和磁滞损耗。

图3.17 直流电机转子

直流电机的定子部分如图3.18所示,图3.18(a)为永磁铁,一端为N极,一端为S极;
图3.18(b)为碳刷,碳刷上涂抹了润滑油,其作用为减少碳刷与换向器之间因摩擦产生的
能量损失。复原时按照拆解相反顺序一步一步进行即可。

 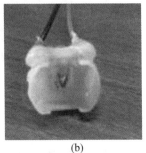

(a) (b)

图3.18 直流电机定子

3.5 Arduino 控制直流电机

3.5.1 学习 Arduino 直流电机扩展板的接线方式

图3.19为L298N拓展板的功能图及端口介绍。输出A/B用于连接直流电动机;12 V供电用于连接外部电源;5 V供电可以连接 Arduino 的 5 V接口。通道 A/B 使能:当不需要调速时,通电可使电机转动;当需要 PWM 调速时,将跳线帽拔掉,可实现调速。

板载5 V使能:用于板载5 V供电,如果拔掉跳线帽,需要在5 V输出接口上,通过外部电源输入5 V电压为L298 N拓展板供电。通常为了避免稳压芯片损坏,当输入驱动电压大于12 V时,拔掉跳线帽,需要使用其他电源输入5 V电压为拓展板供电,接线图如图3.20所示。

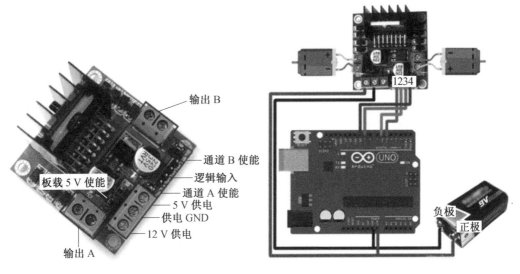

图 3.19 L298 N 拓展板的功能图及端口介绍　　图 3.20 L298N 拓展版的接线图

3.5.2 使用 Arduino 直流电机控制板控制电机

图3.21为直流电动机正、反转与调速说明,当输入端口1为高电平、输入端口2为低电平时,电机正转速度为n;当输入端口1为低电平、输入端口2为高电平时,电机反转速度为n;其余输入状态下,电机均不转。电机控制代码示例如图3.22所示。

IN1	IN2	IN3	IN4	ENA	ENB	A 电机	B 电机
HIGH	LOW	\	\	n	m	正转速度为 n	\
LOW	HIGH	\	\	n	m	反转速度为 n	\
LOW	LOW	\	\	n	m	不转	\
HIGH	HIGH	\	\	n	m	不转	\
LOW	HIGH	\	\	n	m	不转	\

图 3.21　直流电动机正反转与调速说明

```
#define IN1 5   //定义IN1为5口
#define IN2 6   //定义IN2为6口
#define  ENA  10 //定义ENA为10口
void setup()
{
  pinMode(IN1,OUTPUT);
  pinMode(IN2,OUTPUT);
  pinMode(ENA,OUTPUT);
  Serial.begin(9600);
}
void loop()
{   //正转速度为满速的 200/255
  digitalWrite(IN1,HIGH);  //控制电机正转
  digitalWrite(IN2,LOW);
  analogWrite(ENA,200);    //控制电机转速
  delay(5000);

  digitalWrite(IN1,LOW);  //控制电机停下
  digitalWrite(IN2,LOW);
  analogWrite(ENA,255);
  delay(5000);

  digitalWrite(IN1,LOW);    //电机反转
  digitalWrite(IN2,HIGH);
  analogWrite(ENA,200);
  delay(5000);

  digitalWrite(IN1,LOW);   //控制电机反转
  digitalWrite(IN2,HIGH);
  analogWrite(ENA,150);    //改变电机转速
  delay(5000);

}
```

图 3.22　电机控制代码

3.6 PWM 舵机控制实践 1:舵机运动、舵机与电位器随动

3.6.1 舵机随电位器转动

1. 实验说明

设计一个实验,让舵机能够跟随电位器位置转动。本实验使用的舵机及开发板如图 3.23 所示。

图 3.23 本实验使用的舵机及开发板

2. 函数说明

(1)delay(x)。

参数设置和函数作用详见 1.5.1 小节。

(2)Servo myservo。

① 参数设置:myservo 代表舵机名称。

② 函数作用:创建一个舵机,命名为 myservo。

(3)myservo. attach(x)。

① 参数设置:myservo 代表舵机名称;x 代表舵机接口(9/10 都可以)。

② 函数作用:将引脚和舵机连接起来。

(4)myservo. write(x)。

① 参数设置:myservo 代表舵机名称;x 代表舵机角度(0° ~ 180°)。

② 函数作用:设置舵机的角度。

(5)Serial. begin(speed)。

① 参数设置:speed 代表每秒传输字节数。

② 函数作用详见 1.5.2 小节。

(6) analogRead(pin)。

① 参数设置:pin:引脚。

② 函数作用详见 1.5.4 小节。

(7) Serial. println(i)。

参数设置和函数作用详见 1.5.2 小节。

(8) map(value, fromLow, fromHigh, toLow, toHigh)。

① 参数设置:value 代表映射的自变量;fromLow 代表自变量最小值;fromHigh 代表自变量最大值;toLow 代表映射因变量最小值;toHigh 代表映射因变量最大值。

② 函数作用:该函数将自变量值根据范围比例变换后将结果变为因变量。

3. 程序说明

(1) 初始化包括调用库函数、定义舵机变量名、定义整型参数、定义舵机接口,以及设置计算机与 Arduino 进行串口通信时的数据传输速率。初始化程序如图 3.24 所示。

```
#include <Servo.h>
Servo myservo;
int angle;
int pos;

void setup() {
        myservo.attach(9);
        Serial.begin(9600);

}
```

图 3.24　初始化程序

(2) 通过转动电位器来控制舵机转动角度:从 Arduino 的模拟输入引脚读取数值;用 map 函数映射;设置舵机角度。舵机转动角度控制代码如图 3.25 所示。

```
void loop() {
        pos=analogRead(A0);
        Serial.println(pos);
        angle=map(pos,0,1023,0,180);
        //map函数映射,模拟取值范围,把电位器区间映射到角度
        myservo.write(angle);
        delay(30);


}
```

图 3.25　舵机转动角度控制代码

4. 连接说明

（1）将电源接在面包板的红线位置（正压）的插孔处，将调试板的 PWM 舵机电源接口及电位器的 1 号引脚接到同一根红线（图 3.26 中框出部分）插孔处；

（2）电位器的 3 号引脚接地，2 号引脚接 Arduino 的 analoginput 处的 A0 接口；

（3）用舵机线将 PWM 舵机连接到调试板上，将 PWM 接口接到 Arduino 的 9/10 引脚，用电源线给 Arduino 板供电（7.5 V）。连接好后的实物如图 3.26 所示。

图 3.26 接线实物展示

3.6.2 控制舵机正、反转及角度控制

1. 实验说明

控制舵机进行正、反转。控制舵机分别运行到 $30°/45°/60°$ 位置，该实验使用的控制板及舵机实物如图 3.27 所示。

图 3.27 舵机正、反转和角度控制实验实物展示

2. 函数说明

(1) delay(x)。

参数设置和函数作用详见 1.5.1 小节。

(2) Servo myservo。

参数设置和函数作用详见 3.6.1 小节。

(3) myservo. attach(x)。

参数设置和函数作用详见 3.6.1 小节。

(4) myservo. write(x)。

参数设置和函数作用详见 3.6.1 小节。

3. 程序说明

(1) 初始化内容包括调用库函数、定义舵机变量名、定义舵机接口。初始化程序如图 3.28 所示。

```
#include <Servo.h>//调用库函数
Servo myservo;//定义舵机变量名

void setup()
{
myservo.attach(9);//定义舵机接口（9、10 都可以）
}
```

图 3.28　初始化程序

(2) 设置舵机的角度,舵机角度设置代码如图 3.29 所示。

```
void loop()
{
myservo.write(60);//设置舵机的角度
delay(5);
}
```

图 3.29　舵机角度设置代码

4. 连接说明

(1) 用舵机线将 PWM 舵机连接到调试板上,将 PWM 接口接到 Arduino 的 9/10 引脚。

(2) 用电源线给 Arduino 板供电(7.5 V)。连接好以后的实物如图 3.30 所示。

图 3.30　实物连接效果图

3.6.3　设置舵机周期往复运行

1. 实验说明

设置舵机以 $4 \sim 6$ s 的周期往复运行。控制舵机周期往复运行的实物如图 3.31 所示。

图 3.31　实物展示

2. 函数说明

(1)delay(x)。

参数设置和函数作用详见 1.5.1 小节。

(2)Servo myservo。

参数设置和函数作用详见 3.6.1 小节。

(3)myservo. attach(x)。

参数设置和函数作用详见 3.6.1 小节。

(4)myservo. write(x)。

参数设置和函数作用详见 3.6.1 小节。

3. 程序说明

（1）初始化包括调用库函数、定义舵机变量名、定义整型参数、定义舵机接口并使舵机处于 0° 的位置。初始化程序如图 3.32 所示。

```
#include <Servo.h>
Servo myservo;
int pos;

void setup() {
        myservo.attach(9);
        myservo.write(0);
}
```

图 3.32　初始化程序

（2）通过设置舵机角度和暂停程序的时间来控制周期。

4. 连接说明

（1）用舵机线将 PWM 舵机连接到调试板上，将 PWM 接口接到 Arduino 的 9/10 引脚。

（2）用电源线给 Arduino 板供电（7.5 V）。控制舵机周期往复运行的实物连接图如图 3.33 所示。

图 3.33　舵机实物连接图

3.7　总线舵机控制实践 1:调试软件使用、舵机直接运行

3.7.1　实验说明

1. 使用舵机控制软件进行正反转

连接电路板、舵机和稳压源,如图 3.34 所示。

通过软件 DYNAMIXEL Wizard 2.0 连接舵机,界面如图 3.35 所示。

点击"Goal Position",通过拉进度条或者输入数值来实现正、反转,如图 3.36 所示。

2. 使用舵机控制软件控制舵机分别运行到 30°、45°、60° 位置

图 3.36 中 Actual 记录的是舵机当前角度。30° 的位置在 330 左右,45° 的位置在 500 左右,60° 在 700 左右。

图 3.34　实物连接图

3. 使用舵机控制软件设置不同的舵机 ID,并分别控制两个不同 ID 的舵机运行

关闭舵机的 Torque 模式,点击控制表中的 Address-3,可以调出 ID 面板,选择 ID,点击"Save"即可更改。软件控制界面如图 3.37 所示。

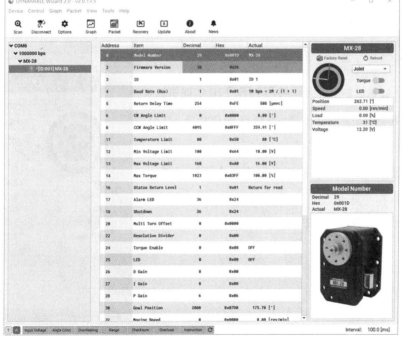

图 3.35　软件连接界面

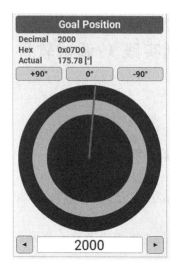

图 3.36　软件控制图

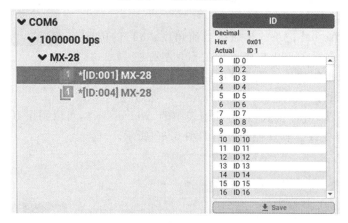

图 3.37　软件控制界面

4. 使用舵机控制软件分别将两个不同 ID 的舵机加解锁

确认两个舵机的 ID 不同,连接在舵机板上,软件可以找到两个舵机,分别控制即可。

5. 通过软件读取两个舵机的温度与电压并记录

软件的右上角可以显示温度和电压,即 Temperature 和 Voltage,记录即可,如图3.38 所示。

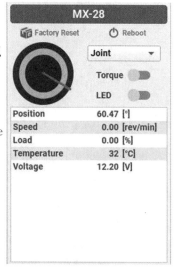

图 3.38　软件控制界面

第4章　新型机器人驱动技术

4.1　气动系统及其在机器人中的应用

气压传动与控制技术简称气动,以压缩空气为介质来进行能量与信号的传递,是实现各种生产过程、自动控制的一门技术。它是流体传动与控制学科的一个重要组成部分。传递动力的系统是将压缩气体经管道和控制阀输送给气动执行元件,把压缩气体的压力能转换为机械能而做功;传递信息的系统利用气动逻辑元件或射流元件以实现逻辑运算等功能,也称为气动控制系统。

4.1.1　气动系统的基本构成

比例控制阀加上电子控制技术组成的气动比例控制系统,可满足各种各样的控制要求。比例控制系统基本构成如图4.1所示。执行元件可以是气缸或气马达、容器和喷嘴等将空气的压力能转化为机械能的元件。比例控制阀作为系统的电－气压转换的接口元件,实现对执行元件供给气压能量的控制。控制器作为人机的接口,起着向比例控制阀发出控制量指令的作用。它可以是单片机、微型计算机及专用控制器等。比例控制阀的精度较高,一般为±0.5～2.5%FS。即使不用各种传感器构成负反馈系统,也能得到十分理想的控制效果,但不能抑制被控对象参数变化和外部干扰带来的影响。对于控制精度要求更高的应用场合,必须使用各种传感器构成负反馈,来进一步提高系统的控制精度,如图4.1中虚线部分所示。

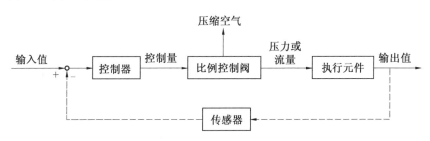

图4.1　比例控制系统的基本构成

对于MPYE型伺服阀,在使用中可用微型计算机作为控制器,通过D/A转换器直接驱动。可使用标准气缸和位置传感器来组成廉价的伺服控制系统。但对于控制性能要求较高的自动化设备,宜使用厂家提供的伺服控制系统(图4.2),它包括MPYE型伺服阀、位置传感器内藏气缸、SPC 型控制器。如图 4.2 所示,将目标值以程序或模拟量的方式输入控制器中,由控制器向伺服阀发出控制信号,实现对气缸的运动控制。气缸的位移由位置传感器检测,并反馈到控制器。控制器以气缸位移反馈量为基础,计算出速度、加速度反馈量。再根据运行条件(负载质量、缸径、行程及伺服阀尺寸等),自动计算出控制信号的最优值,并作用于伺服控制阀,从而实现闭环控制。控制器与微型计算机连接后,使用厂家提供的系统管理软件,可实现程序管理、条件设定、远距离操作、动特性分析等多项功能。控制器也可与可编程控制器相连接,从而实现与其他系统的顺序动作、多轴运行等功能。

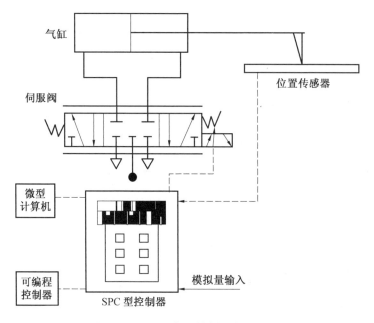

图 4.2　FESTO 伺服控制系统的组成

4.1.2　比例伺服控制阀的选择

根据被控对象的类型和应用场合来选择比例阀的类型。被控对象的类型不同,对控制精度、响应速度、流量等性能指标要求也不同。控制精度和响应速度是矛盾的,两者不可兼顾。对于已定的控制系统,以最重要的性能指标为依据,来确定比例阀的类型。然后考虑设备的运行环境,如污染、振动、安装空间及安装姿态等方面的要求,最终选择出合适类型的比例阀。

4.1.3　控制理论

气动比例/伺服控制系统的性能虽然依赖于执行元件、比例/伺服阀等系统构成要素的性能,但为了更好地发挥系统构成要素的作用,控制器控制量的计算也是至关重要的。控制器通常以输入值与输出值的偏差为基础,通过选择适当的控制符法可以设计出不受被控对象参数变化和干扰影响,具有较强鲁棒性的控制系统。

控制理论被分为古典控制理论和现代控制理论两大类。PID 控制是古典控制理论的中心,它具有简单、实用、易掌握等特点,在气动控制技术中得到了广泛应用。PID 控制器设计的难点是比例、积分及微分增益系数的确定。合适的增益系数的获得,需经过大量实验,工作量很大。另一方面,PID 控制不适用于控制对象参数经常变化、外部有干扰、大滞后系统等场合。在此情况下,一是使用神经网络与 PID 控制并行组成控制器,利用神经网络的学习功能,在线调整增益系数,抑制参数变化等对系统稳定性造成的影响;二是使用各种现代控制理论,如自适应控制、最优控制、鲁棒控制、H 无穷控制及 μ 控制等来设计控制器,构成具有强鲁棒性的控制系统。目前应用现代控制理论来控制气缸的位置或力的研究相当活跃,并取得了一定的研究成果。

4.1.4　气动系统在机器人驱动与控制中的应用概况

1. 气动机器人的适用场合

气动系统适用于中、小负荷的机器人,但因难于实现伺服控制,多用于程序控制的机器人中,如在上、下料和冲压机器人中应用较多。气动机器人采用压缩空气为动力源,一般从工厂的压缩空气站引到机器作业位置,也可单独建立小型气源系统。由于气动机器人具有气源使用方便、不污染环境、动作灵活迅速、工作安全可靠、操作维修简便及适于在恶劣环境下工作等特点,因此它在冲压加工、注塑及压铸等有毒或高温条件下作业,机床上、下料,仪表及轻工行业,小型零件的输送和自动装配作业,食品包装及输送,电子产品输送、自动插接,弹药生产自动化等方面获得广泛应用。

气动驱动系统在多数情况下是用于实现两位式的或有限点位控制的中、小机器人。这类机器人多是圆柱坐标型和直角坐标型或二者的组合型结构;3～5 个自由度,负荷在 200 N 以内,速度为 300～1 000 mm/s,重复定位精度为 $\pm 0.1 \sim \pm 0.5$ mm。控制装置目前多数选用可编程控制器(PLC 控制器)。在易燃、易爆的场合下可采用气动逻辑元件组成控制装置。

2. 气动机器人技术应用进展

近年来,人们在研究与人类亲近的机器人和机械系统时,气动驱动的柔性受到格外的关注。气动机器人应用已经取得了实质性的进展。如何构建柔性机构,积极地发挥气压柔性的特点是今后气压驱动器应用的一个重要方向。

在三维空间内任意定位、任意姿态抓取物体或握手,"阿基里斯"六脚勘测员、攀墙机器人都显示出它们具有足够的自由度来适应工作空间区域。

在彩电、冰箱等家用电器产品的装配生产线上,在半导体芯片、印刷电路等各种电子产品的装配流水线上,不仅可以看到各种大小不一、形状不同的气缸、气爪,还可以看到许多灵巧的真空吸盘将一般气爪很难抓起的显像管、纸箱等物品轻轻地吸住,运送到指定目标位置。对于加速度限制十分严格的芯片搬运系统,采用平稳加速的 SIN 缸。

面向康复、护理、助力等与人类共存、协作型的机器人已崭露头角,在医疗、康复领域或家庭中扮演护理或生活支援的角色等,所有这些研究都是围绕着与人类协同作业的柔性机器人的关键技术而展开的。 在医疗领域,重要成果是内窥镜手术辅助机器人"EMARO"。东京工业大学和东京医科齿科大学创立的风险企业 RIVERFIELD 公司于 2015 年 7 月宣布,内窥镜手术辅助机器人"EMARO:Endoscope Manipulator Robot"研制成功。EMARO 是主刀医生可通过头部动作自己来操作内窥镜的系统,无须助手(把持内窥镜的医生)的帮助。东京医科齿科大学生体材料工学研究所教授川嶋健嗣和东京工业大学精密工学研究所副教授只野耕太郎等人,从着手研究到 EMARO 上市足足用了 10 年时间。使用 EMARO,当头部佩戴陀螺仪传感器的主刀医生的头部上下左右倾斜时,系统会感应到这些动作,内窥镜会自如活动,还可与脚下的专用踏板联动。无须通过助手,就可获得所希望的无抖动图像,有助于医生更准确地实施手术。EMARO 作为手术辅助机器人,首次采用了气压驱动方式。用自主的气压控制技术,实现了灵活的动作,在工作中"即使接触到人,也可以躲开其作用力"等,可保证高安全性。与马达驱动的现有内窥镜夹持机器人相比,整个系统更加轻量、小巧。该系统平时由主刀医生由头部的陀螺仪传感器来操作,发生紧急情况时,还可以手动操作。可利用机体上附带的控制面板按钮来操作。

由"可编程控制器-传感器-气动元件"组成的典型的控制系统仍然是自动化技术的重要方面;发展与电子技术相结合的自适应控制气动元件,使气动技术从"开关控制"进入到高精度的"反馈控制";省配线的复合集成系统,不仅减少配线、配管和元件,而且拆装简单,大大提高了系统的可靠性。

气动机器人、气动控制越来越离不开 PLC,而阀岛技术的发展又使 PLC 在气动机器人、气动控制中变得更加得心应手。电磁阀的线圈功率越来越小,而 PLC 的输出功率在增大,由 PLC 直接控制线圈变得越来越可能。

电气可编程控制技术与气动技术相结合,使整个系统自动化程度更高,控制方式更灵活,性能更加可靠;气动机器人、柔性自动生产线的迅速发展,对气动技术提出了更多更高的要求;微电子技术的引入,促进了电气比例伺服技术的发展。

3. 机器人用气动元件的主要品牌

受益于机器人产业的迅猛发展,气动元件也迎来巨大的市场机遇。目前,国际上著名气动元件供应商主要是德国 Festo、日本 SMC 和美国 Parker 等。

德国 Festo 是世界领先的自动化技术供应商,也是世界气动行业第一家通过 ISO 9001 认证的企业。Festo 的品牌质量包含许多方面,主要表现在智能化和易操作的产品设计、使用寿命长的产品、持久的效率优化上。Festo 公司不仅提供气动元件、组件和预装配的子系统,下设的工程部还能为客户定制特殊的自动化解决方案。Festo 能提供约28 000 种产品,几十万个派生型号,已经设计制作了超过 21 000 件特殊的单一及系列产品。

日本 SMC 成立于 1959 年,总部设在日本东京。目前 SMC 已成为世界级的气动元件研发、制造、销售商。在日本本土更拥有庞大的市场网络,为客户提供产品及售后服务。SMC 作为世界最著名的气动元件制造和销售的跨国公司,其销售网及生产基地遍布世界。SMC 产品以其品种齐全、可靠性高、经济耐用、能满足众多领域不同用户的需求而闻名于世。SMC 气动元件超过 11 000 种基本系列,610 000 余种不同规格,主要包括气动洁净设备,电磁阀,各种气动压力、流量、方向控制阀,各种形式的气缸、摆缸、真空设备、气动仪表元件及设备,以及其他各种传感器与工业自动化元器件等。

派克是一家总部位于美国俄亥俄州的跨国公司,成立于 1918 年,现已成为世界上最大的专业生产和销售各种制冷空调件、液压、气动和流体控制产品及元器件的全球性的公司,是唯一一家能够给客户提供液压、气动、密封、机电一体化和计算机传动控制解决方案的制造商,公司制造各种元件和系统,用于控制各种机械和其他设备的运动、流量和压力。派克提供 1 400 多条生产线,用于 1 000 多个工程机械、工业和航空航天领域内的项目。此外,遍布全球的 7 500 多个销售商为 400 000 多个用户提供服务。派克气动部门可以提供全系列气动产品,从带导轨的无杆气缸、MODUFLEX 系列阀岛、气源处理元件、FRL 三元件、开关阀岛,到气管、接头等,派克为客户提供一站式订单服务。

此外,日本 CKD、日本小金井、韩国 JSC、德国博世力士乐、英国诺冠、韩国 TPC 等也在本技术领域占一席之地。

4.2　机器人液压驱动与控制技术及其应用

4.2.1　液压系统及其在机器人驱动与控制中的应用

液压控制系统能够根据装备的要求,对位置、速度、加速度、力等被控制量按一定的精度进行控制,并且能在有外部干扰的情况下稳定、准确地工作,实现既定的工艺目的。

1. 液压控制系统的工作原理

在此以液压伺服系统为例,说明液压控制系统原理。图 4.3 为一台机床工作台液压伺服控制系统原理图,系统的能源为液压泵,它以恒定的压力(由溢流阀设定)向系统供油。液压动力装置由伺服阀(四通控制滑阀)和液压缸组成。伺服阀是一个转换放大组件,它将电气－机械转换器(力马达或力矩马达)给出的机械信号转换成液压信号(流量、压力)输出并进行功率放大。液压缸为执行器,其输入的是压力油的流量,输出的是拖动负载(工作台)的运动速度或位移。与液压缸左端相连的传感器用于检测液压缸的位置,从而构成反馈控制。

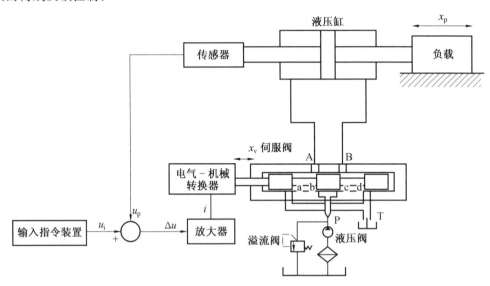

图 4.3　液压伺服控制系统原理图

当电气输入指令装置给出一指令信号 u_i 时,反馈信号 u_p 与指令信号进行比较得出误差信号 Δu,Δu 经放大器放大后得出的电信号(通常为电流 i)输送给电气－机械转换器,从而使电气－机械转换器带动伺服阀的阀芯移动。不妨设阀芯向右移动一个距离 x_v,则节流窗口 b、d 便有一个相应的开口量,阀芯所移动的距离即节流窗口的开口量(通流面积)与上述误差信号 Δu(或电流 i)成比例。阀芯移动后,液压泵的压力油由 P 口经节流窗口 b 进入液压缸左腔(右腔油液由 B 口经节流窗口 d 回油),液压缸的活塞杆推动负载右移 x_p,同时反馈传感器动作,使误差及阀的节流窗口开口量减小,直至反馈传感器的反馈信号与指令信号之间的误差 $\Delta u = 0$ 时,电气－机械转换器又回到中间位置(零位),于是伺服阀也处于中间位置,其输出流量等于零,液压缸停止运动,此时负载就处于一个合适的平衡位置,从而完成了液压缸输出位移对指令输入的跟随运动。如果加入反向指令信号,则伺服阀反向运动,液压缸也反向跟随运动。

2. 液压控制系统的组成

图 4.4 为液压控制系统的结构图,液压控制系统基本组件包括输入元件、检测反馈元件、比较元件、转换放大装置(含能源)、液压执行器和受控对象等。

3. 液压控制系统的分类

液压控制系统的类型繁杂,可按不同方式进行分类。首先,液压控制系统按使用的控制组件的不同,可分为伺服控制系统、比例控制系统和数字控制系统三大类。同时,可

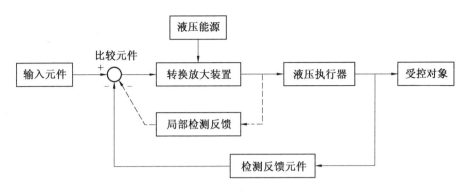

图 4.4 液压控制系统结构图

从以下角度分类。

（1）位置控制、速度控制、加速度控制和力及压力控制系统。

液压控制系统的被控制量有位置（或转角）、速度（或转速）、加速度（或角加速度）、力（或力矩）、压力（或压差）及其他物理量。

为减轻司机的体力劳动，通常在机动车辆上采用转向液压助力器。这种液压助力器是一种位置控制的液压伺服机构。图 4.5 为转向液压助力器的原理图，它主要由液压缸和控制滑阀两部分组成。液压缸活塞杆的右端通过铰销固定在汽车底盘上，液压缸缸体和控制滑阀阀体连在一起形成负反馈，由方向盘通过杆控制滑阀阀芯的移动。当缸体前后移动时，通过转向连杆机构等控制车轮偏转，从而操纵汽车转向。当阀芯处于图 4.5 所示位置时，各阀口均关闭，缸体固定不动，汽车保持直线运动。由于控制滑阀采用负开口的形式，故可以防止引起不必要的扰动。当旋转方向盘时，假设使阀芯向右移动，液压缸中压力 p_1 减小，p_2 增大，缸体也向右移动，带动转向连杆向逆时针方向摆动，使车轮向左偏转，实现左转弯，反之，缸体若向左移就可实现右转弯。

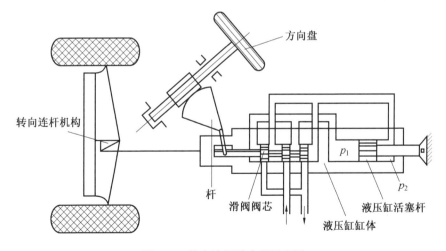

图 4.5 转向液压助力器原理图

（2）闭环控制系统和开环控制系统。

采用反馈的闭环控制系统由于加入了检测反馈，具有抗干扰能力，对系统参数变化不太敏感，控制精度高，响应速度快，但要考虑稳定性问题，且成本较高，多用于系统性能要求较高的场合。在带钢生产过程中，要求控制带钢的张力。图 4.6 为带钢恒张力控制系统，牵引辊引导带钢移动，加载装置使带钢保持一定的张力。当张力由于某种干扰发生波动时，通过设置在转向辊轴承上的力传感器检测带钢的张力，并和给定值进行比较，得到偏差值，通过电放大器放大后，控制电液伺服阀，进而控制输入液压缸的流量，驱动浮动辊来调节张力，使张力回复到原来的给定值。

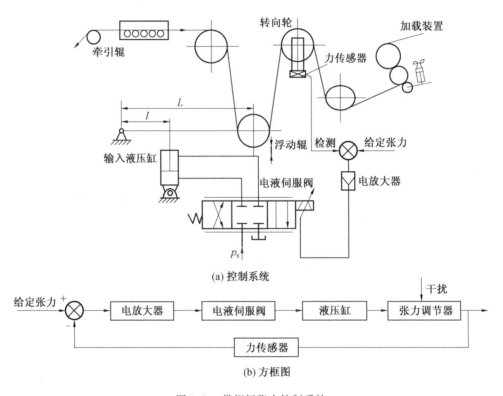

(a) 控制系统

(b) 方框图

图 4.6　带钢恒张力控制系统

不采用反馈的开环控制系统（图 4.7）不存在稳定性问题，但不具有抗干扰能力，控制精度低，但成本较低，用于控制精度要求不高的场合。对于闭环稳定性难以解决、响应速度要求较快、控制精度要求不太高、外扰较小、功率较大、要求成本低的场合，可以采用开环或局部闭环的控制系统。

（3）阀控系统和泵控系统。

阀控系统又称节流控制系统，其主要控制组件是液压控制阀，具有响应快、控制精度高的优点，缺点是效率低，特别适合中、小功率，快速，高精度控制系统使用。图 4.8 为电液比例阀控制系统的构成方块图；图 4.9 为增量式数字阀数字控制系统的构成方块图。

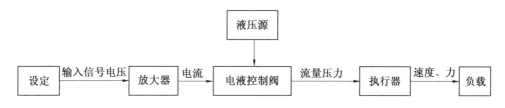

图 4.7 开环控制系统

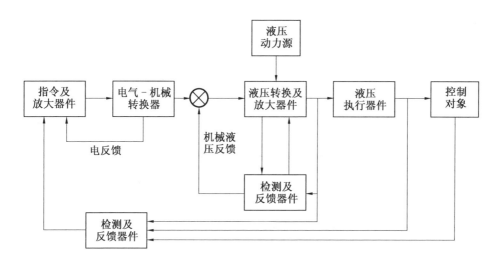

图 4.8 电液比例阀控制系统的构成方块图

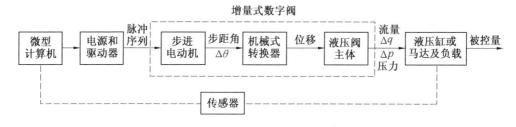

图 4.9 增量式数字阀数字控制系统的构成方块图

泵控系统又称容积控制系统,其实质是用控制阀去控制变量液压泵的变量机构。由于无节流和溢流损失,故效率较高,且刚性大。但响应速度慢、结构复杂。适用于大功率而响应速度要求不高的控制场合。

泵控系统示意图如图 4.10 所示,它是一个位置控制系统。工作台由双向液压马达与滚珠丝杠来驱动,双向变量液压泵提供液压能源,泵的输出流量控制通过电液控制阀控制变量缸实现,工作台位置由位置传感器检测并与指令信号相比较,其偏差信号经控制放大器放大后送入电液控制阀,从而实现闭环控制。采用这种位置控制的设备有各种跟踪装置、数控机械和飞机等。

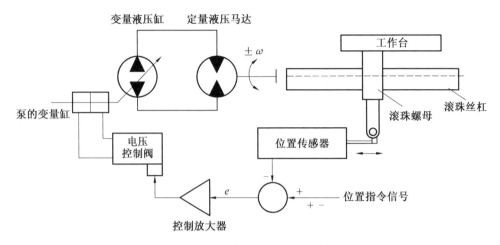

图 4.10　泵系统控示意原理图

4.2.2　液压系统在机器人驱动与控制中的应用概况

1. 液压系统应用于机器人的优势

电动驱动系统为机器人领域中最常见的驱动器。但存在输出功率小、减速齿轮等传动部件容易磨损的问题。相对电动驱动系统,传统液压驱动系统具有较高的输出功率、高带宽、快响应及一定程度上的精准性。因此,机器人在大功率的应用场合下一般采用液压驱动。随着液压技术与控制技术的发展,各种液压控制机器人已被广泛应用。液压驱动的机器人结构简单、动力强劲、操纵方便、可靠性高。其控制方式多种多样,如仿形控制、操纵控制、电液控制、无线遥控和智能控制等。在某些应用场合,液压机器人仍有较大的发展空间。

2. 液压技术应用于机器人的发展历程

机器人是物流自动化中的重要装置之一,是当今世界新技术革命的一个重要标志。近代机器人的原型可以从 20 世纪 40 年代算起,当时为适应核技术的发展需要而开发了处理放射性材料的主从机械手;20 世纪 50 年代初美国提出了"通用重复操作机器人的方案",5 年制出第一代机器人原型;由于历史条件和技术水平,在 20 世纪 60 年代机器人发展较慢;进入 20 世纪 70 年代后,焊接、喷漆机器人相继在工业中应用和推广;随着计算机技术、控制技术、人工智能的发展,出现了更为先进的可配视觉、触觉的机器人;到 20 世纪 80 年代,机器人开始在工业上普及应用;据统计,1980 年全世界约有 2 万台机器人在工业上应用,而到 1985 年底就达到 1 000 万台,近年来增加更快。现在各发达国家已把重点放在智能机器人的研究开发上来。

(1)我国发展概况。

在"发展高技术,实现产业化"方针的指导下,面向国民经济主战场,我国开展了工业机器人与应用工程的研究与开发,在短短几年内取得了重大进展。先后开发了点焊、弧焊、喷漆、装配、搬运、自动导引车在内的全系列机器人产品,并在汽车、摩托车、工程机械、家电等制造业得到成功的应用,对我国制造业的发展和技术进步起到了促进作用。

此外,研究人员将机器人技术向其他领域扩展,在9种工程机械上应用机器人技术,在传统产业的改造方面取得了有经济效益的成果。我国已经具备了进一步发展机器人技术及自动化装备的良好条件。在机器人方面,研制出具有国际20世纪90年代水平的精密型装配和实用型装配机器人、弧焊机器人、点焊机器人及自动导引车(AGV)等一系列产品,并实现了小批量生产。同时自主实施了100多项机器人应用工程,如汽车车身自动焊接线,汽车后桥弧焊线,汽车发动机装配线,嘉陵、金城、三水、新大洲摩托车焊接线,机器人自动包装码垛生产线,以及小型电器和精密机芯自动装配线等多项机器人示范应用工程。

20世纪70年代初,我国机器人开始运用机电液一体化技术,如天津工程机械研究所与塘沽盐场合作研制了我国第一台3 m水深无线电遥控水陆两用推土机。该机采用全液压、无线电操纵装置。经长期运行考核,其主要技术性能接近当时先进国家同类产品水平。到20世纪80年代后期,我国相继开发了以电子监控为主要内容的多种机电液一体化系统。另外,机器人智能化系统也在有关院所进行研发。山东大学开发的高性能液压驱动四足机器人SCalf、哈尔滨工业大学开发的仿生液压机器人等均达到较高技术水平。

(2)国外发展概况。

20世纪60年代,美国首先发展机电液一体化技术,如第一台机器人、数控车床、内燃机电子燃油喷射装置等,而工业机器人在机电液一体化技术方面的开发,甚至比汽车行业还早。例如,20世纪60年代末,日本小松制作所研制的7 m水深的无线电遥控水陆两用推土机就投入了使用。此间,日本日立建机制造所也研制出了无线电遥控水陆两用推土机,其工作装置采用了仿形自动控制。20世纪70年代初,美国卡特彼勒公司将其生产的激光自动调平推土机也推向市场。

日本在工程机械上采用现代机电液一体化技术虽然比美国晚几年,但不同的是,美国工程机械运用的这一技术,主要由生产控制装置的专业厂家开发,而日本直接由工程机械制造厂自行开发或与有关公司合作开发。由于针对性强,日本使工程机械与机电液一体化技术结合较紧密,发展较为迅速。

最近20年来,随着超大规模集成电路、微型电子计算机、电液控制技术的迅速发展,日本和欧洲各国都十分重视将其应用于工程机械和物流机械,并开发出适用于各类机械使用的机电液一体化系统。例如,美国卡特彼勒公司自1973年第一次将电子监控系统(EMS系统)用于工程机械以来,至今已发展成系列产品,其生产的机械产品中,60%以上均设置了不同功能的监控系统。

时至今日,美国 BigDog 系列机器为典型的机电液一体化产品,融合了机械、液压、电子、控制、计算机、仿生等领域先进的技术和装置。BigDog 既是最先进的四足机器人,同时也是当前机器人领域实用化程度最高的机器人之一。BigDog 系统的研发,在相当程度上反映了国际尖端机器人技术的发展现状和趋势。BigDog 以技术性为主的研究思路主要包括如下特点:① 已有技术方法的深度挖掘与拓展,如压力传感器、虚拟模型;② 已有技术系统性能的提升,如液压驱动系统;③ 已有尖端技术和产品的直接利用,如视觉导航、电液伺服阀;④ 各种基本性能的有机整合,如运动控制系统。采用各种可行技术方法赋予机器人自主性和智能性,也是 BigDog 技术研究的主要特点。BigDog 大部分单项技术并无太大的创新性,然而各种技术方法和基本性能的集成,使得机器人系统具有了很高的自主性和智能性。最终整合而成的机器人系统是 BigDog 系列机器人研究最大的创新点。

3. 机器人液压系统的特点

(1)高压化。

液压系统的特点就是输出的力矩和功率大,而这依赖于高压系统。随着大型机器人的出现,向高压发展是液压系统发展的一个趋势。从人机安全和系统元件寿命等角度来考虑,液压系统工作压力的升高受很多因素的制约。例如,液压系统压力的升高,增加了工作人员和机体的安全风险系数;高压下的腐蚀物质或颗粒物质将在系统内造成更严重的磨损;压力增大使泄漏增加,从而使系统的容积效率降低;零部件的强度和壁厚势必会因为高压而增加,致使元件机体质量增大或者工作面积和排量减小,在给定负载下,工作压力过高导致的排量和工作面积减小将致使液压机械的共振频率下降,给控制带来困难。

(2)灵敏化与智能化。

根据实际施工的需要,机器人向着多功能化和智能化方向发展,这就使机器人有很强的数据处理能力和精度很高的"感知"能力。使用高速微处理器、敏感元件和传感器不只是能满足多功能和智能化要求,还可以提高整机的动态性能,缩短响应时间,使机器人面对急剧变化的负载能快速做出动作反应。先进的激光传感器、超声波传感器、语音传感器等高精度传感器可提高机器人的智能化程度,便于机器人的柔性控制。

(3)注重节能增效。

液压驱动系统为大功率作业提供了保证,但液压系统有节流损失和容积损失,整体效率不高。因此新型材料的研制和零部件装配工艺的提高也是提高机器人工作效率的必然要求。

(4)发挥软件的作用。

先进的微处理器、通信介质和传感器必须依赖于功能强大的软件才能发挥作用。软件是各组成部分进行对话的语言,各种基于汇编语言或高级语言的软件开发平台不断涌现,为开发机器人控制软件程序提供了更多、更好的选择。软件开发中的控制算法也日趋重要,可用专家系统建立合理的控制算法,PID和模糊控制等各种控制算法的综合应用将会得到更完美的应用。

(5)智能化的协同作业。

机群的协同作业是智能化的单机、现代化的通信设备、GPS、遥控设备和合理的施工工艺相结合的产物。这一领域为电液系统在机器人中的应用提供了广阔的发展空间。

4.3 其他新型机器人驱动简介

4.3.1 压电陶瓷驱动器

压电效应已经被科学家应用在与人们生活密切相关的许多领域,以实现能量转换、传感、驱动、频率控制等功能。在能量转换方面,利用压电陶瓷将机械能转换成电能的特性,可以制造出压电点火器、移动 X 光电源、炮弹引爆装置。电子打火机中就有压电陶瓷制作的火石,打火次数可在 100 万次以上。用压电陶瓷把电能转换成超声振动,可以用来探寻水下鱼群的位置和形状,对金属进行无损探伤,以及超声清洗、超声医疗,还可以做成各种超声切割器、焊接装置及烙铁,对塑料甚至金属进行加工。

4.3.2 形状记忆合金驱动器

1. 形状记忆合金驱动器模型

由于形状记忆合金在各领域的特效应用,被誉为"神奇的功能材料"。 SMA 是一种热敏性功能材料。在发生塑性变形后,SMA 丝加热到某一温度时,能够恢复到记忆中变形前的状态。形状记忆效应的本质是合金材料的晶体结构在马氏体和奥氏体之间的循环相变。

2. 形状记忆合金丝的应用

形状记忆合金驱动器适合多种应用,如锁闭释放机械装置、叶片定位、机器人动作等。驱动单元由一系列镍－钛导线组成,其受热时将缩短。

记忆合金在日常生活应用也较多。利用形状记忆合金弹簧可以控制浴室水管的水温,在热水温度过高时通过"记忆"功能,调节或关闭供水管道,避免烫伤。作为一类新兴的功能材料,记忆合金的很多新用途正不断被开发,如用记忆合金制作的眼镜架,被碰弯曲后,只要将其放在热水中加热,就可以恢复原状。

记忆合金在临床医疗领域内有着广泛的应用,例如人造骨骼、伤骨固定加压器、牙科正畸器、各类腔内支架、栓塞器、心脏修补器、血栓过滤器、介入导丝和手术缝合线等，记忆合金在现代医疗中正扮演着不可替代的角色。SMA也可用于开发灵巧的机械手指。用溅射法形成的形状记忆合金薄膜拥有以往压电元件15倍以上的驱动力、50倍以上的位移量，可作为带动数毫米微小机械的驱动元件。形状记忆合金薄膜也可用于研制仿生机器人的翅膀。

4.3.3 人工肌肉驱动器

1. 气动肌肉

气动肌肉出现于20世纪50年代，最初用于帮助残疾人进行上肢的辅助和康复运动。气动肌肉充气时，气动肌肉收缩，输出轴向拉力，带动关节转动，有优良的柔顺性。由于气动肌肉只可单向输出拉力，为使关节双向转动，通常采用拮抗安装的气动肌肉驱动仿生关节。气动肌肉可以提供很大的力量，而质量却比较小。多个气动肌肉可以按任意方向、位置组合，不需要整齐的排列。

由于气体的可压缩性等原因，气动人工肌肉位置精度不高。气动肌肉与生物肌肉在驱动特性上还有差距，尤其是特性相对固定，不可进行调节。

2. 电活性聚合物人工肌肉

电子型人工肌肉包括电介质弹性体、压电聚合物、铁电体聚合物、电致伸缩弹性体、液晶弹性体等。电活性聚合物可产生的应变比电活性陶瓷大两个数量级，并且较形状记忆合金响应速度快、密度小、回弹力大，另外具有类似生物肌肉的高抗撕裂强度及固有的振动阻尼性能等。电活性聚合物驱动材料是指能够在电流、电压或电场作用下产生物理形变的聚合物材料，其显著特征是能够将电能转化为机械能。根据形变产生的机制，电活性聚合物人工肌肉材料可以分为电子型和离子型两大类。电子型EAP通过分子尺寸上的静电力，或称库仑力作用使聚合物分子链重新排列以实现体积上各个维度的膨胀和收缩。这种电动机械转化是一种物理过程，包括两种机制：电致伸缩效应和Maxwell效应。

电活性陶瓷是人工肌肉的另一个备选材料，其响应速度较形状记忆合金快，但是脆性大，只能获得小于1%的应变。

3. 离子交换膜金属复合材料

离子肌肉种类繁多，但总体说来离子能量效率相对较低，即便是在最佳条件下还不到30%，而一些电子肌肉却可以达到80%。尽管如此，离子肌肉却有其不可替代的优势：响应电压可以低至1～71 V，电子肌肉则每微米厚需要数十甚至上百伏特的电压；离子肌肉能产生弯曲运动，而不仅仅是伸展或收缩。离子型人工肌肉产生驱动的方式是体系中离子的移动。施加电场促使离子和溶剂移动，离子进入和离开的聚合物区域便发生膨胀和收缩。当然离子运动的前提是必须处于电离状态,所以一般须使体系保持液体状态。但是,随着技术的发展,离子人工肌肉开始脱离液体环境工作。

离子型人工肌肉包括离子交换膜金属复合材料、聚合物凝胶、导电聚合物、碳纳米管复合材料、电流变液等。

离子交换膜金属复合材料(IPMC)是一种新型的智能材料,致动性能非常类似于生物肌肉,是一种适合开发仿生机器人的材料。与常规材料制成的致动机构相比,IPMC能提供很高的化学能转换为机械能的变换效率。

与常规的制动器相比,IPMC能制成简单、轻质、低功率刮擦机构,尤其是当给定大约 0.31 Hz 的激励信号时,IPMC能产生大于 90° 的弯曲,其弯曲方向取决于所施加信号的极性。IPMC可用于火星车去除灰尘,将IPMC刮尘器放置在观察窗的外面,使其向内移动以清洁窗口。

聚电解质凝胶可以随着环境的改变而溶胀或收缩。凝胶体积改变的本质是凝胶网络对水或其他溶剂的吸收和排出。

4. 导电聚合物人工肌肉

导电聚合物是分子链中含有 Ⅱ 共轭体系结构的聚合物,经化学掺杂或电化学掺杂,可在绝缘体－半导体－导体之间进行转变。导电聚合物在氧化还原掺杂过程中还会发生长度、体积、颜色和力学等性能的可逆转变,可利用这一可逆性能转变设计成一系列的功能性电化学器件,例如电致变色显示器、电化学传感器、人工肌肉等。

传导离子的聚合物凝胶是第一代人工肌肉,传导电子的导电聚合物为第二代人工肌肉。导电聚合物的特点是驱动电压低、响应时间长、收缩速率慢、伸缩率大、产生应力大、功率密度大、重复精度高、疲劳寿命长。导电聚合物人工肌肉的响应时间为 $1 \sim 50$ s,远大于生物肌肉($10 \sim 100$ ms)。

与压电材料及电致伸缩材料相比,导电聚合物驱动电压极低,几伏甚至几十毫伏就可使其尺寸发生 10% 的线性变形。而 IPMC 驱动电压一般为 $4 \sim 7$ V。相对其他材料而言,导电聚合物如此低的驱动电压在人工肌肉的应用上是一大优势。导电聚合物人工肌肉能达到的最大收缩速率为每秒 4%,而相应的哺乳动物骨骼肌收缩速率可高达每秒 100%。

导电聚合物人工肌肉作为制动装置时测得的线性伸缩率为 $1\% \sim 10\%$,相对天然肌肉的 $20\% \sim 30\%$ 要小许多。对于双层导电聚合物膜而言,若其体积膨胀 10%,则相应产生的双层应力约为 20 MPa。天然肌肉的功率密度为 $40 \sim 1\,000$ W/g,且随自身质量增加,功率密度下降。而导电聚合物人工肌肉接近或超过天然肌肉的功率密度,约为 $1\,000$ W/cm^3。

5. 碳纳米管人工肌肉

大多数材料在被拉往一个方向时,另一方向就会变薄,类似于橡皮筋被伸展时的表现。普通材料在拉伸时会横向收缩,这种现象可通过泊松比来量化。但"巴克纸"碳纳米管在伸展时可增加宽度,在均匀压缩时长度和宽度均可增加。具有这些性能的材料可用于制作复合材料、人工肌肉、密封垫圈或传感器。

碳纳米管是由石墨中一层或若干层碳原子卷曲而成的笼状"纤维"。管身由六边形碳环微结构单元组成,端帽部分由含五边形碳环多边形结构组成,是一种纳米级的一维量子材料。碳纳米管通常分单壁和多壁两种,单壁碳纳米管可以认为是单层石墨卷成柱形结构,而多壁碳纳米管可以认为是由不同直径的单壁碳纳米管嵌套而成。碳纳米管具有很高的驱动应力(26 MPa)和极高的拉伸强度(37 GPa),并能够提供超高的工作强度和机械强度,其杨氏模量可达 640 GPa。除此之外,在 1 000 ℃ 以下碳纳米管具有高的热稳定性。通过模拟表明其应变可达 1%,极限能量密度可达 15 000 J/kg。

随着科技的发展,纳米机器人成为现实。纳米机器人可在人体的血液中移动,找到病灶,治愈疾病。纳米机器人不能只随着血液流动,合适的推进方式是研究的难点。科学家发明了新型人工肌肉——鞭毛驱动技术。用纳米碳管"纱线"旋转缠绕可制成人工肌肉。当浸泡在电解液中时,加电后碳管会吸附电解质导致体积增大,人工肌肉就会开始旋转。这种旋转可以达到每分钟 600 转的速度。一旦停止加电,人工肌肉会把之前吸附的电解质释放出来,体积慢慢减小,反向转回原位。因此把这种人工肌肉装在纳米机器人体内,末端加上一根鞭毛,然后给人工肌肉加电、撤电、再加电,机器人就会像蝌蚪一样游动起来。

4.4 Roban 机器人

Roban 机器人的控制系统本质上就是一台安装 Linux 系统的计算机,该计算机上安装了机器人专用的软件系统,配合机器人本体上的其他软硬件系统即可达到机器人的控制目标。

4.4.1 Roban 机器人简介

Roban 机器人身高为 68 cm,体重为 6.5 kg,主要硬件包括 CPU、主板、扬声器、MIC 阵列、深度相机、ToF 测距传感器、电机、语音合成器、陀螺仪等,如图 4.11 所示。

1. Roban 机器人系统

(1)通用硬件系统。

① 处理器(CPU)。

主处理器采用 8 代 Intel i3—8109U 处理器,主频为 3.0～3.6 GHz、4 MB 高速缓存、双核四线程。基于 Cortex M4 处理器作为协处理器,用于传感器数据收集及运动数据转发。

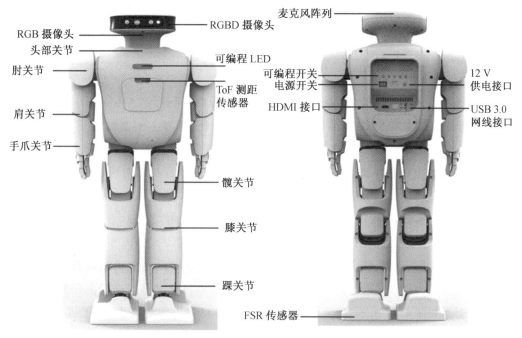

图 4.11 Roban 机器人

② 存储器。

内存为 8 GB、固态硬盘为 120 GB。

③ 网络连接。

以太网 IRJ45 接口、英特尔 i219 — V10/100/1 000 Mbps。支持无线网络连接，Wireless — AC 9560，IEEE 802.11ac 2x2。蓝牙支持 V5 版本。

④ 外部接口。

2 个 USB 3.0 端口、一个标准 HDMI 2.0 A 接口、一个雷电 3 接口。

⑤ 电源锂电池。

动力锂电池最高电压为 12.6 V，电池容量为 4 000 mA·h，2 A 电流充电约需 2 小时。

⑥ 视觉与声音系统。

机器人视觉的硬件基础是摄像头，Roban 机器人搭载了两个摄像头，可以用于拍摄图像，录制视频及 V — SLAM 导航，可以通过调用相关接口使机器人具有认知功能。

a. 相机：Roban 机器人提供了两个相机：一个是位于头部的 Realsense D435 RGBD 深度摄像头，除了可以得到常用的 RGB 图像之外，还可获取到分辨率为 1 280×720 的深度信息，每秒最高可以提供 30 帧的 RGB 图像以及 90 帧的深度图像；另一个位于下巴处，功能包括在 Roban 机器人行走时，可以识别前方障碍物，不需要低头就能识别到脚下物体，经常使用 Artag 码进行校正等。这是机器人进行 V — SLAM 导航的基础。

b.声音系统:Roban 可以"听到"声音,并且辨别出声音方向,也可以发出悦耳的声音,听和说的硬件是话筒和扬声器。机器人后背安装了 2 个 2 W 的扬声器用于机器人音频的输出。机器人头部安装有 6 麦阵列,通过 6 个麦克风可以计算音源的方位角,可以对于唤醒方向声音实现定向收音,从而可以实现与人的互动。

(2)软件系统。

Roban 机器人操作系统为 Linux 的一个十分常见的发行版本 Ubuntu 16.04 LTS,在这个操作系统的基础上构建了基于 ROS(机器人操作系统)的基础包框架,其支持 Linux、Window 或 Mac OS 等操作系统的远程控制,既可以直接通过安全外壳协议(SSH)对该系统上的程序进行修改,也可以通过 ROS 的消息机制对机器人进行控制。由于机器人本身就搭载了一个计算机,开发者也可以使用外置的鼠标键盘以及显示器直接连机器人进行编程,还可以直观地观察机器人运行时的各种数据。

为了更加方便地对机器人的硬件进行操作,Roban 机器人在 ROS 系统的基础上还构建了多层结构用于对机器人进行操作,这些包都采用 ROS 的消息机制以及 Service 机制进行了连接,从而可以方便地使用各种 ROS 支持的语言对机器人进行良好的操控,其主要控制架框如图 4.12 所示,分为驱动层、中间层及应用层,开发的过程主要是通过对应用层进行修改和开发,从而使得机器人可以按设计逻辑运行。

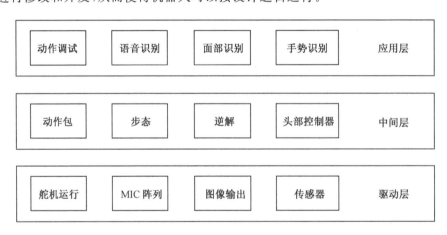

图 4.12　Roban 软件主要控制架构

(3)机器人特有硬件。

① 深度摄像头。

Roban 在头部安装一个 D435 深度摄像头,除了可以提供 RGB 的图像数据之外还可以提供深度摄像头,摄像头会投射出红外结构光,摄像头有两个红外相机,可以获取到红外数据,从而得到深度信息,而在室外环境中,由于结构光投射距离有限,深度摄像头会直接采用外部的纹理信息,利用双目摄像头的原理对深度进行计算。有了深度摄像头之后,可以使得机器人更好地获取前方的障碍物信息,也可以用于 V－SLAM 导航。深度摄像头的最近测量距离约 0.1 m,最远可测量 10 m。D435 结构如图 4.13 所示。

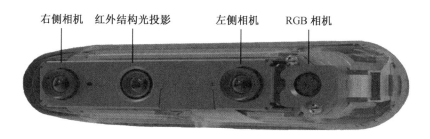

右侧相机　红外结构光投影　　左侧相机　　RGB 相机

图 4.13　D435 结构图

②ToF 测距传感器。

Roban 在胸前额外安装了一个基于飞行时间原理的测距传感器,是为了精确测量与障碍物之间的距离,可以测量 2 m 范围之内的准确距离,采用的垂直腔面发射激光器基础。发射 940 nm 的红外激光,通过测量从发射到收到反射激光的时间来判断检测距离内是否有障碍物,如果一段时间内没有收到反射的激光,则认为有效距离内没有障碍物。

③ 惯性传感器。

测量身体状态及加速度,包括陀螺仪和加速度计,通过这两个传感器的数据融合可以实现对机器人姿态的估计。

④ 关节位置编码器。

测量机器人自身关节位置,且在各个关节内可用于各关节位置的反馈,使用这些位置传感器,机器人在步行的过程中可以更好地估计机器人本体的位姿。

⑤ 压力感应器(Force Sensitive Resistors,FSR)。

机器人每只脚上有 4 个压力传感器,用来确定每只脚压力中心(重心)的位置。在行走过程中,Roban 会根据重心位置进行步态调整以保持身体平衡,同时也可以用于判断机器人的脚是否着地,为步态算法的研究提供了方便。

⑥ 发光二极管。

Roban 前胸有一排发光二极管,可编程进而显示不同的状态,可用于机器人状态显示。

⑦ 可编程按键。

Roban 后背具有轻触按键,可编程,将其作为状态输入,用于机器人状态的切换。

⑧ 机器人关节。

控制机器人的关节可以使机器人完成各种动作,Roban 中有 22 个独立的直流伺服关节,根据具体位置不同使用了 3 种不同的电动机及减速比,电动机的转动通过齿轮的减速之后可驱动机器人的关节完成各种关节运动,从而使机器人具有强大的运动能力。

2. Roban 关节运动模型

(1) 机器人坐标系。

机器人做各种动作时需要驱动机器人各关节的电动机动作。为描述机器人各种动作的实现过程,使用如图 4.14 所示的笛卡儿坐标系。其中 X 轴指向机器人身体前方,Y 轴为机器人由右向左方向,Z 轴为垂直向上方向。

(2) 关节运动分类。

对于连接机器人两个身体部件的关节来说,驱动电动机实现关节运动时,固定在躯干上的部件是固定的,远离躯干的部件将围绕关节轴旋转。沿 Z 轴方向的旋转称为偏转(Yaw),沿 Y 轴方向的旋转称为俯仰(Pitch),沿 X 轴方向的旋转称为横滚(Roll)。沿关节轴逆时针转动角度为正,顺时针转动角度为负。

(3) 关节命名规则。

关节按照先脚后手的 ID 顺序进行命名,为了实现一些动作可能需要不同关节相互配合才可以实现,其中 Roban 机器人各关节 ID 分布如 4.15 所示。

图 4.14　Roban 机器人笛卡儿坐标系

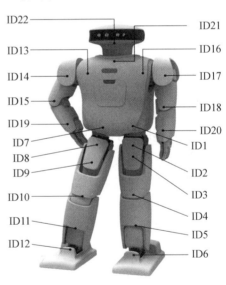

图 4.15　Roban 机器人各关节 ID 分布

(4)Roban 的自由度。

机器人可以独立运动的关节称为机器人的运动自由度,简称为自由度,Roban 机器人的头部有两个关节,可以进行偏转和俯仰运动,因此头部的自由度为 2。Roban 机器人除了具有运动自由度之外,每只手还可以张开或闭合,各具有一个自由度,因此 Roban 共具有 22 个自由度。

3. Roban 控制框架

基于 ROS 操作系统,Roban 机器人构建了驱动层和中间层的用于操作机器人的

API,通过这些 API 可以方便地对机器人运动、音频、视频等方面进行操作,满足机器人的使用需求。在应用层的开发中可以使用任意一种 ROS 所支持的语言,都能达到正确的控制机器人行为的目的。通过对于这些相关 API 的调用,可以在不了解执行器具体原理的情况下轻松开发出机器人的应用程序。

尽管 Roban 的各个不同模块相互之间差异很大,但在使用过程中利用 ROS 的 MSG 和 Service 机制,采用标准的 ROS 消息机制来表示信息,而且各个模块的权限管理机制也是相似的,这种方式使得在调用不同的 API 时具有相似的编程模式,降低了 Roban 程序设计的复杂性。

对于机器人开发可以使用 C++、Python 或者其他 ROS 支持的编程语言,但是不管使用哪种编程语言,实际的编程方法都是相似的,为了便于使用者调试,建议用户在开发应用的过程中使用 Python 语言进行应用层的控制,而对时间和效率敏感的控制代码用 C++ 实现,以提高运行效率。

4.4.2　操作 Roban 机器人

本小节中将介绍一些 Roban 机器人的基本操作,以及与 Roban 开发相关的基础知识。

1.无线网络设置

Roban 可以通过有线网络或 Wi-Fi 的方式连接计算机,由于有线网络需要接网线,因此推荐 Roban 使用无线 Wi-Fi 的方式来进行连接,Roban 完成网络配置后可以记忆无线网络密码并且再次开机时可自动连接上次连接过的无线路由器,配置 Roban 无线网络的步骤如下:

(1)给 Roban 接上外置电源,接上外置显示屏与鼠标键盘;

(2)将机器人按图 4.16 左边所示的方式放置,打开电源开关,等待约 1 分钟,机器人启动完成后,机器人会从蹲下状态变为站立状态,此时机器人即启动完成;

等待 1 分钟

图 4.16　Roban 连接 Wi-Fi 时的摆放方式

(3)此时显示屏显示机器人上 Ubuntu 系统的图形界面,从右上角的 Wi-Fi 列表选择需要连接的 Wi-Fi,在弹出的密码框中输入所需要连接 Wi-Fi 的密码,并且单击 connect 按钮;

(4)通过 Ctrl+T 快捷键打开一个终端,然后输入 ifconfig 并按回车键,即可得到当前机器人的 IP 地址,通过该 IP 地址可以对机器人进行远程访问。

2. 远程登录 Roban

虽然 Roban 机器人可以通过外接键盘鼠标、显示器实现对程序的修改功能,但是执行程序的过程中可能也会让机器人运动,很多程序会让机器人执行不同程度的运动,因此推荐通过 SSH 连接的方式来对 Roban 机器人进行开发。有很多 SSH 的客户端可供选用,本书推荐一种功能齐全且免费使用的远程工具 MobaXterm。

MobaXterm 是远程处理的终极工具箱。在一个单独的 Windows 应用程序中,为程序员、网站管理员、IT 管理员和几乎所有需要以更简单的方式处理远程工作的用户提供了大量的功能。 MobaXterm 为用户提供了多标签和多终端分屏选项,内置 sftp 文件传输及 Xserver,让用户可以远程运行 X 窗口程序,SSH 连接后会自动将远程目录展示在 SSH 面板中,方便用户上传、下载文件。 MobaXterm 提供了所有重要的远程网络工具、协议(SSH、X11、RDP、VNC、FTP 和 MOSH 等)和 Unix 命令(bash、ls、cat、sed、grep、awk 和 rsync 等)到 Windows 桌面。RDP 类型的会话可以直接连接 Windows 远程桌面(mstsc),比 Windows 自带的 mstsc 更方便。

MobaXterm 的官方网站为 https://mobaxterm.mobatek.net/,可以方便地在其官网下载到客户端,程序运行后,界面如图 4.17 所示。

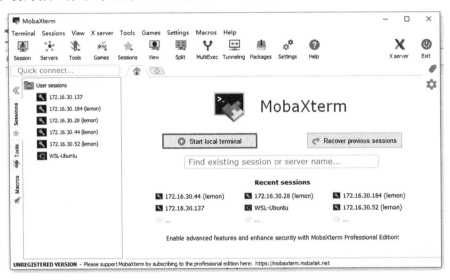

图 4.17 MobaXterm 界面

对应界面中选中 Session 选项,如图 4.18 所示。

在对应的 Session 选项卡中选择 SSH 的登录方式,如图 4.19 所示。

选择 SSH 的登录方式后出现如图 4.20 所示界面,选取指定用户名,默认的用户名为 lemon,实际的用户名以及密码可以在登录之后修改,如果已更改过按照更改后的用户名填写即可。

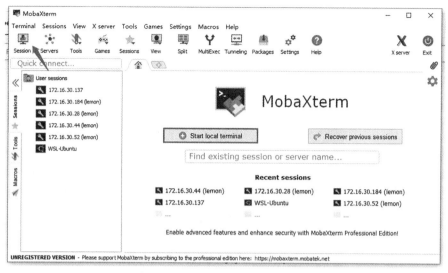

图 4.18 MobaXterm 远程连接界面

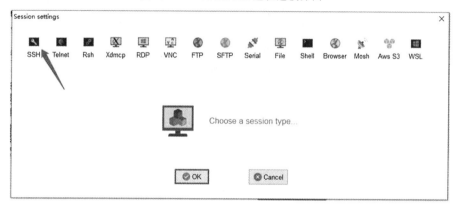

图 4.19 MobaXterm 登录方式选取

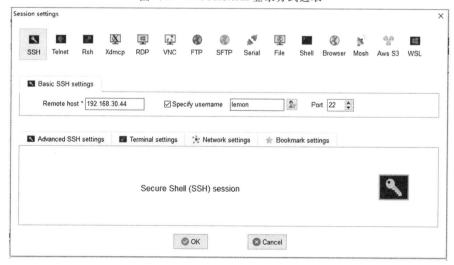

图 4.20 MobaXterm 的 SSH 登录界面

输入密码后即可进入如图 4.21 所示的界面,该界面的左侧为文件管理界面,可以方便地使用拖拽的方式管理 Roban 机器人上的文件和本机的文件,也可以使用界面上部的那一排按钮对文件进行操作。在窗口右侧是一个终端界面,可以直接使用命令行对机器上的终端进行操作。

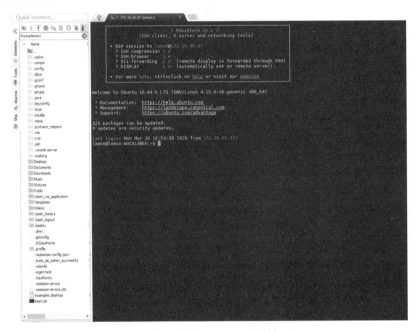

图 4.21　MobaXterm 远程界面

3. 使用 VS Code 开发

前文介绍了使用 MobaXterm 远程登录 Roban 进行开发的方法,通过 MobaXterm 将本地编辑好的程序文件上传到 Roban 机器人中运行,但代码不能在机器人上进行调试,也不方便使用调试软件,为了调试方便可采用 VS Code 进行开发,下面将介绍如何使用 VS Code 对机器人进行开发。

首先需要在 VS Code 的官方网站下载和系统匹配版本的 VS Code,VS Code 的官网地址为 https://code.visualstudio.com/。

然后到 VS Code 扩展页面安装如图 4.22 所示的 Remote Development 扩展插件,这个插件会自动安装一系列远程开发所需要的插件,安装完成后即可用于 Roban 机器人的远程连接开发。

安装完成后,按组合键 Ctrl + Shift + P 打开 VS Code 功能键界面,在其中选取 Connect Current Window to Host 的选项,即可连接远程机器人进行开发。在第一次尝试远程连接机器人时,单击对应的新建 SSH 主机设置。然后配置对应的远程主机 IP 地址和用户名,其中 IP 地址为 Roban 机器人的实际 IP 地址,用户名如果没有变更过,使用默认的 lemon 即可。密码如果没有变更过,输入 softdev。在输入密码后,选择对应的远程主机系统,Roban

机器人采用的是 Ubuntu 系统,在选择远程主机时选择 Linux,如果是第一次远程登录 Roban,需要安装一些 VS Code 的 Host 端的插件,因此需要等待一段时间安装插件。在安装完成后即可使用 VS Code 对机器人进行远程开发,界面左边部分为文件区,可以对文件进行操作,右侧有对应的编码区以及终端区,可用于机器人软件的开发。

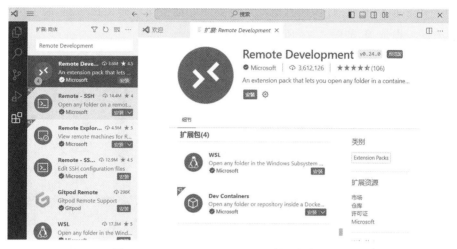

图 4.22　Remote Development 扩展插件安装

4.5　Roban 机器人使用概述

4.5.1　开机与供电

1.打开后背提手盖板,绑上提手带,如图 4.23 所示。

2.将机器人悬挂至悬架上或机器人正面朝上平躺在平面上,使各个舵机位置位于初始状态。机器人处于近似站立姿势,如图 4.24 所示。

图 4.23　打开机器人后盖

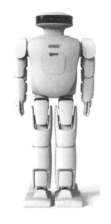

图 4.24　机器人站立姿态

3.开机,这一步有两种方式进行。

(1)用满电量的电池给机器人供电(供电之前请确保机器人电源开关处于关闭状态)。

① 用十字螺丝刀拧开电池盖上的螺丝,如图4.25所示。

② 将电池插到电池槽内,注意电池接口要和电池槽接口插接在一起,装上电池盖后拧紧螺丝固定电池盖,如图4.26所示。

图 4.25　机器人后盖打开图1

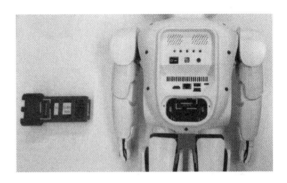

图 4.26　机器人后盖打开图2

③ 将电源开关往右边按一下,机器人开机。

(2)用电源适配器(AC 220 V,DC 12 V)给机器人供电(此操作仅给机器人供电,并不会给电池充电)。

① 将AC电源线的三孔圆形插头插到适配器三插孔上,另一头三角插头插到插座上,如图4.27所示。

图 4.27　电源插头示意图

② 将电源适配器的DC插头插到机器人背面的DC插座上,将电源开关开启,机器人开机,如图4.28所示。

提示:若电池没有足够的电量或者机器人发出"滴—滴—滴"的电量低提示音时,则需要给机器人电池充电。

③ 上电后,机器人主机将会开机运行,大概需要40 s的等待时间,全部舵机将会加锁,机器人姿态将逐步恢复到初始站立姿态。

④ 红色按键仅供紧急停止舵机时使用,当机器人舵机处于加锁/运动状态时,按下

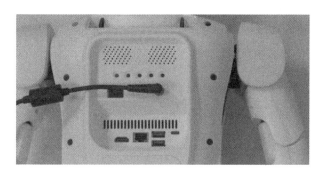

图 4.28　机器人后盖打开图 3

该按键将触发全部舵机解锁,但机器人主机仍然运行。机器人解锁后,请按下方的关机程序关闭机器人,再按电源开关重新启动机器人。

4.5.2　关机

在确认要关闭机器人时,请将机器人悬挂回悬架上或平躺在平面上,然后将机器人背部的电源开关向左关闭电源,机器人全部舵机将马上解锁,主机关闭。

4.5.3　充电

1. 接线介绍

(1) 插上平衡充电器 DC 输出线,需要注意插头方向,一面为斜面,一面为平面,如图 4.29 所示。

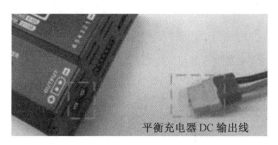

图 4.29　平衡充电器 DC 输出线

(2) 插上平衡充电器控制线,平衡充电器接口如图 4.30 所示。

(3) 将平衡充电器控制线和 DC 输出线分别插到充电座接口,如图 4.31 所示。

(4) 将 AC 电源线插到电源适配器 AC 接口内,AC 电源线如图 4.32 所示。

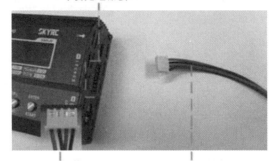

平衡充电器接口

插头针脚朝下放置　　　　平衡充电器控制线

图 4.30　平衡充电器接口

图 4.31　平衡充电器控制线和 DC 输出线分别插到充电座接口

AC 电源线

图 4.32　AC 电源线

（5）将 AC 电源线插头插到电源插座上，通电后电源适配器上蓝色指示灯会亮起，如图 4.33 所示。

图 4.33 通电后电源蓝色指示灯闪烁

2. 参数设置

（1）平衡充电器界面如图 4.34 所示。

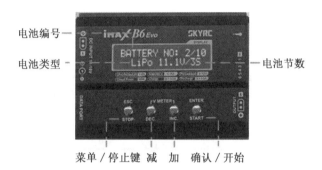

图 4.34 平衡充电器界面

（2）充电参数设置流程如图 4.35 所示。

图 4.35 充电参数设置流程图

（3）电池充电。

① 将电池插座和充电座插头插接在一起，如图4.36所示。

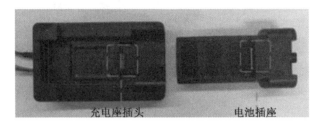

图4.36　插接电池插座和充电座插头

② 插上AC电源线、控制线和DC输出线，如图4.37所示。

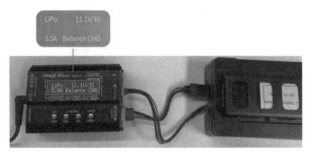

图4.37　AC电源线、控制线和DC输出线

③ 设置完成后长按Enter键，当界面变为图示界面时开始充电，如图4.38所示。

图4.38　充电显示界面

④ 电池充电中如图4.39所示。

图4.39　充电过程展示

⑤ 充电完成：当电池充满时，平衡充电器会发出滴滴的提示音，界面上显示充电完成提示"LiPo DONE"、本次充电时间和本次充电电量，如图4.40所示。

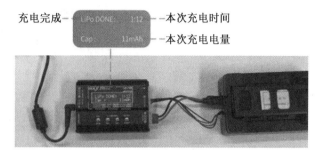

图4.40　充电完成界面

4.5.4　编程

1. 连接机器人

配置机器人连接互联网，支持有线 WLAN 连接和无线 Wi-Fi 连接两种方式。建议使用 Wi-Fi 连接网络。

（1）首次开启机器人为机器人配置 Wi-Fi 连接，可以给机器人连接上显示器、键盘、鼠标，为机器人配置连接指定 Wi-Fi。

（2）Wi-Fi 连接成功后，请配置"当 Wi-Fi 可用时，自动连接"，以方便机器人启动后自动连接 Wi-Fi（也可以用网线连接 Wi-Fi），如图4.41所示。

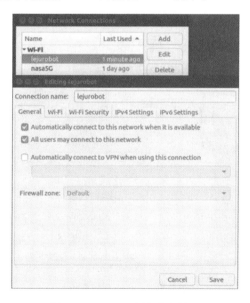

图4.41　Wi-Fi 连接成功界面

（3）利用机器人 IP，使用 SSH 连接控制，如图 4.42 所示。

① 此处请填写正确的 IP address   ① 登录名称：lemon

② 此处选择"OK"   ② 登录密码：softdev

图 4.42　SSH 连接界面

2. 软件的使用

（1）连接机器人、调试零点：① 打开 PC 端"Roban"上位机软件；② 新建 Roban 工程文件，机器人开机，等待系统完全启动；③ 计算机与机器人在同一无线局域网，点击串口，连接机器人 IP；④ 点击菜单按钮"设置"，在弹出的窗口中点击"零点调试"；⑤ 零点调试。

（2）Roban 机器人标准零点设置：①1、4 号线，调整机器人头部舵机外壳至水平位置；②5 号线，调整机器人手臂展开至水平位置；③6 号线，调整机器人髋关节部位至水平位置；④3、8 号线，调整机器人脚底板至水平位置；⑤7 号线，调整机器人两条腿处于垂直位置，与 4、5、6、8 号线垂直；⑥ 设置零点之前，建议先将原始零点备份，拍照／截图记录 Roban 当前各个舵机数值，如图 4.43 所示。

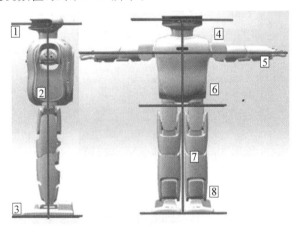

（调整机器人零点到标准状态）

图 4.43　标准零点调试界面

（3）Roban 动作设计步骤：① 新建工程文件；② 选择插入帧的位置；③ 点击软件界面右侧机器人模型，选择需要控制的机器人关节部位；④ 选择需要控制的舵机，拖动时间轴或输入码盘数值，机器人相应位置舵机会发生转动；⑤ 再点击"确认"按钮，当前这一帧的动作便会插入到动作帧位置（需要注意的是，动作帧时间轴单位 1 f＝10 ms）；⑥ 按同样的步骤，在开始帧和结束帧之间插入多个关键帧；⑦ 点击动作预览"▶"按钮，Roban 机器人会执行开始帧与结束帧之间的动作指令；⑧ 点击"生成模块"，会将动作帧内容以模块化形式进行封装；⑨ 将生成的动作模块放在开始程序内，点击"下载"按钮；程序下载成功后，机器人会自动"运行"程序；⑩ 运行平台：Windows 10，下载链接：http://www.lejurobot.com/support－cn。

第5章 机器人控制常用传感器与控制器件

5.1 常用的运动测量传感器

5.1.1 旋转变压器

旋转变压器是一种输出电压随转子转角变化的信号元件。当励磁绕组以一定频率的交流电压励磁时,输出绕组的电压幅值与转子转角呈正弦、余弦函数关系,或保持某一比例关系,实物如图5.1所示。

旋转变压器是一种特制的两相旋转电动机,由定子和转子两部分组成。在定子和转子上各有两套在空间完全正交的绕组。当转子旋转时,定子、转子绕组间的相对位置随之变化,使输出电压与转子转角呈一定的函数关系,如图5.2所示。

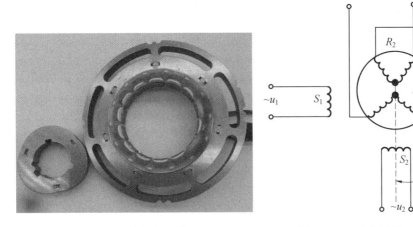

图5.1 旋转变压器　　　　　图5.2 旋转变压器工作原理

5.1.2 光电传感器

光可以被看成是由具有一定能量的光子组成的,而每个光子所具有的能量与其频率成正比。光射到物体上就等效为一连串具有能量的光子轰击物体。光电效应是指由于物体吸收了能量为 E 的光子后所产生的电效应。光电传感器是将光信号转换成电的一种变换器,工作原理就是光电效应。从传感器本身来看,光电效应可以分为外光电效应、内光电效应和光生伏特效应 3 类,下面介绍前 2 类。

1. 外光电效应

在光线作用下,电子逸出物体表面的现象称为外光电效应,或称为光电发射效应。根据爱因斯坦的假说,一个光子的能量只能给一个电子。因此,如果一个电子要从物体表面逸出,必须使传递给电子能量的光子本身的能量大于电子从物体表面逸出的功。此时逸出表面的电子可称为光电子,具有动能。

光电子逸出物体表面时,具有的初始动能与光的频率有关,频率越高则动能越大。而不同材料具有不同的逸出功,因此对于每种特定的材料而言都有一个特定的频率限。当入射光的频率低于此频率限时,不论入射光强度多强,也不能激发电子。当入射光的频率高于此频率限时,不论入射光强度多弱,也会使被照射的物质激发出电子。

2. 内光电效应

在光的照射下材料的电阻率发生改变的现象称为内光电效应,或称为光电导效应。光电转速计是典型的内光电效应传感器,是由光源、光路系统、调制器和光电元件组成的,分为透射式和反射式两类,工作原理如图5.3所示。调制器的作用是把连续光调制成光脉冲信号。调制器通常为一个带有多个均匀分布的小孔的圆盘,当安装在被测转轴上的调制器随被测转轴一起旋转时,利用圆盘的透光性或反射性把被测转速调制成相应的光脉冲。光脉冲照射到光电元件上时,即产生相应的电脉冲信号,从而把转速转换成电脉冲信号。

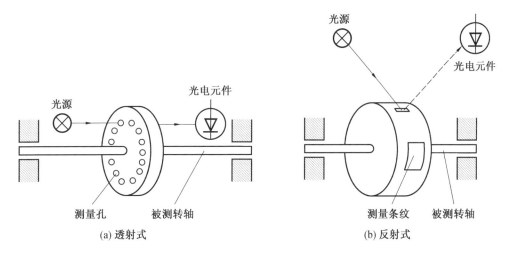

图 5.3 光电转速计的工作原理

5.1.3 脉冲编码器

1. 增量型编码器(旋转型)

编码器由一个中心有轴的光电编码盘和光电发射、接收器件组成,编码盘上有环形通、暗的刻线。编码器的输出波形为正弦波信号 a 和 b,相位相差 90°。此外,增量型编码器每旋转一圈输出一个 z 相脉冲,以代表零位参考位。

由于 a、b 两相相差 90°,可通过比较 a 相在前还是 b 相在前,来判别编码器的正转与反转,通过零位脉冲,可获得编码器的零位参考位。

编码器每旋转 360° 提供的通或暗的刻线称为分辨率,也称解析分度,或直接称多少线,一般为每转分度 5 ～ 10 000 线。信号输出有正弦波(电流或电压)、方波(TTL、HTL)、集电极开路(PNP、NPN)和推拉式等多种形式。其中 TTL 为长线差分驱动,HTL 也称推拉式、推挽式输出,编码器的信号接收设备接口应与编码器对应。单相连接用于单方向计数,单方向测速。a、b 两相连接,用于正反向计数,判断正反向和测速。a、b、z 三相连接,用于带参考位修正的位置测量。a、a₋、b、b₋、z、z₋ 连接,由于带有对称负信号的连接,电流对于电缆贡献的电磁场为 0,衰减最小,抗干扰最佳,可传输较远的距离。对于 TTL 的带有对称负信号输出的编码器,信号传输距离可达 150 m。对于 HTL 的带有对称负信号输出的编码器,信号传输距离可达 300 m。

增量型编码器存在零点累计误差,抗干扰较差,接收设备的停机需断电记忆,开机要找零位或参考位等问题。增量型编码器一般应用于测速、测转动方向、测移动角度与距离(相对)。编码器的脉冲信号一般连接计数器、PLC、计算机,PLC 和计算机连接的模块有低速模块与高速模块之分,开关频率有低有高。

2. 绝对式编码器(旋转型)

绝对式光电编码盘上有许多道光通道刻线。每道刻线依次以 2 线、4 线、8 线、16 线 …… 编排。在编码器的每一个位置,通过读取每道刻线的通、暗,获得一组 2 ～ $2n-1$ 的唯一的二进制编码(格雷码)。绝对编码器的读数是由光电编码盘的机械位置决定的,不受停电、干扰的影响。

绝对式编码盘是通过读取轴上编码盘的图形来表示轴的位置的,无须记忆,无须找参考点,而且不用一直计数。码制可选用二进制码、BCD 码(循环码)。

在二进制编码盘中,外层为最低位,里层为最高位,从外到里按二进制刻制。在编码盘转动时,可能出现两位以上的数字同时改变,导致"粗大误差"的产生。循环编码盘的特点是在相邻两扇面之间只有一个码发生变化,因而当读数改变时,只有一个光电管处于交界面上。即使发生读错,也只有最低一位的误差,不会产生"粗大误差"。其缺点是不能直接进行二进制算术运算,在运算前必须先通过逻辑电路转换成二进制编码。

脉冲编码器的分辨率为 $360°/N$,对增量式码盘 N 是旋转一周的计数总和,对绝对式编码盘 $N=2n,n$ 是输出字的位数。通过运用钟表齿轮原理,可制作多圈式绝对式编码器。

5.1.4 光栅

计量光栅有长光栅和圆光栅两种,是数控机床和数显系统常用的检测元件,具有精度高、响应速度较快等优点。光栅采用非接触式测量方法。

1. 光栅的工作原理

光栅位置检测装置由光源、2块光栅(长光栅、短光栅)和光电元件等组成。光栅就是在一块长条形的光学玻璃上均匀地刻上很多和运动方向垂直的线条。线条之间的距离(栅距)可以根据所需的精度决定,一般是每毫米(mm)刻50、100、200条线。长光栅装在机床的移动部件上,称为标尺光栅,短光栅装在机床的固定部件上,称为指示光栅,两块光栅互相平行并保持一定的间隙(如 0.05 mm,0.1 mm 等),两块光栅的刻密度相同。

如果将指示光栅在其自身的平面内转过一个很小的角度,这样两块光栅的刻线相交,则在相交处出现黑色条纹,称为莫尔条纹(Moire fringe)。两块光栅的刻线密度相等,即栅距 ω 相等,而产生的莫尔条纹的方向和光栅刻线方向大致垂直。当 θ 很小时,莫尔条纹的节距为

$$W=\omega/\theta \tag{5.1}$$

式(5.1)表明莫尔条纹的节距是光栅栅距的 $1/\theta$ 倍,当标尺光栅移动时,莫尔条纹沿垂直于光栅移动方向移动。当光栅移动一个栅距 ω 时,莫尔条纹相应准确地移动一个节距 W。所以,只要读出移过莫尔条纹的数目,就可以知道光栅移过了多少个栅距,而栅距在制造光栅时是已知的,所以光栅的移动距离就可以通过电气系统自动地测量出来。

当光栅的刻线为100条,即栅距为 0.01 mm 时,人眼已无法分辨,但莫尔条纹却清晰可见,所以莫尔条纹是一种放大机构。其放大倍数取决于两块光栅刻线的交角 θ,如 $\omega=0.01$ mm,$W=10$ mm,则其放大倍数 $1/\theta=W/\omega=1\,000$ 倍,这是莫尔条纹的主要特点。

莫尔条纹的另一特点就是平均效应。莫尔条纹是由若干条光栅刻线组成的,若光电元件接收长度为 10 mm,则在 $\omega=0.01$ mm 时,光电元件接收的信号是由 1 000 条刻线组成的,如果存在制造上的缺陷,如间断地少几根线,只会影响千分之几的光电效果。所以用莫尔条纹测量长度,决定其精度的要素不是一根线,而是一组线的平均效应。其精度比单纯栅距精度高,尤其是重复精度有显著提高。

2. 直线光栅检测装置的线路

由于标尺光栅的移动可以在光电管上得到信号,但这样得到信号只能计数,还不能分辨运动方向,安装两个相距 $W/4$ 的缝隙 S_1 和 S_2,则通过 S_1 和 S_2 的光线分别被两个光

电元件所接收。当光栅移动时,莫尔条纹通过两缝隙的时间不一样,导致光电元件所获得的电信号虽然波形一样但相位相差1/4周期。至于是超前还是滞后,则取决于光栅的移动方向。当标尺光栅向右运动时,莫尔条纹向上移动,缝隙S_2输出信号的波形超前1/4周期;反之,当光栅向左移动时,莫尔条纹向下移动,缝隙S1的输出信号超前1/4周期。根据两缝隙输出信号的相位超前和滞后的关系,可以确定栅的移动方向。为了提高光栅分辨精度,线路采用了4倍频的方案。如果光栅的栅距为0.02 mm,但4倍频后每一个脉冲都相当于0.005 mm,则使分辨精度提高4倍。倍频数还可增加到8倍频等,但一般细分到20等分以上就比较困难了。

5.1.5 感应同步器

感应同步器是利用两个平面形绕组的互感随位置不同而变化的原理组成的,可用来测量直线或转角位移。测量直线位移的称为长感应同步器,测量转角位移的称为圆感应同步器。圆感应同步器由转子和定子组成。

首先用绝缘粘贴剂把铜箔粘在金属(或玻璃)基板上,然后按设计要求腐蚀成不同曲线形状的平面绕组,这种绕组称为印制电路绕组。定尺和滑尺(转子和定子)上的绕组分布是不相同的。在定尺和转子上的是连续绕组,在滑尺和定子上的则是分段绕组。分段绕组分为两组,布置成在空间相差90°相角,又称为正弦、余弦绕组。感应同步器的分段绕组和连续绕组相当于变压器的一次侧和二次侧线圈,利用交变电磁场和互感原理工作。安装时,定尺和滑尺(转子和定子)上的平面绕组面对面地重叠放置。由于其间气隙的变化会影响电磁耦合度,因此气隙一般必须保持在0.25 mm±0.05 mm的范围内。工作时,如果在其中一种绕组上通以交流激励电压,则由于电磁耦合,在另一种绕组上就产生感应电动势,该电动势随定尺与滑尺(或转子与定子)的相对位置不同呈正弦、余弦函数变化。通过对此信号的检测处理,便可测量出直线或转角的位移量。

感应同步器的工作原理如图5.4所示。当一个矩形线圈通以电流I后,如图5.4(a)所示,两根竖直部分的单元导线周围空间将形成环形封闭磁力线(横向段导线暂不考虑),图5.4中×表示磁力线方向由外进入纸面,・表示磁力线方向由纸面引出外面。在任一瞬间(对交流电源的瞬时激励电压而言),如图5.4(b)所示,由单元左导线所形成的磁场在1~2区间的磁感应强度由1到2逐渐减弱,如近似斜线B_1所示。而由单元右导线所形成的磁场在1~2区间的磁感应强度由2到1逐渐减弱,如近似斜线B_2所示。由于左和右导线电流方向相反,故在1~2区间产生的磁力线方向一致。B_1和B_2合成后使1~2区间形成一个近似均匀磁场。由此可见,磁通在任一瞬间的空间分布为近似矩形波,它的幅值则按励磁电流的瞬时值以正弦规律变化。这种在空间位置固定、大小随时间变化的磁场称为脉振磁场。

由感应同步器组成的检测系统可以采取不同的励磁方式,并可对输出信号采取不同的处理方式。从励磁方式来说,可分为两大类:一类是以滑尺(或定子)励磁,由定尺(或转子)输出感应电动势信号;另一类以定尺(或转子)励磁,由滑尺(或定子)输出感应电动势信号。目前在实际应用中多数用前一类励磁方式。从信号处理方式来说,可分为鉴相方式和鉴幅方式两种,特征是用输出感应电动势的相位或幅值进行处理。

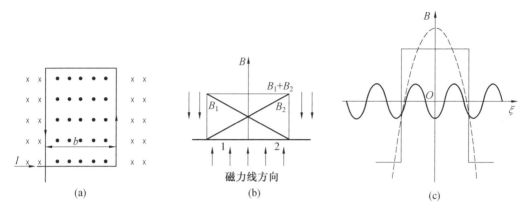

图 5.4　感应同步器的工作原理

鉴幅型测量电路的基本原理为:在感应同步器的滑尺两个绕组上,分别给以两个频率相同、相位相同但幅值不同的正弦波电压进行励磁,则从定尺绕组输出的感应电动势的幅值随着定尺和滑尺的相对位置的不同而发生变化,通过鉴幅器可以鉴别反馈信号的幅值,用以测量位移量。

鉴相型测量电路的基本原理为:用正弦波基准信号对滑尺的正弦和余弦两个绕组进行励磁时,则从定尺绕组输出的感应电动势将对应于基准信号的相位,并反映滑尺与定尺的相对位移。将感应同步器测得的反馈信号的相位与给定的指令信号相位相比较,如有相位差存在,则控制设备继续移动,直至相位差为零才停止,就可实现位置闭环控制。

长感应同步器目前被广泛地应用于大位移静态与动态测量,如用于三坐标测量机、程控 / 数控机床及高精度重型机床等。圆感应同步器则被广泛地用于机床和仪器的转台及各种回转伺服控制系统中。

5.1.6　磁尺

磁尺位置检测装置由磁性标尺、磁头和检测电路组成,该装置方框图如图 5.5 所示。磁尺的测量原理类似于磁带的录音原理,可通过在非导磁的材料如铜、不锈钢、玻璃或其他合金材料的基体上镀一层磁性薄膜来制作磁尺。

测量线位移时,不导磁的物体可以做成尺形(带形);测量角位移时,可做成圆柱形。在测量前,先按标准尺度以一定间隔(一般为 0.05 mm)在磁性薄膜上录制一系列的磁信号。这些磁信号就是一个个按 SN—NS—SN—NS 方向排列的小磁体,这时的磁性薄膜称为磁栅。测量时,磁栅随位移而移动(或转动)并用磁头读取(感应)这些移动的磁栅信号,使磁头内的线圈产生感应正弦电动势。对这些电动势的频率进行计数,就可以测量位移。

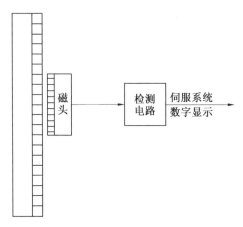

图 5.5　磁尺装置方框图

磁性标尺制作简单,安装调整方便,对使用环境的条件要求较低,对周围电磁场的抗干扰能力较强,在油污、粉尘较多的场合下使用有较好的稳定性。高精度的磁尺位置检测装置可用于各种测量机、精密机床和数控机床。

1. 磁性标尺

磁性标尺(简称磁尺)按其基体形状不同可分为以下类型。

(1)平面实体型磁尺。

磁头和磁尺之间留有间隙,磁头固定在带有板弹簧的磁头架上。磁尺的刚度和加工精度要求较高,因而成本较高。磁尺长度一般小于 600 mm,如果要测量较长距离,可将若干磁尺接长使用。

(2)带状磁尺。

常见的带状磁尺是在磷青铜带上镀一层 Ni－Co－P 合金磁膜,如图 5.6 所示。磁带固定在用低碳钢做的屏蔽壳体内,并以一定的预紧力张紧在框架或支架中,使其随同框架或机床一起胀缩,从而减少温度对测量精度的影响。磁头工作时与磁尺接触,因而有磨损。由于磁带是弹性件,允许一定的变形,因此对机械部件的安装精度要求不高。

(3)线状磁尺。

线状磁尺如图 5.7 所示,常见的线状磁尺是在直径为 2 mm 的青铜丝上 Ni－Co 合金或用永磁材料制成。线状磁尺套在磁头中间,与磁头同轴,两者之间具有很小的间隙。磁头是特制的,两磁头轴向相距 $\lambda/4$(λ 为磁化信号的节距)。由于磁尺包围在磁头中间,对周围电磁场起到了屏蔽作用,所以抗干扰能力强,输出信号大,系统检测精度高。但线膨胀系数大,所以不宜做得过长,一般小于 1.5 mm。线状磁尺的机械结构可做得很小,通常用于小型精密数控机床、微型测量仪或测量机上,其系统精度可达 ± 0.002 mm/ 300 mm。

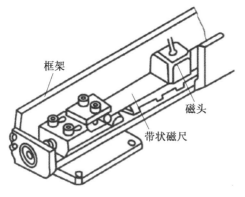

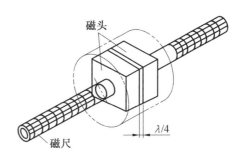

图 5.6　带状磁尺

图 5.7　线状磁尺

（4）圆形磁尺。

圆形磁尺如图 5.8 所示,圆形磁尺的磁头和带状磁尺的磁头相同,不同的是将磁尺做成磁盘或磁鼓形状,主要用来检测角位移。

近年来发展了一种粗刻度磁尺,其磁信号节距为 4 mm,经过 1/4、1/40 或 1/400 的内插细分,其显示值分别为 1 mm、0.1 mm、0.01 mm。这种磁尺制作成本低,调整方便,磁尺与磁头之间为非接触式,因而寿命长,适用于精度要求较低的数控机床。

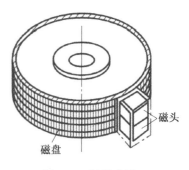

图 5.8　圆形磁尺

2. 磁头

磁头是进行磁－电转换的变换器,可将反映空间位置的磁信号转换为电信号输送到检测电路中。普通录音机上的磁头输出电压幅值与磁通变化率成比例,属于速度响应型磁头。根据数控机床的要求,为了在低速运动和静止时也能进行位置检测,必须采用磁通响应型磁头。

磁尺必须和检测电路配合才能用于测量。除了励磁电路以外,检测电路还包括滤波、放大、整形、倍频、细分、数字化和计数等线路。根据检测方法不同,检测电路分为鉴幅型和鉴相型两种。

磁尺制造工艺比较简单,录磁、消磁都较方便。若采用激光录磁,可得到更高的精度。直接在机床上录制磁尺,不需要安装、调整工作,避免了安装误差,从而得到更高的精度。

5.1.7　电位计

电位计的工作原理等同于滑线变阻器(可调电阻)。通过给变阻器施加电压,并通过测量变阻器两端的电压来测量运动。电位计是典型的接触式绝对型角传感器,通常会有一个在碳电阻或塑料薄膜上的滑动触点。可变电阻与角度(或线性)滑动触点的移动位置成正比。根据输出电压与位移量之间的关系,电位计可分为线性电位计(输出端电压和角位移成正比)、指数电位计和对数电位计。典型的电位计如图5.9所示。

图5.9 电位器

由于电位计采用了绝对零位方式,所以是绝对传感器,可测量得到绝对位移,但测量范围一般小于360°。如果要用电位计测量连续的旋转,旋转角度大于360°,则需要安装变速器。

5.2 常用的机器人运动测量传感器

5.2.1 常见距离检测传感器

1. 红外测距传感器

红外测距传感器是以红外线为介质的测量装置。按探测机理可分为光子探测器和热探测器。红外测距传感器发射出一束红外光,在照射到物体后形成反射光,反射到传感器后接收信号,并利用PSD处理发射信号与接收信号的时间差数据,如图5.10所示,经信号处理器处理后计算出距物体的距离。红外测量距离远,频率响应快,适合恶劣的工业环境。

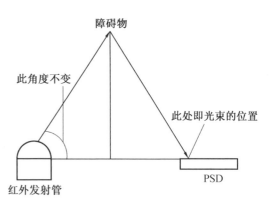

图5.10 红外测距传感器原理

2. 超声波传感器

超声波传感器用来测量物体的距离。首先,超声波传感器利用声波换能器发射一组高频声波,一般为 $40 \sim 45$ kHz,当声波遇到物体后会反弹。通过计算声波从发射到返回的时间,再乘以声波在媒介中的传播速度(空气中约为 340 m/s),就可以获得物体相对于传感器的距离值。

声波换能器能将电流信号转换成高频声波,或者将声波转换成电信号。换能器在将电信号转化成声波的过程中,所产生的声波并不是理想的矩形,如图 5.11(a)所示,而是类似于花瓣的形状,如图 5.11(b)和图 5.11(c)所示。

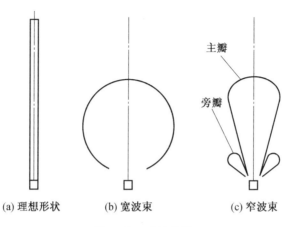

图 5.11　声波特性

在实际应用中,产生的波形应该是三维的,类似柱状体。超声波的波束根据应用不同,分为宽波束和窄波束。宽波束的传感器会检测到任何在波束范围内的物体,可以检测到物体的距离,但是无法检测到物体的方位,最大误差为 $100°$。若只探测物体有或者无,宽波束的传感器是比较理想的。窄波束相对宽波束可以获得更加精确的方位角。应根据波形特性来选择合适的超声波传感器。超声波传感器的缺点是有反射问题、噪声、交叉问题。超声波检测的精度与被探测物体反射面的角度有关,如图 5.12 所示。

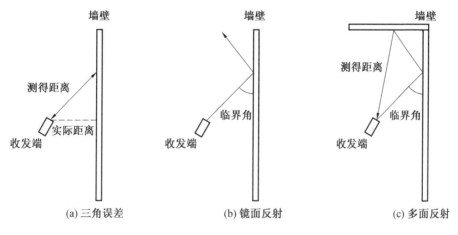

图 5.12　声波反射

如图 5.12(a)所示,当被测物体与传感器成一定角度时,所探测的距离和实际距离存在三角误差。如图 5.12(b)所示,在特定的角度下,发出的声波会被光滑的物体镜面反射出去,因此无法产生回波,也就无法产生距离读数。如图 5.12(c)所示,声波经过多次反弹才被传感器接收到,因此实际的探测值并不是真实的距离值,在探测墙角或者类似结构的物体时比较常见。

虽然超声波传感器的工作频率(40 ～ 45 kHz)远远高于人类能够听到的频率。但是周围环境也会产生类似频率的噪声。噪声问题可以通过对发射的超声波进行编码来解决,如发射一组长短不同的音波,只有当探测头检测到相同组合音波的时候,才进行距离计算。从而可以有效地避免由于环境噪声所引起的误读。

交叉问题是当多个超声波传感器按照一定角度安装在机器人上的时候所引起的,如图 5.13 所示。超声波 X 发出的声波,经过镜面反射,被传感器 Z 和 Y 获得,这时 Z 和 Y 会根据这个信号来计算距离值,从而无法获得正确的测量值。解决的方法是可以对每个传感器发出的信号进行编码。

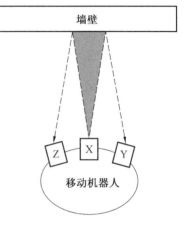

图 5.13　交叉问题

3. 激光传感器

激光具有以下 3 个重要特性。

(1)高方向性。

高方向性即高定向性,光速发散角小,激光束在几千米外的扩展范围仅几厘米。

(2)高单色性。

激光的频率宽度小于普通光的 1/10。

(3)高亮度。

利用激光束会聚最高可产生达几百万摄氏度的温度。

利用激光的高方向性、高单色性和高亮度等特点,可实现无接触远距离测量。激光传感器常用于长度、距离、振动、速度、方位等物理量的测量,还可用于探伤和大气污染物的监测等。

按照测量原理,激光位移传感器原理分为激光三角测量法和激光回波分析法。激光三角测量法一般适用于高精度、短距离测量,而激光回波分析法用于远距离测量。

(1)激光三角测量法的原理。

激光发射器通过镜头将可见红色激光射向被测物体表面,经物体反射的激光通过接收器镜头,被内部的 CCD 线性相机接收。根据不同的距离,CCD 线性相机可以在不同的角度下感知光点。根据这个角度及已知的激光和相机之间的距离,数字信号处理器就能计算出传感器和被测物体之间的距离。同时,光束在接收元件的位置通过模拟和数字电路处理,并通过微处理器分析,计算出相应的输出值,并在用户设定的模拟量窗口内按比例输出标准数据信号。如果使用开关量输出,则在设定的窗口内导通,窗口之外截止。另外,模拟量与开关量输出可独立设置检测窗口。高精度激光三角测量传感器,最高精度可以达到 1 μm。激光传感器原理如图 5.14 所示,半导体激光器被镜片聚焦到被测物

体;反射光被镜片收集,投射到线性 CCD 阵列上;信号处理器通过三角函数计算阵列上的
光点位置得到距物体的距离。

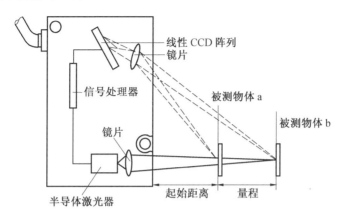

图 5.14　激光传感器原理

(2)激光回波分析法。

传感器内部由处理器单元、回波处理单元、激光发射器和激光接收器等部分组成。
激光位移传感器通过激光发射器每秒发射 100 万个激光脉冲到检测物并返回至接收器。
处理器计算激光脉冲遇到检测物并返回至接收器所需的时间,以此计算出距离值,该输
出值是上千次测量结果的平均值。激光回波分析法适合长距离检测(最远检测距离可达
3 000 m 以上),但测量精度相对于激光三角测量法要低。

激光传感器在运动检测中的应用,主要包括激光测距和激光测速。

① 激光测距。

激光测距原理与无线电雷达相同,将激光对准目标发射出去后,测量它的往返时间,
再乘以光速即得到往返距离。由于激光具有高方向性、高单色性和高功率等优点,这些
对于测远距离、判定目标方位、提高接收系统的信噪比、保证测量精度等都是很关键的,
因此激光测距仪日益受到重视。在激光测距仪基础上发展起来的激光雷达不仅能测距,
而且可以测目标方位、运动速度和加速度等,已成功地用于人造卫星的测距和跟踪,如采
用红宝石激光器的激光雷达,测距为 500 ～ 2 000 km。

② 激光测速。

激光测速基于多普勒原理,用得较多的是激光多普勒流速计,它可以测量风洞气流
速度、火箭燃料流速、飞行器喷射气流流速、大气风速和化学反应中粒子的大小及汇聚速
度等。多普勒测速系统(Doppler velocity-measuring system)原理为从测速仪里射出一
束射线,射到汽车上再返回测速仪。测速仪里面的微型信息处理机把返回的波长与原波
长进行比较。返回波长越紧密,前进的汽车速度也越快。激光多普勒测速仪是测量通过
激光探头的示踪粒子的多普勒信号,再根据速度与多普勒频率的关系得到速度。由于是
激光测量,对于流场没有干扰,测速范围宽,而且由于多普勒频率与速度呈线性关系,和

该点的温度、压力没有关系,所以多普勒测速仪是目前世界上速度测量精度最高的仪器。

4. 图像传感器

常用的摄像头按照光敏元件工作原理可分为金属氧化物半导体(Complementary Metal Oxide Semiconductor,CMOS)型和电荷耦合器件(charge coupled device,CCD)型。CMOS 应用于较低影像品质的产品中,CCD 应用在摄影摄像方面的高端技术元件。CCD 的优点是灵敏度高,噪声小,信噪比大;但是生产工艺复杂,成本高,功耗高。CMOS 的优点是集成度高,功耗低(不到 CCD 的 1/3),成本低;但是噪声比较大,灵敏度较低,对光源要求高。由于 CMOS 中一对 MOS 组成的门电路在瞬间状态,或者 PMOS 导通,或者 NMOS 导通,或者都截止,比线性的三极管(BJT)效率要高得多,因此功耗很低。

CCD 从功能上可分为线阵 CCD 和面阵 CCD 两大类。线阵 CCD 通常将 CCD 内部电极分成数组,每组称为一相,并施加同样的时钟脉冲。面阵 CCD 的结构要复杂得多,由很多光敏区排列成一个方阵,并以一定的形式连接成一个器件,获取信息量大,能处理复杂的图像。

5.2.2 常见开关检测传感器

在自动化系统中,常需要检测一个目标物的存在与否。为了检测目标,系统需要采用多种检测电器,检测电器利用机械接触传感、红外光或超声信号等技术来检测目标。

不论采用什么技术,检测一个目标物是否存在的动作就像一个普通的开关或开或闭样。如果一个电器是常开(N.O.)的,那么当检测到目标物时它就将闭合,类似地,如果它是常闭(N.C.)的,当检测到目标物时它就将断开。

1. 限位开关

自动控制系统中最常见的检测传感器是限位开关。一个机械限位开关由一个开关和执行器组成。最常见的开关都具有一套常开和一套常闭触点。执行器的种类有很多,比如杠杆型、推辊型、摆杆型和叉杆型等。机械开关通过目标物接触到开关的杠杆来检测目标物的存在。一个机械式限位开关和它在电路图中的典型图形符号如图 5.15 所示。

2. 接近传感器

接近传感器(国内也称接近开关)可以不用接触目标物而检测它的存在,其功能就像一个开关(开或闭)。接近开关有电感式和电容式两种类型。电感型可以检测金属(铁或非铁)目标。这种传感器顶部有一个能产生高频电磁场的振荡器。当有一个金属目标物进入场内时,振荡幅值减小,幅值变化被传感器中的信号触发电路检测到,使"开关"闭合。接近开关的工作范围可达 2 in(1 in ≈ 2.54 cm)。当有目标物进入这个范围时,传感器就可以检测到它。一个三线直流电感式接近开关如图 5.16 所示。

常开 (N.O.)

常闭 (N.C.)

(a) 限位开关　　　　　　　　(b) 常开、常闭限位开关电路图形符号

图 5.15　机械式限位开关和电路图形符号

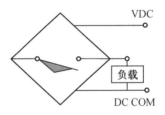

(a) 三线直流电感式接近开关　　　　(b) 三线常开接近开关对负载的接线

图 5.16　三线直流电感式接近开关与接线

电容式接近开关看起来和电感式有些相似。它们产生静电场,通过静电场可以检测导电的或非导电的目标。传感器顶部的两个电极形成电容。当有目标靠近这个顶部时,电容量和振荡器的输出改变。传感器中的信号条件电路检测到这个变化,闭合开关。接近开关的工作范围通常比电感式的要小。

3. 扇入和扇出的概念

市场上有多种类型的传感器。对一个特定的应用,选择传感器必须考虑与运动控制器的 I/O 硬件电气兼容。扇入、扇出标志用于描述传感器与控制器 I/O 间电流流动的方向。这个定义是基于假定遵循直流电流从正向负流动的惯例。

图 5.17 为由电源、开关和灯泡组成的简单电路。开关连接这个电路可以有两种方法,一种是开关在灯泡前,另一种是在灯泡后。

如果开关接电源正端,如图 5.17(a) 所示,因为它对灯泡提供电流,这个开关就变为一个扇出器件。这个开关必须连接一个扇入器件,以构成通道让电流返回到电源负极。这时,灯泡就成为扇入器件,因为它从开关接收电流。如果开关接电源负极,如图 5.17(b) 所示,因为它从灯泡接收电流,它就变成一个扇入器件。而灯泡现在是一个扇出器件,因为它向开关提供电流。同样,扇出器件必须与扇入器件连接以完成这个电路。

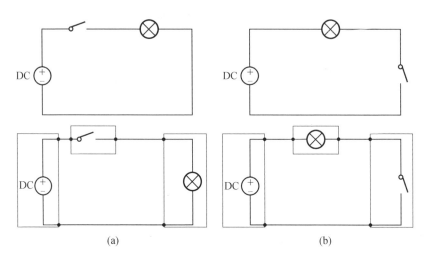

图 5.17　简单电路与灯泡的两种接线方法

（1）输入卡。

现在可以推广这个简单电路和扇入、扇出概念到运动控制器的应用中。这个开关更一般的术语称为现场器件，它不仅可以是一个开关，也可以是任意通／断传感器。类似地，可以将灯泡一般化为运动控制器的输入卡。输入卡通过插针或螺旋端口与现场器件连接。回想图 5.17(a) 所示的灯泡，当开关闭合时开灯。类似，当开关闭合，输入卡上一个特定的输入（或引脚）"通电"。对灯泡，可以看见它亮，在输入卡中，运动控制器的软件可以"看见"这个特定的输入卡"通电"。输入卡可以是扇入或扇出型。在图5.18(a) 所示电路中，开关是一个连接到扇入输入卡的扇出现场器件，这个开关提供（扇出）电流到输入卡，输入卡接收（输入）这个电流。在图 5.18(b) 所示电器中，开关是一个输入现场器件，它连接一个扇出的输入卡。在这种情况下，输入卡提供电流给开关，开关接收（扇入）电流。在两种情况中，当开关闭合，运动控制器软件就认为输入引脚（IN）通电。

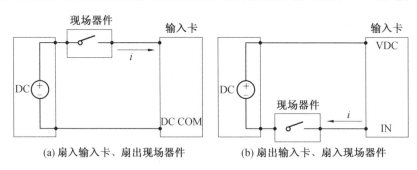

(a) 扇入输入卡、扇出现场器件　　　(b) 扇出输入卡、扇入现场器件

图 5.18　扇入或扇出卡

（2）输出卡。

输出卡给外部器件通／断电,卡本身不提供电源,其电源来自外部,因此输出卡必须连接一个外部电源。在图5.19(a)所示电路中,输出卡对现场器件提供(扇出)电流,现场器件接收(扇入)电流,输出卡(开关)通过软件通断。输出卡采用 PNP 晶体管。而在图5.19(b)所示电路中,现场器件是扇出、输出卡是扇入。当输出卡被软件接通时,输出卡扇入电流以提供电流返回到电源负极的通道。输入卡采用 NPN 晶体管。

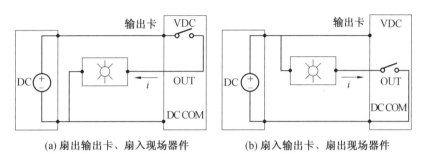

(a) 扇出输出卡、扇入现场器件　　　(b) 扇入输出卡、扇出现场器件

图 5.19　扇入或扇出卡

4. 三线传感器

前文中讨论了现场器件怎样通过两线与扇入或扇出型的 I/O 卡接口。虽然图5.18和图5.19所示线路都是采用一个开关来介绍这个概念,但任何使用两线的通／断传感器都可以替换图中的开关。

三线传感器用一个固态电路来提供快速的开关动作而不像机械开关那样有触点的跳动。这些传感器的内部"开关"电路采用的是晶体管。因此,传感器必须有外部电源。*Low-Voltage Switchgear and Controlgear-Part 5 — 2:Control Circuit Devices and Switching Elements-Proximity Switches*(IEC60947－5－2)规定了这些传感器线的颜色。棕色线和蓝色线分别用来连接电源的正、负端,黑色线是传感器的输出信号线。

三线扇出型传感器如图5.20(a)所示,采用 PNP 晶体管作为开关器件。当传感器被一个外部事件触发时,晶体管导通,向输入卡提供电流。传感器生产商资料中常使用术语"负载"来表示被连接到传感器的器件。在图5.20(a)所示情况中,负载是运动控制器的扇入输入卡。

图5.20(b)为三线扇入型传感器,采用 NPN 晶体管作为开关器件。当传感器触发时,晶体管导通接收来自负载扇出的电流。因此,在这种情况下输出卡必须是扇出型的。当传感器接通时,来自卡的电流进入传感器(晶体管),经 DC COM 端流回到供电电源的负极。

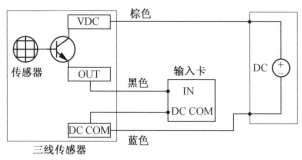

(a) 三线扇出型传感器（带 PNP 晶体管）

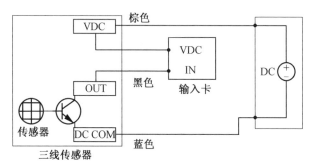

(b) 三线扇入型传感器（带 NPN 晶体管）

图 5.20　三线传感器接线

5.3　机器人驱动与控制技术

5.3.1　GPS 定位

GPS 全球定位系统于 1994 年完成，是美国继"阿波罗"登月计划和航天飞机后第三大航天技术工程。GPS 全球定位系统由以下 3 个独立部分组成。

1. 空间段

空间段由 24 颗在轨卫星构成，如图 5.21 所示。卫星位于 6 个地心轨道平面内，每个轨道面 4 颗卫星。GPS 卫星的额定轨道周期是半个恒星日，即 11 小时 58 分钟。轨道半径（以地球质心为圆心）大约为

图 5.21　在轨卫星示意图

26 600 km。位于地平面以上的卫星数随着时间和地点的不同而不同,最少可见到 4 颗,最多可见到 11 颗。

2. 地面控制段

地面控制段负责监测、指挥、控制 GPS 卫星星座,包括 1 个主控站、3 个注入站和 5 个检测站。地面控制段监测导航信号,更新导航电文,解决卫星异常情况。地面控制段的另一重要作用是保持各颗卫星时间标准一致。

3. 用户设备

用户设备接收 GPS 卫星发射信号,以获取必要的导航和定位信息,经数据处理,完成导航和定位工作。用户设备主要由 GPS 设备、数据处理软件、微处理机及其终端设备组成。GPS 设备包括天线、接收机、电源、输入/输出设备等,主要用于接收 GPS 卫星信号,以获得导航和定位信息。GPS 软件是指各种后处理软件包,对观测数据进行精加工,以获取精密定位结果。

GPS 卫星发送的信号采用雷达波段(L 波段,1 000～2 000 MHz)的两种载频作为载波(码分多址(CDMA)技术),分别被称作 L_1 主载波频率(1 575.42 MHz)和 L_2 次频率(1 227.6 MHz)。

L_1 主载波频率和波长为

$$\left.\begin{array}{l} f_{L1} = 154 \times f_0 = 1\ 575.42\ \text{MHz} \\ \lambda_1 = 19.032\ \text{cm} \end{array}\right\} \tag{5.2}$$

L_2 次载波频率和波长为

$$\left.\begin{array}{l} f_{L2} = 120 \times f_0 = 1\ 227.6\ \text{MHz} \\ \lambda_2 = 24.42\ \text{cm} \end{array}\right\} \tag{5.3}$$

式中　f_0——卫星信号发生器的基准频率。

测距码使用户接收机能够确定信号的传输延时,从而确定卫星到用户的距离。测量接收机的三维位置时,要求测量接收到 4 颗卫星的信号到达时间(TOA)距离,如果接收机时钟已经是与卫星时钟同步的,便需要 3 个距离测量值。

卫星以高精度的星载原子频率标准作为基准发射导航信号,而星载原子频标是与内在的 GPS 系统时间基准同步的。GPS 利用 TOA 测距原理来确定用户的位置。假设当前用户处于以第一颗卫星为球心的球面上的某个位置,此时第二颗卫星发送测距信号进行测量,则用户又处于以第二颗卫星为球心的球面上,这样该用户将同时处于两个球面相交圆周上的一处,如图 5.22 所示。利用第三颗卫星再次进行上述的测距过程,则用户又将出现在以第三颗卫星为圆心的球面上,第一颗和第二颗卫星相交产生的圆周与这个球面交于两个点,如图 5.23 所示。

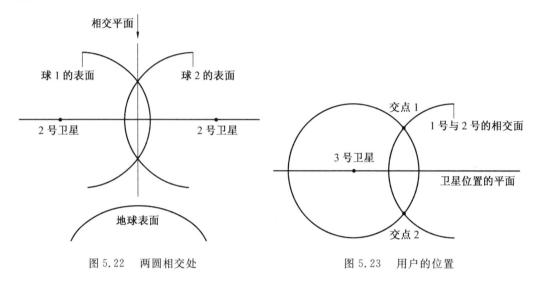

图 5.22 两圆相交处   图 5.23 用户的位置

交点 1 和交点 2 相对于卫星平面来说互为镜像。然而,其中只有一个是用户的正确位置,对于地表上的用户,显然较低的一点是真实位置。

在 GPS 中所使用的标准地球模型是世界大地系 1984(WGS84)。其几何定义是原点是地球质心,Z 轴指向国际时间局(BIH)1984.0 定义的协议地球极(CTP)方向,X 轴指向 BIH1984.0 定义的零子午面和 CTP 赤道的交点,Y 轴与 Z 轴、X 轴构成右手坐标系,整个模型呈地球形状的椭球状,如图 5.24 所示。

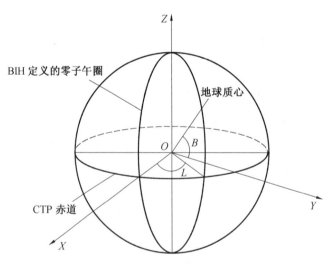

图 5.24 大地坐标系 WGS84

图 5.24 中,L 表示经度,B 表示纬度。在此模型中地球平行于赤道的横截面为圆,半径为 6 378.137 km(地球的平均赤道半径)。垂直于赤道面的地球横截面是椭圆,长半轴为 a,短半轴为 b。在包含 Z 轴的椭圆横截面中,长轴与地球赤道的直径相重合,因此 a 的

值与上面给出的平均赤道半径相同。

地心地固（earth centered earth fixed，ECEF）坐标系是固定在 WGS84 参考椭球上的，如图5.25所示，点O对应于地心。可以相对于参考椭球来定义经度λ、纬度φ和高度h参数，这些参数称为大地坐标。

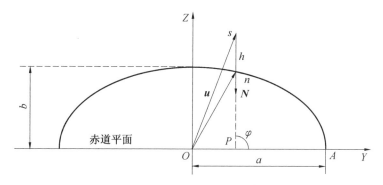

图 5.25　地球椭球模型（与赤道面正交的横截面）

纬度φ和高度h等大地参数用在用户接收机处的椭圆法线来定义。图5.25中单位矢量N表示法线，大地高度h就是用户（在矢量u的末端点）和参考椭球之间的最小距离。大地纬度φ是在椭球法线矢量N和N在赤道XY平面上的投影之间的夹角。一般情况下，若$Z_u > 0$（即用户在北半球），φ取正值；而如果$Z_u < 0$，φ取负值。对照图5.25，大地纬度就是$\angle NPA$，N是参考椭球上最接近用户的点，P是沿N向地心方向上的直线与赤道面相交的点，而A就是赤道上最接近P的点。

当前，国际上广泛使用的 GPS 接收机输出信息通常有两种格式，分别为美国国家海洋电子协会制定的 NMEA—0183 标准格式及二进制数据格式。NMEA—0183 标准格式采用 ASCII 形式输出信息，具有多种定位数据句型，且各种句型均以符号 $ 开头。这些定位数据给出了包含位置、速度、时间、航向、卫星状况等在内的各种信息。

5.3.2　陀螺仪

一个旋转物体的旋转轴所指的方向在不受外力影响时是不会改变的。现代陀螺仪是一种能够精确地确定运动物体方位的仪器，是现代航空、航海、航天和国防工业中广泛使用的一种惯性导航仪器。如图5.26所示，传统的惯性陀螺仪主要是指机械式陀螺仪，由支架、转轴和转子组成。机械式陀螺仪对工艺结构的要求很高，结构复杂，精度难以保证。20世纪70年代提出了现代光

图 5.26　机械式陀螺仪

纤陀螺仪的基本设想,到 20 世纪 80 年代以后,光纤陀螺仪就得到了非常迅速的发展,与此同时激光谐振陀螺仪也有了很大的发展。光纤陀螺仪具有结构紧凑,灵敏度高,工作可靠等优点,在很多领域已经完全取代了机械式的传统陀螺仪,成为现代导航仪器中的关键部件。和光纤陀螺仪同时发展的除了环式激光陀螺仪外,还有现代集成式的振动陀螺仪,集成式的振动陀螺仪具有更高的集成度,体积更小,是现代陀螺仪的重要发展方向。

5.3.3 电子罗盘

电子罗盘采用磁阻传感器来测量绝对方向。磁场测量可利用电磁感应、霍尔效应和磁电阻效应等。

1. 电磁感应法测量原理

电磁感应式电子罗盘的脉冲强磁场强度高,随时间变化剧烈,要求测量系统不仅要有较宽的量程,还要有很快的响应速度。把绕有匝数为 N、截面积为 S 的探测线圈放在磁感应强度为 B 的被测强磁场中,线圈轴线与磁力线方向平行,当通过线圈的磁通 φ 发生变化时,根据法拉第电磁感应定律,在探测线圈中就会产生感应电动势。

通过对所采集的感应电动势的数据进行积分就可得到相应磁感应强度。测量系统等效模型如图 5.27 所示,L 表示线圈等效自感;R 表示线圈内阻;C 表示等效电容;R_1 表示取样电阻。

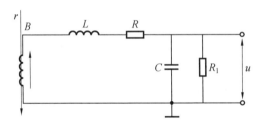

图 5.27　法拉第电磁感应法测量系统等效模型

2. 霍尔效应法测量原理

霍尔效应本质上是运动的带电粒子在磁场中受洛伦兹力作用而引起的偏转。当带电粒子(电子或空穴)被约束在固体材料中时,这种偏转就导致在垂直电流和磁场的方向上产生正负电荷的聚积,从而形成附加的横向电场,即霍尔电场。如图 5.28(a)所示,若在 X 方向的电极 D、E 上通以电流 I_s,在 Z 方向加磁场 B,半导体中载流子(电子)将受洛伦兹力。

无论载流子是正电荷还是负电荷,F_G 的方向均沿 Y 方向。在该力的作用下,载流子发生偏移,则在 Y 方向(即半导体 A、A' 电极两侧)就开始聚积异号电荷,进而在 A、A' 两侧产生电位差 V_H,形成相应的附加电场 E_H,称为霍尔电场,相应的电压 V_H 称为霍尔电

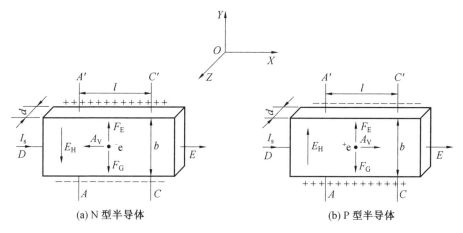

(a) N 型半导体　　　　　　　　　(b) P 型半导体

图 5.28　半导体样品示意图

压,电极 A、A' 称为霍尔电极。

电场的指向取决于半导体的导电类型。N 型半导体的多数载流子为电子,P 型半导体的多数载流子为空穴。N 型半导体,霍尔电场逆 Y 方向,P 型半导体则沿 Y 方向。

3. 磁阻效应法测量原理

磁阻效应即物质在磁场中电阻率发生变化的现象,磁阻传感器就是利用磁阻效应制成的。磁阻效应电子罗盘有两个相互垂直的轴,分别为 OX 轴和 OY 轴。沿两轴分别安装两个测量磁场分量的磁阻传感器 S_X 和 S_Y。ON 为磁北方向,电子罗盘测得的磁方向角定义为从 ON 到 OX 顺时针转过的角度,用 β 表示。

地磁场强度矢量所在的垂直平面与地理子午面之间的夹角就是磁偏角。上述基本原理仅适用于载体处于水平状态,同时周围还没有其他铁磁物质影响的理想情况。

电子罗盘模块组成大致可分为三部分:传感器部分、信号调理部分、数据采集及处理部分。采用两轴磁阻传感器测量,经过信号调理电路放大整理,利用模数转换器进行数据采集,可得到地磁场分量(X 轴、Y 轴),可通过单片机进行航向角的计算与输出。为保证电子罗盘的精度,A/D 转换器(ADC)的选择是关键。

5.3.4　高精密位移检测案例

光学显微镜可观测到 50 nm 宽的物体。观测更微小的物体一般利用电子显微镜,电子显微镜用聚焦的电子束代替光。激光位移传感器可精确地非接触测量被测物体的位置、位移等变化,如基于激光原理的显微干涉仪可测量微器件的纳米级运动。此外,由于单个电子自旋会产生微弱的磁场(大约 1 μT 的磁场),相对应的单个质子产生了几毫微特斯拉的磁场,所以可通过具有纳米级空间分辨率的弱磁场检测传感器来实现纳米级磁传感器。

5.4　常见机器人控制器件

5.4.1　主控指令器件

主令控制器件,如按钮,用于控制主控制器的动作。主令控制器构建机器与用户的操作界面。典型的基本用户界面由按钮、选择开关和指示灯组成。根据面板安装孔的要求,主令控制器件有基于孔直径的三种标准尺寸:16 cm、22.5 cm 和 30.5 cm。在美国,30.5 cm 的最为常用,而 16 cm 和 22.5 cm 的来源于欧洲。这些器件采用国际电工技术委员会和美国电气制造业协会标准。

1. 按钮

按钮通常用来手动控制接触器的通断。它们有各种风格、颜色和特性,比如有平头、外展头和带自锁、无自锁,等等。

按钮由三个部件组成:操作部件、图文牌和触点组。操作部件是通过推、按、扭转等使触点组动作的部件;图文牌是按钮的标注;触点组是外露的电气触点组合。有常开、常闭类型。对常开型,当按钮被压下时,触点就闭合,否则触点断开。常闭型则相反,按钮按下触点断开,否则触点闭合。触点组内部的电气触点用弹簧控制,当操作释放时弹簧会将触点还原。

操作部件有带自锁和无自锁两种。无自锁操作部件装有复位弹簧。只要操作释放,操作部件就会回到它的初始常态位置。例如,如果一个无自锁按钮装有常开触点,就拥有一个常开的开关。当按钮压下时,触点就闭合,一旦按钮松开,触点就断开。如果同样的操作部件装的是常闭触点,则拥有的将是一个常闭开关。按钮压下,触点断开,按钮松开,触点闭合。

带自锁触点的操作部件可以保持它们的动作状态。例如,按下一个紧急停止按钮松开后将保持压下时的触点状态。这个状态将一直保持到它被物理性复位为止。典型的双位紧急停止按钮有推 / 拉复位(图 5.29)或推 / 扭转复位两种复位动作形式。

图 5.29　推拉紧停按钮

2. 选择开关

选择开关的操作是采用旋转代替按钮动作来实现的,选择开关通常触点组与按钮的相同。正如名称所示,这些开关通过旋转操作部件到某个位置,可以选择两个或更多电路中的一个。例如,一个选择开关可以用来选择坐标是自动还是手动运行。

3. 指示灯

指示灯又称标灯,它们用来作为设备状态的一种视觉指示,有各种颜色和形状。还有一种双输入压下测试指示灯,这种灯看起来像个按钮。将它接在灯泡两端,压下它可以指示照明中灯泡是否损坏。

5.4.2 交流感应电机的控制器件

三相交流感应电机运行需要大电流和高电压。因此,跨接于电源线的三相交流感应电机需要使用一种称为接触器的控制器件。一个接触器最基本的功能就像房间里墙上的电灯开关。通过手动通断接触器开关,就可以启动和停止一台电机。和普通灯开关不同的地方是接触器的触点。由于电机需要的电流很大,接触器的触点额定电流值也比较大。大多数电机应用都是通过一个控制电路来启动和停止电机,而不是靠手动去操作的。在这类应用中通常采用电磁式接触器。电磁接触器就像一个具有线圈和一套触点的继电器。当线圈被控制电路激励时,它的触点断开。这些触点与电机通过导线连接,同时具有较高的额定电流。

当接触器用于电机控制时,还要求使用一种称为过载继电器的辅助器件。过载继电器保护电机免于遭受过电流损害。例如,如果一台电机驱动的传送带被卡住了,电机将继续试图驱动传送带而使电流增大,电机过量的电流超过一定时间,过载继电器就将动作,切断电机的电源。

热过载继电器对电机每一相都有一个发热器件。电机相电流流过接触器和 OL 触点,每相电机电流也流过过载继电器中的发热器件。如果过载发生,器件温升会引起双金属片动作使电机的接触器跳闸。市场中可以买到将两个器件集成封装成一个整体的产品。

当一台笼型转子的三相交流电机采用跨电源线启动方式运行时,启动电流很大(可以达到满载电流的 600% 左右)。解决这个问题有许多方法,如降压启动、自耦变压器启动或星—三角启动等。随着功率驱动装置的涌现,软启动器已十分普遍。它们可以通过一个由用户编程决定的时间周期,逐步增加电压,对启动转矩和电流进行限制。在令电机停止时也可以采用相同的处理。

5.5　传感器数据采集实践

5.5.1　读取电位器电压(以串口形式显示并且以数值图像形式显示)

电位器一边接地,一边接 5 V,中间接到模拟输入 A0 口,如图 5.30 所示。

图 5.30　电位器接线实物图

图 5.31 为读取电位器电压以串口形式显示并且以数值图像形式显示的代码示例。编译并上传代码后,选择工具栏中"工具"中的"串口监视器"或"串口绘图器"(注意两个不能同时使用),即可得到数值和图像的显示。

```
void setup(){

  pinMode(3, OUTPUT);//如果没有输出元件可以不连接3接口
  Serial.begin(9600);
}

void loop(){

  int value = analogRead(A0) / 4; // 0~1023
  analogWrite(3, value); //value is 0~255
  Serial.println(value);
  delay(200);
}
```

图 5.31　示例代码 1

5.5.2 读取编码器的相对位置数值并显示

图 5.32 为读取编码器的相对位置数值并显示的代码示例。

```
void setup(){

  pinMode(3, OUTPUT);
  Serial.begin(9600);
}

void loop(){

  float value = analogRead(A0) / 4; // 0~1023
  float realvalue=value-23;
  float angle =realvalue*360/232;
  //analogWrite(3, value);
  //analogWrite(3, realvalue);
  analogWrite(3, angle);
  //analogWrite(3, angle); //value is 0~255
  Serial.print(angle);
  Serial.println("°");
  //Serial.println(value);
  //Serial.println(realvalue);
  delay(200);
}
```

图 5.32 示例代码 2

5.5.3 读取电位器电压并转化为角度进行显示

图 5.33 为读取电位器电压并转化为角度进行显示的代码示例。运行后打开串口监视器即可。

```
//#define STBY 8
#define ENCODER_A_PIN    2      //编码器A相接控制板2号引脚,对应0号外部中断
#define ENCODER_B_PIN    3      //编码器B相接控制板3号引脚,
long pulse_number=0;   // 脉冲计数
int rpm;
char angle=0;

#include <MsTimer2.h>          //定时器库的头文件

void setup()
{
    //pinMode(STBY, OUTPUT);         //TB6612FNG使能
    //digitalWrite(STBY, 1);
    pinMode(motor_c_ENA,OUTPUT);   //电机C使能和PWM调速口
    pinMode(motor_c_IN1,OUTPUT);    //电机C控制口
    pinMode(motor_c_IN2,OUTPUT);    //电机C控制口
```

图 5.33 示例代码 3

```
    MsTimer2::set(500, send);          // 中断设置函数, 每 500ms 进入一次中断
    MsTimer2::start();                 //开始计时

    pinMode(ENCODER_A_PIN, INPUT);
    pinMode(ENCODER_B_PIN, INPUT);
    attachInterrupt(0, read_quadrature, FALLING);     //EN_A脚下降沿触发中断
    Serial.begin(9600);        //初始化Arduino串口
}

void loop()
{
//C加速正转
    digitalWrite(motor_c_IN1,1);
    digitalWrite(motor_c_IN2,0);
    for (int a=100;a<=255;a++)
     {
        analogWrite(motor_c_ENA,a);
        delay(200);
     }

//C减速正转
    digitalWrite(motor_c_IN1,1);
    digitalWrite(motor_c_IN2,0);
    for (int a=255;a>0;a--)
     {
        analogWrite(motor_c_ENA,a);
        delay(200);
     }
}

void send()        //速度串行传送
{
    rpm=int(pulse_number/1.128);
    Serial.print("rpm: ");
    Serial.println(rpm, DEC);
    pulse_number = 0;
}

void read_quadrature()     //编码器脉冲计数中断函数
{//Serial.println("1");
  if (digitalRead(ENCODER_A_PIN) == LOW)
   {
    if (digitalRead(ENCODER_B_PIN) == LOW)      // 查询EN_B的电平以确认正转
    { pulse_number ++; }
    if (digitalRead(ENCODER_B_PIN) == HIGH)       // 查询EN_B的电平以确认反转
    { pulse_number --; }
   }
}
```

续图 5.33

5.5.4　读取温、湿度传感器数据并通过串口显示

读取温、湿度传感器数据并通过串口显示的接线图,如图 5.34 所示。

将 DHT11 的正极与 5 V 电源接口相连,负极与 GND 相连,中间的数据接口与 2 号引脚相连。图 5.35 为读取温、湿度传感器数据并通过串口显示的代码示例。

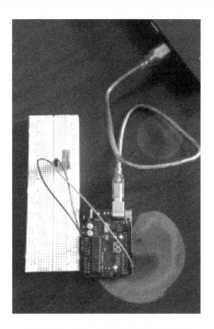

图 5.34　温、湿度传感器接线图

```
1  #define IN1  5   //定义IN1为5口
2  #define IN2  6   //定义IN2为6口
3  #define  ENA   10 //定义ENA为10口
4  int a;
5  void setup()
6  {
7    pinMode(IN1,OUTPUT);
8    pinMode(IN2,OUTPUT);
9    pinMode(ENA,OUTPUT);
10   Serial.begin(9600);
11   a=0;
12  }
13  void loop()
14  {
15    while (Serial.available() > 0) {
16      a = Serial.read();
17    }
18  /*b倒转c正转d刹车e停止f低速正转动*/
```

图 5.35　数据显示代码

```
19
20   if (a == 100) {                    //d
21     digitalWrite(IN1, HIGH);
22     digitalWrite(IN2, HIGH);
23     delay(2000);
24   } else if (a == 99) {              //c
25     digitalWrite(IN1, LOW);
26     digitalWrite(IN2, HIGH);
27     delay(2000);
28   } else if (a == 98) {              //b
29     digitalWrite(IN1, HIGH);
30     digitalWrite(IN2, LOW);
31     delay(2000);
32   } else if (a == 101) {             //e
33     digitalWrite(IN1, LOW);
34     digitalWrite(IN2, LOW);
35     delay(2000);
36   } else if (a==102)  {              //f
37     digitalWrite(IN1, LOW);
38     digitalWrite(IN2, HIGH);
39     analogWrite(ENA,80);
40     delay(2000);
41   }
42
43
44
45 }
```

续图 5.35

5.5.5　读取光敏传感器数据并显示

读取光敏传感器数据并显示的接线图如图 5.36 所示。图 5.37 为读取光敏传感器数据并显示的代码示例。

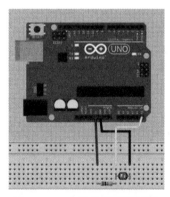

图 5.36　光敏传感器接线图

```
int light=0;
void setup() {
  // put your setup code here, to run once:
  pinMode(3,INPUT);
  Serial.begin(9600);

}

void loop() {
  // put your main code here, to run repeatedly:
  light=analogRead(A5);
  analogWrite(3,light);
  Serial.print("light=");
  Serial.println(light);
  delay(500);
}
```

图 5.37　示例代码 4

第6章　机器人传动链设计

6.1　机器人关节惯量与转矩计算

6.1.1　传动链设计概论

运动控制系统使用机械部件从执行器向负载(或刀具)传递运动。典型的设计问题需要选择适当的电机和传动机构(如带传动或齿轮箱传动)使负载能够完成期望曲线的运动。通常在交互过程结束时可以解决该问题。电机和传动机构一起称为传动链。

最常遇到的问题是在期望的负载运动明确之后,需要选择电机和传动机构。设计过程的主要目标如下:

(1) 保证从电动机(在最大负载速度下)获得的转矩大于应用要求转矩的安全区域;

(2) 保证电动机与负载之间满足合理的惯量关系;

(3) 满足所有其他条件(如成本、精度、刚度、周期时间等)。

6.1.2　惯量和转矩折算

电动机选择在工业运动控制中常称为"电机尺寸"。电机尺寸涉及电动机的功率和转矩。电动机尺寸过大会增加系统成本并使系统响应变慢,这是因为大部分能量将会花在对电动机惯量的加速上。电动机过小又不能向负载运动提供所需的能量,在某些情况下,即使勉强可以满足负载运动要求,也会因为过热而缩短寿命。

本章从介绍惯量和转矩折算的概念开始,进而介绍惯量比的概念,接下来深入讨论5种传动机构的传动比、惯量和转矩折算。分析期望负载运动所要求转矩对电机尺寸的要求。在介绍三相交流伺服电动机和感应电动机机械特性之后,介绍直接驱动和传动机构轴坐标驱动的电机选择步骤。此外,还将介绍用于伺服电动机的行星伺服减速器和矢量控制感应电机的蜗杆齿轮减速器。最后介绍电动机、齿轮箱和传动机构的选择步骤。

6.1.3　惯量和转矩折算

质量惯性矩 J(又称转动惯量)是物体的一种属性,它将物体质量和形状合为一个单一的量。本书中,用惯量作为简称,代表质量惯性矩。惯量定义为物体对围绕一个旋转轴产生角加速度变化的阻抗,换句话说就是惯量阻碍运动的变化。在旋转动力学中,牛

顿第二定律为

$$\sum T = J\alpha \tag{6.1}$$

式中 T——转矩；

α——角加速度。

将它与牛顿第二定律的传统形式（$\sum F = ma$）比较，可以明白旋转运动中的惯量与直线运动中的质量等价。基于这个类比，旋转与平移的质量在驱动链设计中都简单视作惯量处理。

1. 齿轮箱比

齿轮箱比定义为

$$N_{GB} = \frac{电机速度}{负载速度} \tag{6.2}$$

通常用符号如 5∶1 表示齿轮箱比。它意味着表示电机的速度是负载速度的 5 倍。除了轴速，其他参数也可用于确定齿轮箱比。

（1）切线速度。

在齿轮的啮合点，可给出切线速度为

$$V = \omega_m r_m = \omega_1 r_1 \tag{6.3}$$

式中 ω_m——电机齿轮速度（rad/s）；

ω——负载齿轮速度（rad/s）；

r_m——电机齿轮节圆半径（mm）；

r_1——负载齿轮节圆半径（mm）。

式（6.3）可改写为

$$\frac{\omega_m}{\omega_1} = \frac{r_1}{r_m} \tag{6.4}$$

由式（6.3）和式（6.4）可得

$$N_{GB} = \frac{\omega_m}{\omega_1} = \frac{r_1}{r_m} \tag{6.5}$$

（2）齿轮的齿数。

另一种推导齿轮比的方法是使用每个齿轮的齿数。齿轮的齿数正比于它的大小（直径或半径）。例如，如果两个啮合的齿轮一个比另一个大，大的齿轮将拥有更多的齿。因此，

$$\frac{n_1}{n_m} = \frac{r_1}{r_m} \tag{6.6}$$

式中 n_1——负载齿轮的齿数；

n_m——电机齿轮的齿数。

这样式（6.5）又可以表示为

$$N_{GB} = \frac{\omega_m}{\omega_1} = \frac{r_1}{r_m} = \frac{n_1}{n_m} \tag{6.7}$$

（3）转矩。

还有另外一种决定齿轮比的方法，就是使用齿轮驱动输入和输出轴上的转矩。假定效率是 100% 通过齿轮传递的功率 P 为常数，则有

$$P = T_m \omega_m = T_1 \omega_1 \tag{6.8}$$

式中　　T_1——负载齿轮（或轴）上的转矩；

　　　　T_m——电机齿轮（或轴）上的转矩。

这样，式（6.7）可变为

$$N_{GB} = \frac{\omega_m}{\omega_1} = \frac{r_1}{r_m} = \frac{n_1}{n_m} = \frac{T_1}{T_m} \tag{6.9}$$

2. 惯量折算

当负载通过齿轮箱耦合到电机时，从电机侧所看到（或感觉到）的惯量与直接耦合的是不同的。对于如图 6.1(a) 所示的直接耦合方式，负载的运动方程可以简单表示为

$$T_m = J_{load} \frac{d^2 \theta_m}{dt^2} \tag{6.10}$$

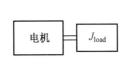

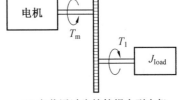

(a) 负载直接耦合到电机　　　　　　(b) 负载通过齿轮箱耦合到电机

图 6.1　惯量折算

当同样的负载通过齿轮箱耦合到电机时，如图 6.1(b) 所示，忽略齿轮惯量，则可以写出负载的运动方程为

$$T_1 = J_{load} \frac{d^2 \theta_1}{dt^2} \tag{6.11}$$

式中　　T_1——电机通过齿轮箱传递到负载的转矩；

　　　　$\dfrac{d^2 \theta_1}{dt^2}$——负载轴的角加速度。

运用式（6.11），得

$$\frac{r_1}{r_m} T_m = J_{load} \frac{d^2 q_1}{dt^2} \tag{6.12}$$

齿轮组旋转时，沿各齿圆周走过的距离是相同的，即

$$r_1 \theta_1 = r_m \theta_m \tag{6.13}$$

如果对上式两边微分两次，则有

$$r_1 \frac{\mathrm{d}^2 \theta_1}{\mathrm{d}t^2} = r_\mathrm{m} \frac{\mathrm{d}^2 \theta_\mathrm{m}}{\mathrm{d}t^2} \qquad (6.14)$$

从式(6.14)解出 $\dfrac{\mathrm{d}^2 \theta_1}{\mathrm{d}t^2}$ 代入式(6.12),可得

$$\frac{r_1}{r_\mathrm{m}} T_\mathrm{m} = J_\mathrm{load} \frac{r_\mathrm{m}}{r_1} \frac{\mathrm{d}^2 \theta_\mathrm{m}}{\mathrm{d}t^2} \qquad (6.15)$$

或

$$T_\mathrm{m} = J_\mathrm{load} \left(\frac{r_\mathrm{m}}{r_1}\right)^2 \frac{\mathrm{d}^2 \theta_\mathrm{m}}{\mathrm{d}t^2} = J_\mathrm{load} \frac{1}{N_\mathrm{GB}^2} \frac{\mathrm{d}^2 \theta_\mathrm{m}}{\mathrm{d}t^2} \qquad (6.16)$$

与式(6.1)比较,可以看出,式(6.16)是应用于电机轴的牛顿第二定律。因此,$\dfrac{\mathrm{d}^2 \theta_\mathrm{m}}{\mathrm{d}t^2}$ 前面的项应该就是通过齿轮折算到电机的负载惯量

$$J_\mathrm{ref} = \frac{J_\mathrm{load}}{N_\mathrm{GB}^2} \qquad (6.17)$$

变速机件,如齿轮或带轮,可以依照这种关系将负载惯量折算到电机侧。

3. 转矩折算

通过式(6.9),可以得出

$$T_\mathrm{m} = \frac{\omega_1}{\omega_\mathrm{m}} T_1 = \frac{T_1}{N_\mathrm{GB}} \qquad (6.18)$$

注意,与惯量折算不同,齿轮比 N_GB 没有平方。变速机件也依此将转矩折算到电机侧。

4. 效率

式(6.17)和式(6.18)适用于没有能量损耗的理想传动机构。换句话说,就是机构的效率是 100%。然而,实际的齿轮传动,效率总是低于 100% 的,因为摩擦和发热会造成一些输入功率的损失。传动机构的效率 η 定义为输出、输入功率的比

$$\eta = \frac{P_\mathrm{out\,put}}{P_\mathrm{in\,put}} \qquad (6.19)$$

由式(6.9)式(6.19)可得

$$T_1 \omega_1 = \eta T_\mathrm{m} \omega_\mathrm{m} \qquad (6.20)$$

这样,考虑效率时,式(6.20)变为

$$T_\mathrm{m} = \frac{T_1}{\eta N_\mathrm{GB}} \qquad (6.21)$$

类似地,考虑效率时,式(6.21)变为

$$J_\mathrm{ref} = \frac{J_\mathrm{load}}{\eta N_\mathrm{GB}^2} \qquad (6.22)$$

在设计运动控制系统时,一种方法是先假定效率为 100%,使用式(6.17)和式(6.18)

进行计算,最后在确定执行器尺寸时再采用一个安全因子来考虑能量损失的影响。另外一种方法是用式(6.20)和式(6.21),计算时就考虑效率的影响。也有一些制造商手册中,采用式(6.17)和式(6.20)进行计算。

5. 总惯量

在轴设计中,如果采用齿轮箱或传动机构,将会有部分惯量加在电机轴上,其余部分惯量加在负载轴上,此外还有电机转子的惯量 J_m。

通常妥善考虑系统所有惯量的方法是将所有惯量折算到电机轴上,这时,电机轴上的总惯量组成为

$$J_{total} = J_m + J_{om} + J_{ref} \tag{6.23}$$

式中　　J_{om}——直接加在电机轴上的总外加惯量;

　　　　J_{ref}——折算到电机轴上的总惯量。

6.1.4　惯量比

惯量比 J_R 定义为

$$J_R = \frac{J_{om} + J_{ref}}{J_m} \tag{6.24}$$

式(6.24)中分子为所有外加到电机上的惯量和。因此,惯量比是电机必须拖动的总负载惯量和电机自身惯量之比。

在上述例子中的系统,负载仅通过一个齿轮箱连接到电机上。从式(6.23)、式(6.24)可以看出,电机和负载齿轮的惯量 J_{mg}、J_{lg} 分别出现在 J_{om} 和 J_{ref} 中。在像这样的一个简单齿轮箱中,计算各齿轮的惯量和正确求出它们的惯量比是容易的。然而,通常商业化的齿轮箱是根据系统设计手册选择的,在这种情况下,齿轮箱的内部设计细节未知,正确计算惯量比比较困难。幸而,齿轮箱制造商提供了齿轮箱惯量作为齿轮箱折算到输入轴(电机轴)上的惯量。这样,惯量比可以通过下式得到

$$J_R = \frac{J_{om} + J_{load \to M} + J_{GB \to M}}{J_m} \tag{6.25}$$

式中　　$J_{GB \to M}$——齿轮箱折算到它的输入轴(电机轴)上的惯量;

　　　　J_m——电机的惯量;

　　　　$J_{load \to M}$——折算到电机轴上的负载惯量。

6.1.5　惯量比经验公式

设计者要求必须对应用的性能有清晰的理解,惯量比的选择需要依其来决定。有几种电机可以用于提供需要的惯量比,设计者的任务是从中找出可以满足应用需求速度和转矩的最小容量电机。

根据实践经验,惯量比应当满足 $J_R \leqslant 5$。惯量比越小,性能趋向于更高。如果机械期望敏捷、快速移动、启停频繁,惯量比可降为 2 或 1。若不以高性能和快速响应作为设计要求,通常惯量比选为 10,甚至 100 或更高都是可能的。

一般说来,随着惯量比的下降,机械性能会提升,控制器调节也变得容易。如果所有其他因素相同,惯量比小是比较好的。然而,如果惯量比太小,电机尺寸就会太大,因此也太昂贵和笨重,对机械的整体性能并没有太大好处。

惯量比的选择还取决于系统的刚度。如果系统在带负载时不会偏斜、拉长或弯曲,它就被认为是刚性的。一个采用电机和齿轮箱合理连接负载的系统被认为是刚性的。对于刚性系统,惯量比可以选择 $5 \sim 10$。另一方面,由于带传动的带会被拉长,采用带或带轮的系统则是柔性的。因此,惯量比应选得比较小。

6.2 传动机构概论

6.2.1 传动机构的转矩和惯量折算

在上一节中,讲述了像齿轮箱那样的变速元件会改变作用在电机上的惯量和转矩。与齿轮箱一样,传动机构也会改变作用在电机上的惯量和转矩。每种传动机构也都有与齿轮箱齿轮比 N_{GB} 类似的传动比 N。

图 6.2 是带有传动机构的典型驱动器的结构图,其负载做旋转运动或者直线运动。这时,从电机轴上看到的总惯量为

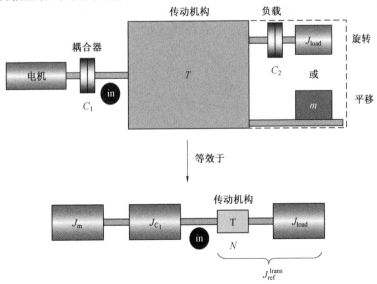

图 6.2 带传动机构的典型驱动器结构图

$$J_{\text{total}} = J_{\text{m}} + J_{\text{C}_1} + J_{\text{ref}}^{\text{trans}} \tag{6.26}$$

式中　　J_{m}—— 电机惯量;

　　　　J_{C_1}—— 电机耦合器的惯量;

　　　　$J_{\text{ref}}^{\text{trans}}$—— 传动机构折算到它的输入轴上的惯量。

每种传动机构都有它自己针对上述方程的 $J_{\text{ref}}^{\text{trans}}$ 计算公式。

作用于负载上的力或外转矩被折算到传动机构的输入轴,成为要求电机提供的转矩 $T_{\text{load}\to\text{in}}$(图 6.3)。每种传动机构都按其动力学结构原理以特定的方式将负载转矩折算到它的输入轴上。

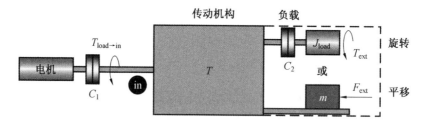

图 6.3　作用在负载上的力或外转矩经传动机构折算为电机上需提供的转矩 $T_{\text{load}\to\text{in}}$

6.2.2　带轮

带轮传动机构由两个带轮和一根带组成。如图 6.4 所示,在运动控制系统中,使用带有齿的带。采用这种没有滑移的带可以使负载的位置更加精确,与同步带配套的带轮称为扣链齿轮。

图 6.4　采用齿型带和链齿轮的带传动机构

1. 传动比

在如图 6.5 所示的机构中,带上一个点的线速度可以用每个带轮的角速度表达为

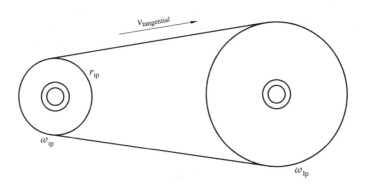

图 6.5　带传动

$$V_{\tan gen tial} = \omega_{ip} r_{ip} = \omega_{lp} n_p \tag{6.27}$$

式中　ω_{ip}——输入带轮的角速度(rad/s);

　　　ω_{lp}——负载带轮的角速度(rad/s);

　　　r_{ip},r_{lp}——输入带轮和负载带轮的半径 R。

这样,可以重新写出传动比的定义为

$$N_{BP} = \frac{\omega_{ip}}{\omega_{lp}} = \frac{r_{lp}}{r_{ip}} \tag{6.28}$$

2. 惯量折算

带传动机构的顶视图如图 6.6 所示,折算到输入轴上的惯量为

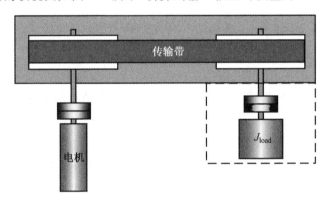

图 6.6　带传动机构顶视图

$$J_{ref}^{trans} = J_{LP} + J_{belt\rightarrow in} + J_{IP\rightarrow in} + J_{load\rightarrow in} + J_{C_2\rightarrow in}$$
$$= J_{IP} + \left(\frac{W_{blet}}{g\eta}\right) r_{ip}^2 + \frac{l}{\eta N_{BP}^2} (J_{BP} + J_{load} + J_{C_2}) \tag{6.29}$$

式中　J_{IP}——输入带轮惯量;

　　　J_{load}——负载惯量;

　　　J_{LP}——负载带轮惯量;

　　　J_{C_2}——负载耦合器惯量;

　　　$J_{belt\rightarrow in}$——把带看作一种旋转质量为 m 的物体时产生的惯量,表达式
　　　　　　　　为 $J_{belt\rightarrow in} = mr^2$。

将 $m = W_{belt}/g$,$r = r_{ip}$ 代入,即得到式(6.29)中的 $J_{belt\rightarrow in}$。此处,W_{belt} 是带的重力,g 是重力加速度,r_{ip} 是输入带轮的半径。

3. 负载转矩

图 6.7 为作用于负载上的外加总转矩和通过带轮传动机构折算到电机上的转矩需求 $T_{load\rightarrow in}$。像齿轮箱场合那样,从电机侧看,还需要计算出传动比和考虑传动的效率 η,则

$$T_{\mathrm{load}\to\mathrm{in}}=\frac{T_{\mathrm{ext}}}{\eta N_{\mathrm{BP}}} \tag{6.30}$$

式中　T_{ext}—— 所有作用于负载的外部转矩之和。

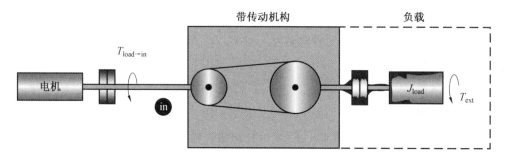

图 6.7　带传动机构原理图

6.2.3　丝杠

丝杠被广泛用来将旋转运动转换成直线运动。有两种最常用的丝杠,梯形螺纹丝杠和滚珠丝杠,如图 6.8(a)、6.8(b) 所示。ACME 对逆驱动是困难的,换句话说,就是电机可以驱动负载,但是负载不能驱动电机。ACME 可以传递很大的力,因此常称为功率丝杠。它的效率范围为 35% ～ 85%。滚珠丝杠在一个凹槽中装有精密研磨的滚珠轴承。丝杠与螺母不相互接触,丝杠(或螺母)旋转时在丝杠和螺母间凹槽中的滚珠重复回转。当滚珠到达螺母尾部时,它们会被导入一条返回管道回到螺母的头部,连续循环。间隙与摩擦的减小使得滚珠丝杠在运动控制应用中得到普遍采用。滚珠丝杠的效率可达 85% ～ 95%。由于机构的输出是直线运动,由电机侧输入的转矩在输出侧被转换为力。

1. 传动比

丝杠的传动比可以根据螺距的定义计算。

螺距:螺母每行进 1 in 要求丝杠旋转的圈数。

导程:丝杠每转一圈螺母行进的距离。

其方程表达式为

$$\Delta\theta=2\pi p\Delta x \tag{6.31}$$

式中　$\Delta\theta$—— 输入轴的转角(rad);

　　　p—— 螺距;

　　　Δx—— 螺母的直线位移(m)。

在式(6.31)中,传动比定义为电机速度除以负载速度,假定用时间 Δt 除式(6.32)两边,可得

$$\frac{输入速度}{负载速度}=\frac{\mathrm{d}\theta/\mathrm{d}t}{\mathrm{d}x/\mathrm{d}t}=2\pi p \tag{6.32}$$

于是,丝杠(或滚珠丝杠)机构的传动比为

$$N_S = 2\pi p \tag{6.33}$$

(a) 螺纹丝杠

(b) 滚珠丝杠

图 6.8 螺纹丝杠和滚珠丝杠

2. 惯量折算

首先推导平移质量和折算惯量之间的关系。总质量为 m 的物体在直线运动中的动能为

$$E_K = \frac{1}{2} m \left(\frac{\mathrm{d}x}{\mathrm{d}t} \right)^2 \tag{6.34}$$

运用式(6.34)可以将动能方程重新写为

$$E_K = \frac{1}{2} m \frac{1}{(2\pi p)^2} \left(\frac{\mathrm{d}\theta}{\mathrm{d}t} \right)^2 \tag{6.35}$$

由于现在速度以角速度表达,前面的因子应该等于折算的惯量,即

$$J_{ref} = m \frac{1}{(2\pi p)^2} \tag{6.36}$$

或

$$J_{ref} = \frac{m}{N_S^2} \tag{6.37}$$

结果显示负载惯量现在被直线运动总质量替代,齿轮箱比被丝杠传动比 N_S 替代。直线运动总质量可以通过负载重力 W_L 和运载机构重力 W_C 求得,即

$$m = \frac{W_I + W_C}{g}$$

图 6.9(a) 和 6.9(b) 展示了一个带有丝杠的驱动链原理图和一个产品实物。

折算到输入轴的惯量为

$$J_{ref}^{trans} = J_{screw} + J_{load \to in} + J_{carriage \to in} = J_{screw} + \frac{1}{\eta N_S^2} \left(\frac{W_L + W_C}{g} \right) \tag{6.38}$$

式中 J_{screw}——丝杠的惯量。

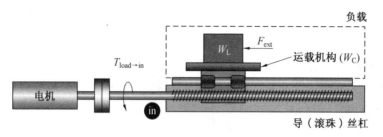

(a) 原理图   (b) 滚珠丝杠实物

图 6.9   导（滚珠）丝杠

3. 负载转矩

丝杠上的螺母工作时承受的所有外力 F_{ext} 为

$$F_{ext} = F_f + F_g + F_p \tag{6.39}$$

式中 F_f—— 摩擦力；

         F_g—— 元件沿丝杠坐标的重力；

         F_p—— 由于机构与环境相互作用产生在运载机构上的外力。

6.2.4   齿轮齿条传动

齿轮齿条是另外一种常用的将旋转运动变换为直线运动的机构，如图 6.10 所示。

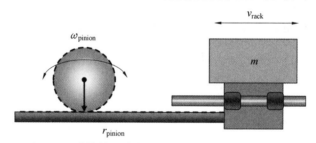

图 6.10   将旋转运动变换为直线运动的齿轮齿条传动

1. 传动比

齿轮旋转运动和负载直线运动之间的传动比可用下面的关系式计算

$$v_{rack} = r_{pinion} \omega_{pinion} \tag{6.40}$$

齿轮齿条传动比可写成

$$N_{RP} = \frac{1}{r_{pinion}} \tag{6.41}$$

注意：方程要求齿轮角速度单位采用 rad/s 表示。

2. 惯量折算

齿轮齿条驱动链示意图如图 6.11 所示。机构惯量折算到输入轴上的表达式为

$$J_{ref}^{trans} = J_{pinion} + J_{load \to in} + J_{carriage \to in} = J_{pinion} + \frac{1}{\eta N_{RP}^2} \left(\frac{W_L + W_C}{g} \right) \tag{6.42}$$

式中 J_{pinion}—— 齿轮的惯量，负载和运载机构被转换成质量。

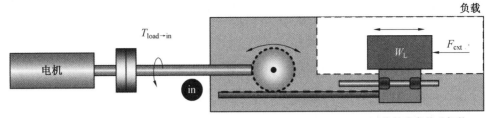

图 6.11　齿轮齿条驱动链示意图

3. 负载转矩

像丝杠传动一样,作用于传动机构沿负载运动方向的所有外力可以通过式(6.3)求得。

6.3　运动转矩的计算

6.3.1　运动转矩的计算

如果从电机侧看驱动链,可以看到两种转矩如图 6.12 所示。电机用转矩 T_m 反抗负载折算到电机轴上的转矩 $T_{load \to M}$,按牛顿第二定律,有

$$\sum T = J_{total} \frac{\mathrm{d}^2 \theta_m}{\mathrm{d} t^2} \tag{6.43}$$

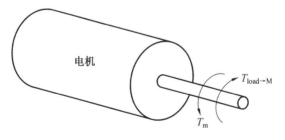

图 6.12　电机轴上的转矩

电机轴上的转矩平衡方程为

$$T_m - T_{load \to M} = J_{total} \frac{\mathrm{d}^2 \theta_m}{\mathrm{d} t^2} \tag{6.44}$$

或

$$T_m = J_{total} \frac{\mathrm{d}^2 \theta_m}{\mathrm{d} t^2} + T_{load \to M} \tag{6.45}$$

式中　T_m——需要由电机提供来完成运动的转矩;

J_{total}——所有传动元件、电机和折算到电机轴上负载的惯量和;

$\dfrac{\mathrm{d}^2\theta_{\text{m}}}{\mathrm{d}t^2}$——电机轴角加速度;

$T_{\text{load}\to\text{M}}$——所有外加负载折算到电机轴上对电机转矩。

$$T_{\text{ext}} = T_{\text{f}} + T_{\text{g}} + T_{\text{process}} \tag{6.46}$$

当负载直接连接到电机时,有

$$T_{\text{load}\to\text{M}} = T_{\text{ext}} \tag{6.47}$$

否则,T_{ext} 必须通过齿轮箱和 / 或传动机构折算到电机轴上来计算 $T_{\text{load}\to\text{M}}$。为完成运动轨迹,所需要电机提供的转矩取决于运动的区段,如图 6.13 所示。

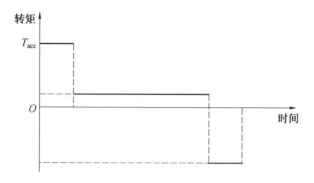

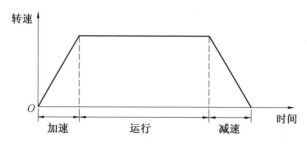

图 6.13 运动曲线的区段与各区段中的转矩

1. 加速(最大)转矩

在加速区,式(6.44)可以写成

$$T_{\text{acc}} = J_{\text{total}} \frac{\mathrm{d}^2\theta_{\text{m}}}{\mathrm{d}^2 t} + T_{\text{load}\to\text{M}} \tag{6.48}$$

如图 6.13 所示,负载加速时,电机趋向于使用最大转矩,由于它要做功来对抗所有负载并使系统中的所有惯量加速,因此,加速转矩常常称为最大转矩(峰值转矩),用 T_{peak} 表示。

2. 运行转矩

一旦负载转入恒速运行,加速度等于 0,电机则不再做功来对抗系统的惯量,如图 6.11 所示。因此,

$$T_{\mathrm{m}} - T_{\mathrm{load} \to \mathrm{M}} = 0 \tag{6.49}$$

这时,电机需要的转矩变成

$$T_{\mathrm{run}} = T_{\mathrm{load} \to \mathrm{M}} \tag{6.50}$$

3. 减速转矩

在运动的减速区,加速度为负,于是转矩也为负(图 6.13),因此,由式(6.50)有

$$T_{\mathrm{dec}} - T_{\mathrm{load} \to \mathrm{M}} = -J_{\mathrm{total}} \frac{\mathrm{d}^2 \theta_{\mathrm{m}}}{\mathrm{d} t^2} \tag{6.51}$$

4. 连续(有效值)转矩

由于对转矩的需求随运动区间的不同而变化,通过求一个运动周期中需求的所有转矩的均方根值可计算出它的平均连续转矩值。在更一般化的运动轨迹中,负载可以在一个运动周期中有静止时段(称为停歇),如图 6.14 所示,则转矩均方根为

$$T_{\mathrm{RMS}} = \sqrt{\frac{T_{\mathrm{acc}}^2 t_{\mathrm{a}} + T_{\mathrm{mum}}^2 t_{\mathrm{m}} + T_{\mathrm{dec}}^2 t_{\mathrm{d}} + T_{\mathrm{dw}}^2 t_{\mathrm{dw}}}{t_{\mathrm{a}} + t_{\mathrm{m}} + t_{\mathrm{d}} + t_{\mathrm{dw}}}} \tag{6.52}$$

如果在停歇时轴停止并且无须做功对抗任何外力,停歇转矩可以是 0,它也可以不为 0,比如在坐标轴带有垂直负载的场合,尽管轴停止运动也需要提供转矩来保持负载位置。

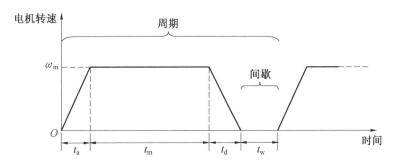

图 6.14 带间歇的周期运动曲线

6.4 常见电机与传动机构的选择

6.4.1 电机选择

电机选择是为运动控制应用选定最佳电机的过程。前文说明了运动轨迹与系统惯量将决定电机的速度、加速度和需要的转矩。其他因素如成本、电机物理尺寸和驱动器功率要求也必须考虑。电机选择主要考虑以下 4 个因素:① 惯量比(J_{R});② 电机速度(ω_{m});③ 电机速度对应的峰值转矩(T_{peak});④ 电机速度对应的有效值转矩(T_{RMS})。

设计任务是要寻找可以满足运动速度、转矩要求的最小电机。给定轴的期望运动曲线,从满足轴运行速度需求开始选择电机,同时需要计算出电机的峰值和有效值(RMS)转矩。然后,必须保证在电机期望速度下电机的峰值和有效值转矩位于被选择电机的峰值和连续转矩能力范围内。最后,必须保证被选电机满足惯量比要求。《电机工程手册》在它的目录中提供了电机惯量、额定峰值转矩、连续转矩和额定速度等参数。通常还会给出机械特性曲线。

6.4.2 直接驱动电机选择

在直接驱动系统中,电机与负载直接耦合。选择电机就是要找一种电机,它能够提供负载要求的峰值转矩和连续转矩,使负载能够完成运动轨迹。

前文解释了如何计算负载完成指定运动轨迹所要求的峰值转矩和连续转矩。根据速度曲线运用电机的 T_{peak}、T_{RMS} 和运行速度 $d\theta_m/dt$,可以挑选能在运行速度下提供这些转矩的电机。

直接驱动电机选择步骤,根据负载期望的运动选定电机的运行速度 ω_m,算出电机要提供的 T_{peak} 和 T_{RMS}。由于此时电机是未知的,先用 $J_m = 0$ 计算。

(2)从电机手册挑选可在运行速度 ω_m 下提供这些转矩的最小电机。《电机工程手册》可能提供有机械特性或数据表格。如果在 ω_m 速度时满足下式,则可以选择这台电机。

$$T_{peak} \leqslant T_{PR}, T_{RMS} \leqslant T_{CR} \tag{6.53}$$

电机运行要使用一台电子驱动器。因此,还需要选择合适的驱动器来提供电机运行于峰值转矩和连续转矩下需要的电流。如果驱动器电流小于额定连续转矩对应的电流,如比例系数为 0.8,电机的 T_{PR}、T_{CR} 就应当等比例降低为原来的 80%,因为驱动器会限制电流,从而限制转矩。

(3)根据选定电机的惯量 J_m 重新计算 T_{peak}、T_{RMS}。

(4)按步骤(2)判据校验,确保电机仍然可以保留一些裕量,以提供期望性能。通常经验上,对 T_{RMS} 留 50% 的裕量,对 T_{peak} 留 30% 的裕量。需要留一些调整(额外转矩能力)区域,因为在机器试车期间可能会有条件变化。

(5)计算惯量比 J_R,保证它满足期望条件。典型情况采用 $J_R \leqslant 5$,但要取决于系统期望性能。如果不满足,则另选惯量大一点(或小一点)的电机,重复步骤(3)到步骤(5)。

6.4.3 齿轮箱

齿轮箱连接到电机可以降低输出的转速、增大输出转矩,使较小的电机可以拖动较大的负载。设计者还可以通过齿轮箱调整机械的惯量比。惯量比指总负载惯量与电机惯量之比。如果设计采用了齿轮箱,折算负载惯量将按齿轮箱传动比的平方减小。通常采用一台电机加齿轮箱比采用一台较大的电机直接拖动更便宜。采用齿轮箱还可以增加驱动链的扭转刚度。在工业运动控制设备中常用的齿轮箱是行星伺服减速器和蜗轮减速器。

1. 行星伺服减速器

行星减速器主要和伺服电机配套使用。它们可以按 NEMA 和 IEC 标准尺寸得到,以便于安装到伺服电机上。行星减速器可以提供低背隙、较高的输出转矩和较小的尺寸,但价格较高。有同轴模式和直角模式,齿轮比范围从 3:1 到 100:1,如图 6.15 所示。通常单级齿轮减速器的齿轮比直到 10:1 都可以得到。更高齿轮比需要在装置中增加附加的行星减速级,成本相应增加。

此外,大多数齿轮减速器手册提供有一个紧急停车输出转矩。当紧急停车发生时,运动控制器将采用迅速减速的停车控制使电机快速停止。取决于负载和电机速度,紧急停车可能需要相当高的转矩才能使负载在一个非常短的时间内停下来。典型的紧急停车转矩大约是齿轮减速器额定输出转矩的 3~4 倍。而每一设备在它的使用寿命期间仅允许有限次使用这样高的转矩(如最多 1 000 次)。

(a) 同轴模式　　　　　　　　　　(b) 直角模式

图 6.15　伺服减速器

2. 蜗轮减速器

蜗轮减速器主要用于交流感应电机,可以按 NEMA 和 IEC 标准尺寸得到,以便于安装到电机上。带蜗轮的齿轮箱其主流工作模式为标准和低背隙模式,它能够承受高冲击负载但是效率低于其他形式的齿轮(效率为 $60\% \sim 95\%$),单级齿轮比为 5:1 到 60:1 的直角型齿轮箱,如图 6.16 所示。

图 6.16　蜗轮减速器

6.5   伺服减速电机选型

6.5.1   电机选择

在许多系统中,由于负载惯量、速度或尺寸的限制,不能采用直接驱动。在这种情况下,就必须选择电机与齿轮减速器来驱动负载,如图 6.17 所示。齿轮减速器以一个齿轮比因子增加了电机作用在负载上的转矩。但是,负载速度也按同一因子降低,存在一个速度和转矩间的权衡。

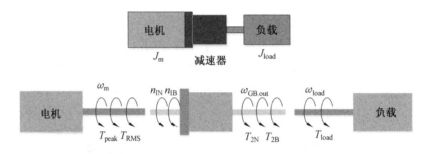

图 6.17   电机通过减速器与负载耦合

在这种坐标轴结构中,齿轮减速器输入轴的速度与电机速度 ω_m 是相同的。类似地,齿轮减速器输出轴的速度 $\omega_{GB.out}$ 与负载速度 ω_{load} 也是相同的。齿轮减速器制造商规定了齿轮减速器能够承受的额定与峰值输出转矩(T_{2N},T_{2B})限额。另外,还有对齿轮减速器输入轴额定速度和最大速度(n_{1N},n_{1B})的限制。制造商一般采用下标"1"表示输入、"2"表示输出,"N"表示额定,"B"表示最大。例如,T_{2N} 为额定输出转矩,而 n_{1B} 则是最大输入速度。负载速度 ω_{load} 也可以表示为 n_{2C},如图 6.18 所示。

前文讲述了如何根据负载运动轨迹计算需要的峰值转矩和连续转矩,注意这个转矩公式中包含 J_{load}、$T_{load \rightarrow M}$。除非坐标采用如图 6.17 所示的直接驱动,否则 T_{total}、$T_{load \rightarrow M}$ 中将都含有齿轮箱比 N_{GB}。因此,齿轮减速器的正确选择通常和电机选择与驱动链设计是一个整体。

进行齿轮减速器选择时,我们必须确保运行中不超过它的额定和最大输出转矩限制及它的额定和最大输出速度。为了保证齿轮减速器的额定运行寿命,大多数制造商推荐使它运行在等于或小于额定输出转矩和额定输入速度限制区中。在超过这些限制的加减速区时间必须短暂,这样只要不超过最大输出转矩极限,齿轮减速器不会损坏。

实际应用中选择齿轮减速器有不同的方法。例如,在选定一种齿轮减速器后,首先选择一个齿轮比,随后通过转矩和速度的计算,验证在应用的给定负载与运动条件下其

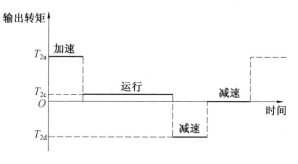

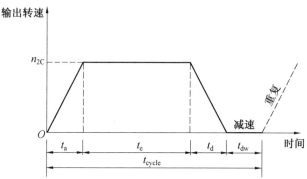

图 6.18　减速器的输出运动曲线

额定和最大限制值是否被超过。如果超过,调整齿轮比,重新计算。本小节给出的方法稍微有点不同。首先,确定一个可能的齿轮比范围,其上限 $N_{\text{GB, upper}}$ 根据伺服电机额定速度或齿轮减速器额定输入速度决定的齿轮减速器输入轴速度限制得到,下限 $N_{\text{GB, lower}}$ 由公式(6.54)、(6.55) 和(6.56) 计算得到。根据这些方程和限制条件,有

$$\frac{J_{\text{on motor shaft}} + J_{\text{load}\rightarrow\text{M}} + J_{\text{GB}\rightarrow\text{M}}}{J_{\text{m}}} = 5 \tag{6.54}$$

$$J_{\text{load}\rightarrow\text{M}} = \frac{J_{\text{load}}}{\eta_{\text{GB}} N_{\text{GB}}^2} \tag{6.55}$$

可以解得齿轮比为

$$N_{\text{GB, lower}} \geqslant \sqrt{\frac{J_{\text{load}} - J_{\text{on motor shaft}}}{\eta_{\text{GB}}(5J_{\text{m}} - J_{\text{GB}\rightarrow\text{M}} - J_{\text{on motor shaft}})}} \tag{6.56}$$

式中　　$J_{\text{on motor shaft}}$——电机轴上惯量;

$J_{\text{load}\rightarrow\text{M}}$——减速器折算到它输入轴的惯量,由产品手册提供;

$J_{\text{GB}\rightarrow\text{M}}$——齿轮减速器折算到它输入轴的惯量,由产品手册提供。

如选择步骤介绍的那样,如果确定了希望电机的惯量 J_{m},就可用式(6.4)计算满足惯量比条件所需齿轮比的下限。齿轮减速器并不是任意齿轮比均可得到,它们有标准的齿轮比,例如 3、4、5、7、10、12 等。一旦确定了可能的比的范围,就可以在这个范围内选出标准的齿轮比,即

$$N_{\text{GB, lower}} \leqslant N_{\text{GB}} \leqslant N_{\text{GB, upper}} \tag{6.57}$$

全面的齿轮减速器选择分析还包括验证所选的减速器是否能够承受由负载施加到它输出轴上的轴向和径向力。这些步骤在此不做考虑,如果对某些应用这些作用在齿轮减速器轴上的力很关键,就应该包含到设计过程中。背隙可能是在某些运动控制应用中选择齿轮减速器的另一重要因素。制造商提供的齿轮减速器有各种精度和背隙性能等级。

6.5.2　伺服电机与齿轮减速器选择步骤

1. 从负载和减速器输入轴侧工况选择齿轮减速器

从电机产品系列和与之兼容的齿轮减速器系列中挑选。注意电机最小惯量时的额定速度 ω_R,对于一台典型的伺服电机,通常范围是在 3 000 ～ 5 000 r/min 范围。

(1)计算齿轮减速器的平均输出转矩 T_{2m}。

输出轴的角加速度可以用 $\mathrm{d}^2\theta_{\mathrm{GB,out}}/\mathrm{d}t^2 = n_{2c}/t_a$ 计算。输出转矩也可以用之前介绍的相似方法得到,即

$$T_{2a} = J_{\mathrm{load}}\,\frac{\mathrm{d}^2\theta_{\mathrm{GB,out}}}{\mathrm{d}t^2} + T_{\mathrm{load}} \tag{6.58}$$

$$T_{2c} = T_{\mathrm{load}} \tag{6.59}$$

$$t_{\mathrm{zd}} = -J_{\mathrm{load}}\,\frac{\mathrm{d}^2\theta_{\mathrm{GB,out}}}{\mathrm{d}t^2} + T_{\mathrm{load}} \tag{6.60}$$

$$T_{2m} = \sqrt[3]{\frac{n_{2a}t_a t_{2a}^3 + n_{2c}t_c T_{2c}^3 + n_{2d}t_d T_{2d}^3}{n_{2a}t_a + n_{2c}t_c + n_{2d}t_d}} \tag{6.61}$$

式中　　$n_{2a} = n_{2d} = n_{2c}/2$——输出轴在加速和减速期间的平均速度。

(2)计算运动的占空周期 %ED,确定运动是连续还是间歇的,有

$$\%\mathrm{ED} = \frac{t_a + t_c + t_d}{t_{\mathrm{cycle}}} \times 100\% \tag{6.62}$$

如果 %ED < 60% 且 $t_a + t_c + t_d$ > 20 min,则认为是间歇工作的;如果 %ED > 60% 或 $t_a + t_c + t_d$ < 20 min,则认为是连续工作的。

2. 间歇运行

(1)计算可能选用的齿轮比的上限。

选齿轮减速器额定输入速度 n_{1N} 和电机额定速度 ω_R 中的最小值作为可得到的速度 ω_{avail} 计算,有

$$N_{\mathrm{GB,upper}} = \frac{\omega_{\mathrm{avail}}}{n_{2c}} \tag{6.63}$$

(2)可能选用的齿轮比下限初始估计值。

忽略齿轮减速器惯量和效率,从电机系列选用具有最小惯量 J_m 的电机,有

$$N_{\text{GB, lower}}^{\text{est}} = \sqrt{\frac{J_{\text{load}}}{5J_{\text{m}} - J_{\text{on motor shaft}}}} \tag{6.64}$$

（3）对可能选用的齿轮比，计算下限实际值 $N_{\text{GB, lower}}$ 更新初始估计值。

首先，选择一个最接近并略大于 $N_{\text{GB, lower}}^{\text{est}}$ 的标准齿轮比。然后，从手册获得这个齿轮减速器的效率 η_{GB} 和惯量 J_{GB}。将这些值代入式（6.3）计算实际的下限 $N_{\text{GB, lower}}$。

（4）查找出范围内的所有可用标准齿轮比，有：$N_{\text{GB, lower}} \leqslant N_{\text{GB, 1}}, N_{\text{GB2}}, \cdots, N_{\text{GBn}} \leqslant N_{\text{GB, upper}}$ 从中选择一个。靠近范围上限的齿轮比将会导致减速器输入速度接近额定输入速度，但它同时也将减小惯量比，使系统动态响应更好。从手册中可以获得选定减速器的 T_{2N}、T_{2B}、n_{1N} 减速器惯量 J_{GB} 和效率 η_{GB}，并不是每次都可以在计算范围内找到标准齿轮比。如果遇到这种情况，可换选惯量大一些的另一尺寸型号电机，以降低下限。如果齿轮减速器被步骤（1）的因子限制，可以换选额定输入速度更高些的减速器来提高上限。然后重复步骤（1）～步骤（4），直到可以选到标准齿轮比为止。

（5）计算安全因子 S_{f}。

此处 $C_{\text{h}} = 3\ 600/t_{\text{cycle}}$ 是每小时周期数（t_{cycle} 量纲为 s），安全因子见表 6.1 所列。

表 6.1　安全因子 S_{f}

S_{f}	C_{h}
1.0	$C_{\text{h}} < 1\ 000$
1.1	$1\ 000 \leqslant C_{\text{h}} < 1\ 500$
1.3	$1\ 500 \leqslant C_{\text{h}} < 2\ 000$
1.6	$2\ 000 \leqslant C_{\text{h}} < 3\ 000$
2.0	$3\ 000 \leqslant C_{\text{h}}$

（6）用 T_{2a} 或 T_{2d} 中较大的一个计算最大输出转矩，有

$$T_{2\max} = \begin{cases} \eta_{\text{GB}} S_{\text{f}} |T_{2a}|, & |T_{2a}| > |T_{2d}| \\ \eta_{\text{GB}} S_{\text{f}} |T_{2d}|, & |T_{2a}| > |T_{2d}| \end{cases} \tag{6.65}$$

（7）检查所选减速器（用 N_{GB}）是否能够支持平均和最大输出转矩，如果下式满足

$$T_{2\max} < T_{2B} \text{ 并且 } T_{2m} < T_{2N} \tag{6.66}$$

则接受选择；然后进行伺服电机选择。如果条件不满足，则重新选择一个大一些的齿轮减速器（T_{2N}、T_{2B}），重复步骤（6）、（7）。

3. 连续运行

（1）计算齿轮减速器的平均输出速度。

$$n_{2m} = \frac{n_{2a} t_a + n_{2c} t_c + n_{2d} t_d}{t_a + t_c + t_d} \tag{6.67}$$

（2）计算可能选用齿轮比的上限。

取额定减速器输入速度 n_{1N} 和电机额定速度 ω_R 中的最小值作为可得到的速度 ω_{avail} 计算

$$N_{\text{GB, upper}} = \frac{\omega_{\text{avail}}}{n_{2m}} \qquad (6.68)$$

（3）计算可能选用的齿轮比下限初始估计值。

忽略齿轮减速器惯量和效率，从电机系列选用具有最小惯量 J_m 的电机。

$$N_{\text{GB, lower}}^{\text{est}} = \sqrt{\frac{t_{\text{total}}}{5J_m - J_{\text{on motor shaft}}}} \qquad (6.69)$$

（4）对可能选用的齿轮比，计算下限实际值 $N_{\text{GB, lower}}$ 更新初始估计值。

首先，选择一个最接近并略大于 $N_{\text{GB, lower}}^{\text{est}}$ 的标准齿轮比。然后，从手册获得这个齿轮减速器的效率 η_{GB} 和惯量 J_{GB}。将这些值代入式（6.69）计算实际的下限 $N_{\text{GB, lower}}$。

（5）查找出范围内的所有可用标准齿轮比，有

$$N_{\text{GB, lower}} \leqslant N_{\text{GB1}}, N_{\text{GB2}}, \cdots, N_{\text{GBn}} \leqslant N_{\text{GB, upper}} \qquad (6.70)$$

从中选一个。靠近范围上限的齿轮比将会导致减速器输入速度接近额定输入速度，但它同时也将减小惯量比，使系统动态响应更好。从手册中可以获得选定减速器的 T_{2N}、T_{2B}、n_{1N} 减速器惯量 J_{GB} 和效率 η_{GB}。

并不是每次都可以在计算范围内找到标准齿轮比。如果遇到这种情况，可换选惯量大一些的另一尺寸型号电机，以降低下限。如果齿轮减速器被步骤（2）的因子限制，可以换选额定输入速度更高些的减速器来提高上限。然后重复步骤（2）到步骤（5），直到可以选到标准齿轮为止。

（6）检查所选减速器（用 N_{GB}）是否能够满足平均输出转矩。

如果满足 $T_{2N} < T_{2N}$ 则接受选择，然后进行伺服电机选择。如果条件不满足，则选更大的减速器（T_{2N} 更大）重复这一步骤。

4. 电机选择

（1）用选定的 N_{GB}、J_m 计算电机将提供的 T_{peak}、T_{RMS}。

（2）确定电机能够提供这些转矩。

如果 $T_{\text{peak}} \leqslant T_{\text{PR}}$ 并且 $T_{\text{RMS}} \leqslant T_{\text{CR}}$，则接受所选电机。如果不满足，重新选下一台具有更大转矩输出的电机。如果电机惯量不同，则重复间歇运行的步骤（1）到步骤（7）或者连续运行的步骤（1）到步骤（6）的齿轮减速器选择，以及电机选择的步骤（1）和步骤（2）的电机选择。

（3）用所选电机和齿轮减速器组合依式（6.1）计算惯量比 J_R。

如果 $J_R \leqslant 5$，则接受这一电机齿轮减速器组合。$J_R \leqslant 5$ 为代表性数据，但也取决于系统期望性能。

如果不满足，则对应用来说电机惯量可能太小。重新挑一台惯量大些的电机。此

外,增大 N_{GB} 也可以显著减小惯量比。如果在齿轮减速器选择中限制速度是电机额定速度 ω_R,则可以尝试选择速度快一些的电机。这样可以使齿轮减速器的额定输入速度 n_{1N} 成为限制速度而可能允许选取较大的齿轮比。重复间歇运行的步骤(1)到步骤(7),另选齿轮减速器则重复连续运行的步骤(1)到步骤(6),再重复电机选择的步骤(1)、步骤(2)选电机。

（4）用选定电机的机械特性曲线或数据检查速度和转矩裕量,保证电机能带有一定裕量满足期望性能要求。

实践中,常对于 T_{RMS} 留 30% 裕量,对于 T_{peak} 留 50% 裕量。因为在机器试车过程中可能的条件变化希望有一定的裕量（额外的转矩能力）做调整。

6.6　舵机拆装:PWM舵机和总线舵机

6.6.1　舵机

本次实验拆解的舵机是 MG－996 舵机,舵机有一个三线的接口。黑线（或棕线）是接地线,红线接＋5 V电压,黄线（或是白色或橙色）接控制信号端,如图6.19所示。

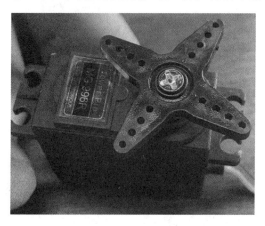

图6.19　MG－996R舵机

6.6.2　舵机内部结构

各种品牌型号的舵机外形都很相似,一般情况下,舵机的输出轴都是偏向一边的,这是由于内部齿轮组的安装方式的原因,如果拆开舵机,就会发现更多真相。如图6.20所示,可以很明显地看出,舵机和步进电机的动力是有着很大区别的,舵机的驱动力来自直流电机,通过变速齿轮的传动和变速,将动力传输到输出轴。

同时,通过图6.21可以看到,舵机内部都设有角度传感器和控制电路板,用来参与舵机的转动角度的控制和信号的反馈检测工作。舵机的各级减速比即对应齿数的反比。
总减速比等于各级减速比相乘的结果。

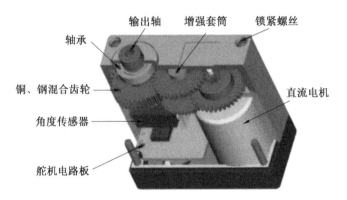

图 6.20　舵机内部结构图

图 6.21　舵机内部结构实物图

6.6.3　舵机调试

使用 Arduino 自带的 servo 库对舵机进行控制,接线图如图 6.22 所示。

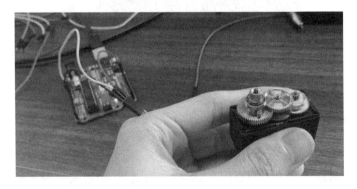

图 6.22　接线图

实验代码如下：

＃include ＜ Servo. h ＞ // 之间要有空格,否则编译时会报错。

Servo myservo;// 定义舵机变量名

unsigned char jiao;//

void setup()

{

myservo. attach(9);// 定义舵机接口(9、10 都可以,缺点是只能控制 2 个)

}

void loop()

{

　for(jiao ＝ 0;jiao ＜ 180;jiao ＋＋)

　{

　　myservo. write(jiao);// 设置舵机旋转的角度

　　delay(10);

　}

　for(jiao ＝ 180;jiao ＞ 0;jiao － －)

　{

　　myservo. write(jiao);// 设置舵机旋转的角度

　　delay(10);

　}

}

6.7　Vrep 软件使用概述

1. 学习软件的安装方式(虚拟机形式安装)

将 Vrep-roban 资源包导入。

2. 学习仿真软件的相关使用方式,能够控制仿真中的机器人进行前进、左转、右转和
后退

(1) 打开 ros。

roscore

(2) 打开 Vrep。

cd CoppeliaSim_Edu

. /coppeliaSim. sh

将 roban 机器人的 Vrep 文件直接拖入 Vrep 窗口即可导入模型。

（3）运行 BodeHub 节点：新建终端，在工作空间中运行 source 命令。

robot_ros_application/catkin_ws

source ~ /robot_ros_application/catkin_ws/devel/setup. zsh

（4）在该终端下执行命令以仿真模式启动节点。

sudo su

输入密码：121

source devel/setup. bash

roslaunch bodyhub bodyhub. launch sim：= true

（5）占用节点。

rosservice call /MediumSize/BodyHub/StateJump 6 setStatus

若返回 22 则说明占用成功。

（6）开启行走模式。

rosservice call /MediumSize/BodyHub/StateJump 6 walking

rosrun gait_command gait_command_node

（7）输入指令，实现机器人前进、左转等操作。

基本操作指令及按键如图 6.23 所示。

按键	指令	动作
s	S_command	原地踏步
w	W_command	前进
a	A_command	右移
d	D_command	左移
z	Z_command	右转
c	C_command	左转
k		定位移动
q	exit(0)	退出

图 6.23　基本操作指令及按键

3. 能够在仿真环境中控制机器人舵机转动

步骤（1）～（4）设置同前文。

（5）占用节点。

rosrun actexecpackage ActExecPackageNode. py

rosservice call /MediumSize/ActPackageExec/StateJump 6 setStatus

若返回 22 则占用成功。

然后运行设定的机器人动作,仿真效果如图 6.24 所示。

rosrun actexecpackage trajectoryPlan_node. py

```
1    poseList = [
2        [0,0,0,0,0, 0,0,0,0,0,0, 0,-75,-10, 0,75,10, 0,0, 0,0],
3        [0,0,0,0,0,0,0,0,0,0,0,0,-100,-30,0,100,30,0,0,0,0],
4        [-8,8,0,0,0,15,-8,15,0,10,7,15,0,-100,-30,0,100,30,0,0,0,0],
5        [-8,3,0,0,0,15,-8,6,-75,106,40,10,0,-10,0,0,10,0,0,0,0,0],
6        [-8,3,0,0,0,15,-8,6,-75,106,40,10,0,40,-50,0,-40,50,0,0,0,0],
7        [0,8,0,0,0,15,0,15,0,0,0,15,0,-10,0,0,10,0,0,0,0,0],
8        [0,0,0,0,0,0,0,0,0,0,0,0,0,-100,-30,0,100,30,0,0,0,0],
9    ]
```

图 6.24 仿真效果

4. 能够在 rviz 中获取到机器人头部摄像头和胸部摄像头的 RGB 以及深度图像

(1) 运行 ros。

roscore

(2) 打开 rviz。

rosrun rviz rviz

(3) 在另外的终端运行 uvc_camera 节点。

rosrun uvc_camera uvc_camera_node

(4) 订阅 image,改变主题可以得到两个摄像头的 RGB 及深度图像。

第7章　机器人整机控制

7.1　机器人运动学简介

7.1.1　运动学概论

机器人的工作是由控制器指挥的，对应于驱动末端位姿运动的各关节参数是需要实时计算的。当机器人执行工作任务时，其控制器根据加工轨迹指令规划好位姿序列数据，实时运用逆向运动学算法计算出关节参数序列，并依此驱动机器人关节，使末端按照预定的位姿序列运动。

机器人运动学或机构学从几何或机构的角度描述和研究机器人的运动特性，而不考虑引起这些运动的力或力矩的作用。机器人运动学中有如下两类基本问题。

1. 机器人运动方程的表示问题

机器人运动方程的表示问题即正向运动学。对一给定的机器人，已知连杆几何参数和关节变量，欲求机器人末端执行器相对于参考坐标系的位置和姿态。这就需要建立机器人运动方程。运动方程的表示问题，即正向运动学，属于问题分析。因此，也可以把机器人运动方程的表示问题称为机器人运动的分析。

2. 机器人运动方程的求解问题

机器人运动方程的求解问题即逆向运动学。已知机器人连杆的几何参数，给定机器人末端执行器相对于参考坐标系的期望位置和姿态（位姿），求机器人能够达到预期位姿的关节变量。这就需要对运动方程求解。机器人运动方程的求解问题，即逆向运动学，属于问题综合。因此，也可以把机器人运动方程的求解问题称为机器人运动的综合。要知道工作物体和工具的位置，就要指定手臂逐点运动的速度。雅可比矩阵是由某个笛卡儿坐标系规定的各单个关节速度对最后一个连杆速度的线性变换。大多数工业机器人具有 6 个关节，这意味着雅可比矩阵是 6 阶方阵。

7.1.2　坐标系

机器人的坐标系分为关节坐标系和直角坐标系（笛卡儿坐标系）。坐标系是为了确定机器人的位置和姿态而在机器人或空间上定义的位置指标系统。

7.1.3 机器人关节坐标系

机器人的关节坐标系用来描述机器人每个独立关节的运动,对于六轴串联型机械臂,关节类型均为转动关节。在关节坐标系下,将机器人末端移动到期望位置,可以依次驱动各关节运动,从而让机器人末端到达指定位置。

规定机器人在关节坐标系下的零点位置,一般情况下,六轴机械臂的零点位置如图7.1所示,也称这个位置为"门位置"。

针对机器人的关节坐标系,还需要规定各个关节的转动方向,如图7.2所示,依次描叙各个关节的正负方向。在关节坐标系下,机器人各个关节的转动方向,必须和图7.2相符。

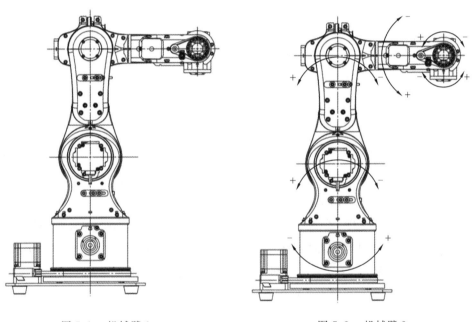

图7.1 机械臂1   图7.2 机械臂2

7.1.4 机器人直角坐标系

目前所说的直角坐标系是机器人的工具坐标系,如图7.3所示,因为该机器人没有安装执行末端,所以,工具坐标系原点在第六轴末端法兰中心处。

7.1.5 坐标变换

机器人的位姿描述与坐标变换是进行工业机器人运动学和动力学分析的基础。本小节简要介绍上述内容,明确位姿描述和坐标变换的关系,用到的基本数学知识就是矩阵。

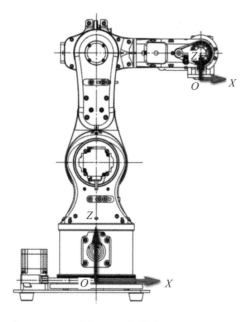

图 7.3　机械臂 3

1. 位姿表示

位姿代表位置和姿态。任何一个刚体在空间坐标系中都可以用位置和姿态来精确、唯一地表示其位置状态。位置：X、Y、Z 坐标；姿态：刚体与 OX 轴的夹角 γ_X、与 OY 轴的夹角 γ_Y、与 OZ 轴的夹角 γ_Z；

假设基坐标系为 $OXYZ$，刚体坐标系为 $O'X'Y'Z'$。对于机器人而言，空间中的任何一个点都必须要用上述六个参数明确指定，即 $(x,y,z,\gamma_X,\gamma_Y,\gamma_Z)$，即便 (x,y,z) 都一样，$(\gamma_X,\gamma_Y,\gamma_Z)$ 不同代表机器人以不同的姿态去到达同一个点。

刚体的位置可以用 3×1 的矩阵来表示，则刚体坐标系中心 O' 在基坐标系中的位置为

$$\boldsymbol{P} = \begin{bmatrix} x \\ y \\ z \end{bmatrix} \tag{7.1}$$

刚体的姿态可以用 3×3 的矩阵来表示，则刚体坐标系在基坐标系中的姿态为

$$\boldsymbol{R} = \begin{bmatrix} \cos \angle X'X & \cos \angle Y'X & \cos \angle Z'X \\ \cos \angle X'Y & \cos \angle Y'Y & \cos \angle Z'Y \\ \cos \angle X'Z & \cos \angle Y'Z & \cos \angle Z'Z \end{bmatrix} \tag{7.2}$$

其中，第一列表示刚体坐标系的 $O'X'$ 轴在基坐标系的三个轴方向上的分量，称为单位主矢量。同理，第二列和第三列分别是刚体坐标系的 $O'Y'$ 轴和 $O'Z'$ 轴在基坐标系的三个轴方向上的分量。

2. 物体位置描述

可以用描述空间一点的变换方法来描述物体在空间的位置和方向。例如,图7.4(a)所示物体可由固定该物体的坐标系内的6个点来表示。如首先让物体绕Z轴旋转$90°$,接着绕Y轴旋转$90°$,再沿X轴方向平移4个单位。上述变换过程表示对原参考坐标系重合的坐标系进行旋转和平移操作。如图7.4所示,用数字描述的物体与描述其位置和方向的坐标系具有确定的关系。

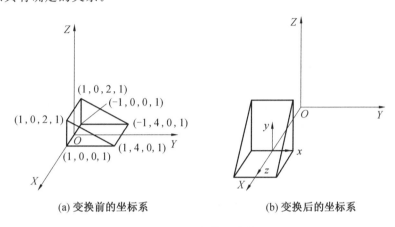

| (a) 变换前的坐标系 | (b) 变换后的坐标系 |

图7.4　物体的变换

3. 变换方程初步

为实现机器人各连杆之间的坐标变换,必须建立机器人各连杆之间、机器人与周围环境之间的运动关系,用于描述机器人的操作。要规定各种坐标系来描述机器人与环境的相对位姿关系。如图7.5(a)所示,B是基坐标系,T是工具系,S是工作站系,G是目标系,它们之间的位姿关系可用相应的齐次变换来描述:

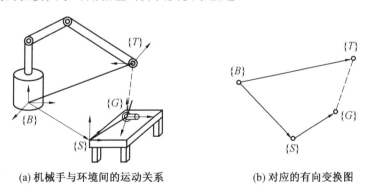

(a) 机械手与环境间的运动关系　　　(b) 对应的有向变换图

图7.5　机械手变换

$_S^B\boldsymbol{T}$表示工作站系S相对于基坐标系B的位姿,$_G^S\boldsymbol{T}$表示目标系G相对于S的位姿,$_T^B\boldsymbol{T}$表示工具系T相对于基坐标系B的位姿。

对物体进行操作时,工具系T相对目标系G的位姿$_T^G\boldsymbol{T}$直接影响操作效果。它是机器人控制和规划的目标,它与其他变换之间的关系可用空间尺寸链(有向变换图)来表示,如图7.5(b)所示。工具系 T 相对于基坐标系 B 的描述可用下列变换矩阵的乘积来表示:

$$_B^T T = {}_S^B T {}_G^S T {}_T^G T \tag{7.3}$$

建立起矩阵变换方程后,当上述矩阵变换中只有一个变换未知时,就可以将这一未知的变换表示为其他已知变换的乘积的形式。对于如图7.5(a)所示的场景,如要求目标系 G 相对于工具系 T 的位姿 ${}_G^T T$,则可在式(7.3)两边同时左乘 ${}_T^B T$ 的逆变换 ${}_T^B T^{-1}$,以及同时右乘 ${}_G^T T$,得到

$$_G^T T = {}_T^B T^{-1} {}_G^B T {}_G^S T \tag{7.4}$$

7.1.6　广义连杆和广义变换矩阵

为机器人的每一连杆建立一个坐标系,并用齐次变换来描述这些坐标系间的相对位置和姿态。可以通过递归的方式获得末端执行器相对于基坐标系的齐次变换矩阵,即可求得机器人的运动方程。

1. 广义连杆

相邻坐标系间及其相应连杆可以用齐次变换矩阵来表示。求解操作手所需要的变换矩阵,需要对每个连杆进行广义连杆描述。在求得相应的广义变换矩阵之后,可对其加以修正,以适合每个具体的连杆。

从机器人的固定基座开始为连杆进行编号,一般称固定基座为连杆 0。第一个可动连杆为连杆 1,依此类推,机器人最末端的连杆为连杆 n。为了使末端执行器能够在三维空间中达到任意的位置和姿态,机器人至少需要 6 个关节(对应 6 个自由度,3 个位置和 3 个方位)。

机械手是由一系列连接在一起的连杆(杆件)构成的。可以将连杆各种机械结构抽象成两个几何要素及其参数,即公共法线及距离和垂直于所在平面内两轴的夹角;另外相邻杆件之间的连接关系也被抽象成两个量,即两连杆的相对位置和两连杆公垂线的夹角,如图 7.6 所示。

Craig 参考坐标系建立约定如图 7.6 所示,其特点是每一杆件的坐标系 Z 轴和原点固连在该杆件的前一个轴线上。除第一个和最后一个连杆外,每个连杆两端的轴线各有一条法线,分别为前、后相邻连杆的公共法线,这两法线间的距离即为 d_i。称 a_i 为连杆长度,α_i 为连杆扭角,d_i 为两连杆距离,θ_i 为两连杆夹角。

机器人机械手连杆连接关节的类型有两种,即转动关节和棱柱联轴节。对于转动关节,θ_i 为关节变量,对于移动关节,距离 d_i 为联轴节(关节)变量。连杆 i 的坐标系原点位于轴 $i-1$ 和 i 的公共法线与关节 i 轴线的交点上。如果两相邻连杆的轴线相交于一点,那么原点就在这一交点上。如果两轴线互相平行,那么在选择第一个连杆的原点时,应使其对下一连杆(其坐标原点已确定)的距离 d_{i+1} 为零。连杆 i 的 z_i 轴与关节 i 的轴线在一

直线上，而 x_i 则在轴 i 和 $i+1$ 的公共法线上，其方向从 i 指向 $i+1$，如图 7.7 所示，当两关节轴线相交时，x_{i-1} 的方向与两矢量的叉积 $z_{i-1} \times z_i$ 同轴、同向或反向，x_{i-1} 的方向总是沿着公共法线从轴 $i-1$ 指向 i。当两轴 x_{i-1} 和 x_i 平行且同向时，第 i 个转动关节的 θ_i 为零。

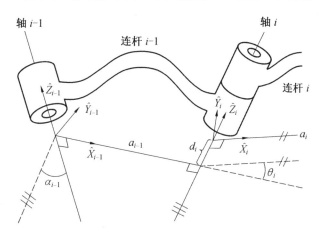

图 7.6　连杆四参数及坐标系建立示意图

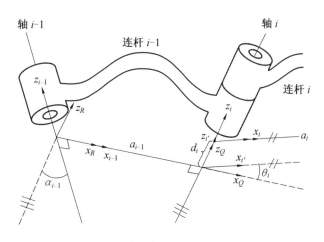

图 7.7　连杆两端相邻坐标系变换示意图

在建立机器人杆件坐标系时，首先在每一杆件 i 的首关节轴 i 上，建立坐标轴 z_i，z_i 正向在两个方向中选一个方向即可，但所有 z 轴应尽量一致。a_i、α_i、θ_i 和 d_i 四个参数，除了 $a_i \geqslant 0$ 外，其他三个值皆有正负，因为 α_i、θ_i 分别是围绕 x_i、z_i 轴旋转定义的，它们的正负就根据判定旋转矢量方向的右手法则来确定。d_i 为沿 z_i 轴，由 x_{i-1} 垂足到 x_i 垂足的距离，距离移动时与 z_i 正向一致时符号取为正。

2. 广义变换矩阵

在对全部连杆规定坐标系之后，就能够按照下列顺序由两个旋转和两个平移来建立相邻两连杆坐标系 $i-1$ 与 i 之间的相对关系。

（1）绕 x_{i-1} 轴旋转 α_{i-1} 角，使 z_{i-1} 转到 z_R 同 z_i 方向一致，使坐标系 $\{i-1\}$ 过渡到 $\{R\}$；

（2）坐标系 $\{R\}$ 沿 x_{i-1} 或 x_R 轴平移一距离 a_{i-1} ，把坐标系移到 i 轴上，使坐标系 $\{R\}$ 过渡到 $\{Q\}$ ；

（3）坐标系 $\{Q\}$ 绕 z_Q 或 z_i 轴转动 θ_i 角，使 $\{Q\}$ 过渡到 $\{P\}$ ；

（4）坐标系 $\{P\}$ 再沿 z_i 轴平移一距离 d_i ，使 $\{P\}$ 过渡到和 i 杆的坐标系 $\{i\}$ 重合。

这种关系可由表示连杆 i 对连杆 $i-1$ 相对位置的 4 个齐次变换来描述。根据坐标系变换的链式法则，坐标系 $\{i-1\}$ 到坐标系 $\{i\}$ 的变换矩阵可以写成

$$ {}_i^{i-1}\boldsymbol{T} = {}_R^{i-1}\boldsymbol{T}\,{}_Q^R\boldsymbol{T}\,{}_P^Q\boldsymbol{T}\,{}_i^P\boldsymbol{T} \tag{7.5} $$

7.1.7 建立连杆坐标系的步骤和举例

1. 建立连杆坐标系的步骤归纳

按照上述规定对每根连杆建立坐标系时，相应的连杆参数可以归纳如下：

$a_i =$ 沿 x_i 轴，从 z_i 移动到 z_{i+1} 的距离；

$\alpha_i =$ 绕 x_i 轴，从 z_i 旋转到 z_{i+1} 的角度；

$d_i =$ 沿 z_i 轴，从 x_{i-1} 移动到 x_i 的距离；

$\theta_i =$ 绕 z_i 轴，从 x_{i-1} 旋转到 x_i 的角度。

Craig 法则实现了关节参数的下标与关节轴对应，唯一不完美之处是计算相邻两坐标系间的齐次变换矩阵 $i-1$ 时，参数由下标为 $i-1$ 的连杆参数 a_{i-1}、α_{i-1}，以及下标为 i 的关节参数 d_i、θ_i 构成，下标没有完全统一。

最后需要声明，按照上述方法建立的连杆坐标系并不是唯一的。首先，当选取 z_i 轴与关节轴 i 重合时，z_i 轴的指向可以有两种选择。此外，在关节轴相交的情况下（此时 $a_i = 0$），由于 x_i 轴垂直于 z_i 轴与 z_{i+1} 轴所在的平面，因此 x_i 轴的指向也有两种选择。当关节轴 i 与关节轴 $i+1$ 平行时，坐标系 $\{i\}$ 的原点位置可以任意选定（通常选取该原点使之满足 $d_i = 0$）。另外，当关节为平动关节时，坐标系的选取也有一定的任意性。

基座为 0 系，末端为 n 系，按照前述坐标系建立规则，0 系、n 系的 x 轴确定方案有无数多种，一般选择原则是让更多系数为 0 和方便观察。中间坐标系的 z 轴确定一般有 2 种，且 z 轴相交时，x 轴也有 2 种。但只要 0 系、n 系的定义是固定的，不论中间定义如何多样，机器人最终的运动学方程也应是一样的。

2. 建立连杆坐标系举例

图 7.8 为平面三连杆机器人。因为三个关节均为转动关节，因此有时称该机器人为 RRR（或 3R）机构。为此机器人建立连杆坐标系并写出其 Denavit-Hatenberg 参数。

解 首先定义参考坐标系 $\{0\}$ ，该坐标系固定在基座上。当第一个关节的变量值（ θ_1 ）为 0 时，坐标系 $\{0\}$ 与坐标系 $\{1\}$ 重合，因此建立的坐标系 $\{0\}$ 的 z_0 轴与关节 1 轴线重合。

由于该机器人位于一个平面上,因此这个机器人所有的关节轴线都与机器人所在的平面垂直(图 7.8 中所有的 z 轴均垂直纸面向外,简便起见,均未画出)。根据之前的规定,x_i 轴沿公垂线方向,由 z_i 轴指向 z_{i+1} 轴。根据右手法则可以确定所有的 y 轴。各坐标系如图 7.9 所示。

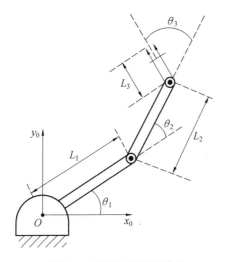

图 7.8 平面三连杆机器人

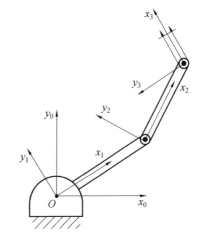

图 7.9 三连杆机器人连杆坐标系的设置

下面求取相应的连杆参数。

因为所有关节都是旋转关节,所以关节变量分别为 θ_1、θ_2 和 θ_3。如图 7.9 所示,所有的 z 轴均垂直纸面向外,相互平行,按之前的归纳,连杆扭角 α_i 代表相邻 z 轴之间的角度,因此所有的 α_i 均为 0。

由于所有的 x 轴均在一个平面内,而连杆偏距 d_i 代表相邻公垂线之间的距离,因此所有的 d_i 均为 0。

按照规定,a_i 代表沿 x_i 轴,从 z_i 移动到 z_{i+1} 的距离。由于 z_0 轴和 z_1 轴重合,因此 $a_0 = 0$。a_1 代表 z_1 轴和 z_2 轴之间的距离,如图 7.8 所示,$a_1 = L_1$。同理可得 $a_2 = L_2$。

7.1.8 双足机器人运动学模型

机器人系统的运动主要有两个方面的描述方式:动力学和运动学。动力学的描述是更普遍的,因为其描述中引入了系统各部件的动量、互相的作用力和各自的能量,一般用微分方程来描述系统的动力学。运动学的描述则更简单,因为其只描述物体位置与时间相关的变量,在物体做匀加速运动时,一般用位置、初速度、末速度、加速度、时间 5 个变量来描述物体的运动学方程。物体的运动又分类为平移、旋转、振荡等,或者其中数种的组合。本小节中将用运动学的方式,来描述机器人系统各部件的平移和旋转运动。

图 7.10 为 12 自由度双足机器人运动学模型,给机器人各连杆编号如图 7.10(a)所

示。可以观察到该机器人髋关节三个关节转动轴相交于一点,踝关节两个转动轴相交于一点,这样设计能使机器人运动学的计算变得简便。为了定义各个连杆的位姿,需要给每个连杆设定局部坐标系。机器人每条腿有 6 个自由度,于是每条腿设置 6 个局部坐标系。其中三个设置于髋关节转动轴交点,一个设置于膝关节转动轴,两个设置于踝关节转动轴,且局部坐标系的各个坐标轴都和全局坐标系的坐标轴平行。

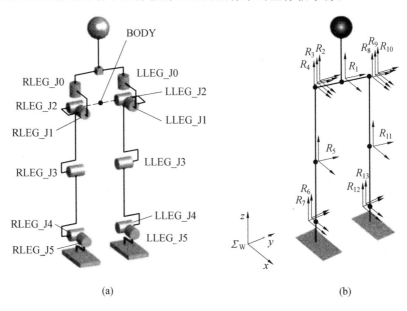

图 7.10 12 自由度双足机器人运动学模型

7.1.9 双足机器人正运动学

有了机器人模型之后,还需要根据模型求取各个局部坐标系之间的齐次变换矩阵。如各个局部坐标系的坐标轴是互相平行的,在关节转动时,每个连杆上附着的局部坐标系也会跟着转动。定义描述相邻局部坐标系之间关系的关节轴矢量 a_j 和相对位置矢量 b_j。关节轴矢量是描述第 i 个连杆相对于其母连杆转动的转动轴的单位矢量,如图 7.11 所示,$a_5 = a_{11} = \begin{bmatrix} 0 & 1 & 0 \end{bmatrix}^T$。相对位置矢量用于描述第 i 个连杆的局部坐标系原点在其母连杆局部坐标系中的位置,其值的大小和机器人的结构设计参数有关。

不同于传统的 DH 法描述的机器人运动学模型,基于关节轴矢量和相对位置矢量的描述方法非常简便且强大。基于关节轴矢量和相对位置矢量的描述方法进行机器人正运动学求解的具体细节可以参考《仿人机器人建模与控制》。

如果机器人在某个姿态下有一个连杆相对于全局坐标系的位置是已知的,则通过基于关节轴矢量和相对位置矢量建立的正运动学模型,依次计算出机器人其他连杆在全局坐标系下的位置,这就是机器人的正运动学计算。在双足行走过程中,一般假定支撑脚脚掌在地面的位置是已知的,以此来进行全身的正运动学求解。

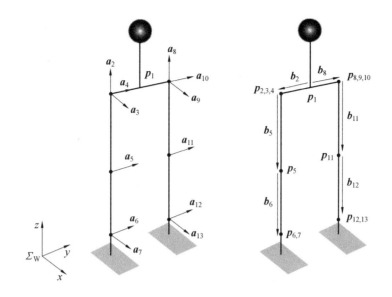

图 7.11 关节轴矢量和相对位置矢量

7.1.10 双足机器人逆运动学

正运动学是在已知机器人运动学模型的情况下,根据机器人各关节角度求各连杆的位姿。逆运动学则相反,是确定想要某连杆达到的预期位姿,根据预期位姿求解该状态下机器人各关节角度。一般是给出机器人脚掌或手掌连杆的预期位姿,然后求解各个关节角度。

1. 逆运动学的解析解法

在机器人髋关节三轴相交、踝关节两轴相交的情况下,可以比较简单地用解析法求解腿上各个关节的转角。如图 7.12 所示,定义从躯干坐标系的原点到髋关节的距离为 D,大腿长为 A,小腿长为 B。给定躯干和右脚的位姿分别为(P_1, R_1)和(P_7, R_7)。

需要注意的是该样例下机器人髋关节三轴相交、踝关节两轴相交,这会大大减小解析法计算的复杂程度。实际的机器人运动控制过程中,一般使用数值解法进行逆运动学求解。

2. 逆运动学的数值解法

解析解法求解逆运动学原理简单计算量小,但其应用的局限性较大。比如对于一些特殊构型的机器人,逆运动学可能得不到解析解。数值解法则适用范围更广,虽然迭代计算求解需要更大的计算量,但现有的计算芯片可以轻易满足逆运动学数值解法的计算需求。

首先考虑六自由度的运动机构,因为不管是机械臂还是机械腿,在逆解时都可以视为同样的对象。简单的逆解情况,可以认为逆解时机构一端固定、另一端运动。固定的

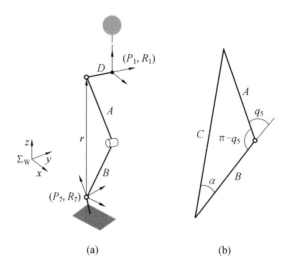

(a)　　　　　　　(b)

图 7.12　解析法求解逆运动学

一端称为基座,运动的一端称为末端。末端在三维空间中运动时,其位姿也在变化,称末端在"笛卡儿空间"中运动。随着末端在空间中运动,机构各个关节的转动角度也在变化。末端的每个空间姿态对应有相应的各个关节转动角度,称由各个关节转动角度构成的矢量在"关节空间"中运动。于是正解是把关节空间的关节转角量转化为笛卡儿空间的末端位姿,逆解则是反过来从末端位姿求解关节转角矢量,数学式的表达则为

$$\boldsymbol{x} = f(\boldsymbol{q}) \tag{7.6}$$

式中　　$\boldsymbol{x}$——末端的空间位置和朝向角;

　　　　$\boldsymbol{q}$——关节转角矢量。

$$\boldsymbol{x} = \begin{bmatrix} x \\ y \\ z \\ \omega_x \\ \omega_y \\ \omega_z \end{bmatrix} \quad \boldsymbol{q} = \begin{bmatrix} q_2 \\ q_3 \\ q_4 \\ q_5 \\ q_6 \\ q_7 \end{bmatrix} \tag{7.7}$$

但是没有办法具体地写出上式中函数 $f(\boldsymbol{q})$ 的形式,所以不能直接使用函数计算正逆解。不过可以通过另一个可求得的矩阵,即雅可比矩阵,来进行逆解的求解。雅可比矩阵的含义是把运动链末端点的笛卡儿空间速度映射到关节空间的关节转角速度,其数学形式为

$$\mathrm{d}\boldsymbol{x} = \boldsymbol{J}\mathrm{d}\boldsymbol{q} \tag{7.8}$$

根据式(7.8)可以认为末端点在笛卡儿空间中有一个位移 Δx 时,对应的关节转角矢量有一个变化的差值 Δq。位移 Δx 越小,其与 Δq 的关系就越符合上式。如图 7.13 所示,在位移大小变化时,由 Δq 产生的实际末端轨迹与理想位移轨迹的偏差,可以看出位移越

170

小时二者轨迹偏差越小。

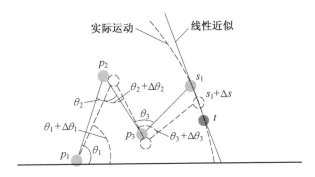

图 7.13　笛卡儿空间位移与关节位移

利用该关系来进行逆解求解的过程为：首先计算运动机构的当前位姿与预期位姿的差值 dx 和机构当前位姿下的雅可比矩阵 J，然后利用式(7.8)计算对应的关节转角增量 dq，接着把增量 dq 加到当前关节转角 q 上重新计算新的运动机构位姿。显然新的位姿会比原先的位姿更接近预期位姿。以上流程经过多次迭代，使最后求得的位姿偏差接近符合预先设定的精度要求时，即认为求解成功。

其中根据式(7.8)计算关节转角增量 dq 时，自然而然地做法是求取雅可比矩阵 J 的逆，从而得到 dq。但在许多情况下，因为运动机构构型或者机构位姿的差异，雅可比矩阵是不可逆的。为了处理该问题，根据不同的处理手段又引申出了雅可比转置法、伪逆法、奇异值分解法等逆解的数值解法，本小节不再赘述。

7.2　机器人动力学概论

7.2.1　欧拉－拉格朗日方程

对于处于完整约束并且约束力满足虚功原理的机械系统，推导一组微分方程来描述该系统随时间的变化。这些方程被称为欧拉－拉格朗日运动方程。需要注意的是，至少有两种不同方法可被用来推导这些方程。这里介绍的是基于虚功的方法，但也可以使用哈密顿的最小作用量原理来推导出同样的方程。

1. 动机

为了描述下面推导过程的动机，首先以如图 7.14 所示的单自由度系统为例，说明如何从牛顿第二定律推导出欧拉－拉格朗日方程。根据牛顿第二定律，该质点的运动方程为

$$m\ddot{y} = f - mg \tag{7.9}$$

注意到方程(7.9)的左侧可被写为

$$m\ddot{y} = \frac{\mathrm{d}}{\mathrm{d}t}(m\dot{y}) = \frac{\mathrm{d}}{\mathrm{d}t}\left(\frac{1}{2}m\dot{y}^2\right) = \frac{\mathrm{d}}{\mathrm{d}t}\frac{\partial K}{\partial \dot{y}} \quad (7.10)$$

质量为 m 的粒子受到限制,只能在垂直方向移动,这构成一个单自由度系统。重力 mg 向下作用,而外力 f 则向上作用。

式(7.10)中,$K = \frac{1}{2}m\dot{y}^2$ 是动能。在上述表达式中使用了偏导符号,这样做是为了与稍后考虑的系统保持

图 7.14　单自由度系统

一致,在这些系统中动能将会是几个变量的函数。类似地,可将重力表达为

$$mg = \frac{\partial}{\partial y}(mgy) = \frac{\partial P}{\partial y} \tag{7.11}$$

式中　P—— 重力势能,$P = mgy$。

如果定义

$$L = K - P = \frac{1}{2}m\dot{y}^2 - mgy \tag{7.12}$$

并且注意到

$$\frac{\partial L}{\partial \dot{y}} = \frac{\partial K}{\partial \dot{y}} \text{ 和} \frac{\partial L}{\partial y} = \frac{\partial P}{\partial y}$$

那么,可以将式(7.9)写为

$$\frac{\mathrm{d}}{\mathrm{d}t}\frac{\partial L}{\partial \dot{y}} - \frac{\partial L}{\partial y} = f \tag{7.13}$$

函数 L 是系统的动能和势能之差,它被称为系统的拉格朗日算子,而式(7.13)则被称为欧拉－拉格朗日方程。下面要讨论的一般步骤是上述过程的逆向过程,即首先写出系统的动能和势能,并以广义坐标$(q_1, q_2, \cdots, q_n)$形式表示,其中 n 是系统的自由度数目;然后,根据下述公式来计算 n 自由度系统的运动方程:

$$\frac{\mathrm{d}}{\mathrm{d}t}\frac{\partial L}{\partial q_k} - \frac{\partial L}{\partial q_k} = \tau_k, \ k = 1, 2, \cdots, n \tag{7.14}$$

式中　τ_n—— 与广义坐标 q_n 相关的(广义)力。

在上述单自由度系统的例子中,变量 y 作为广义坐标。欧拉－拉格朗日方程不仅可以导出一组耦合的二阶常微分方程,它还提供了一种等同于通过牛顿第二定律得到动力学方程的构造方法。然而,对于诸如多连杆机器人等复杂系统,使用拉格朗日方法更为有利。

下面以单连杆机械臂说明该种动力学建模方法:单连杆机械臂考虑如图 7.15 所示的单连杆机

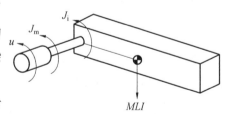

图 7.15　单连杆机器人

器人,它包括一个刚性连杆,该连杆通过齿轮系连接到直流电机。令 θ_1 和 θ_m 分别表示连杆和电机轴的转动角度。那么 $\theta_m = r\theta_1$,其中 r 表示齿轮减速比;$r:1$ 为齿轮变速比。连杆转角和电机轴转角之间的代数关系表明该系统只有一个自由度,因此可以将 θ_m 或 θ_1 作为广义坐标。

7.2.2 机器人双足步行原理

本小节继续探讨上一小节提到的单质点模型,通过添加额外的限制来简化线性倒立摆表达式,用其来进行双足步态质心运动轨迹规划。使用线性倒立摆规划质心轨迹时,ZMP 集中于支撑杆末端,对应于支撑脚的脚掌中心,这样可以得到理论上稳定的运动轨迹。

1. 质心轨迹生成

倒立摆模型由一个无质量的支撑杆和一个位于支撑杆顶端的质点构成。机器人的行走轨迹分别由冠状面和矢状面的倒立摆轨迹组合而成。对于一个固定支撑杆长度的倒立摆来说,其质点在两个平面上的运动方程是耦合的,很难求解。通过引入运动过程中质心高度 H 不变的约束,可以使得两个运动方程变得独立。这就是线性倒立摆,如图 7.16 所示。在实际的机器人控制中,保持质心固定的高度不变并不是

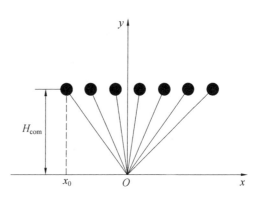

图 7.16 二维平面下的线性倒立摆运动

一个很严格的限制,甚至还有让安装于头部的相机拍摄更平稳的优势。通过在运动过程中改变腿伸直的幅度可以实现保持固定的质心高度。

线性倒立摆的运动方程推导过程如下:支撑杆顶端质点受到竖直方向重力 mg 作用,支撑点受到地面支撑力的作用。整个系统在绕支撑点位置会受到合扭矩 $\tau = mgx$,其中 x 为质心与支撑点的水平面距离。当支撑杆的长度会时刻智能变化,保持质心始终位于同一高度时,此扭矩会在水平方向上对质心加速,加速力为 $F = \tau/H$。此时有

$$\ddot{x} = \frac{F}{m} = x\frac{g}{H} \tag{7.15}$$

线性倒立摆上质点的运动趋势和线性倒立摆的参数及本身状态有关。从数学角度上理解,式(7.15)为一个二阶常微分方程。求解其通解,可得

$$x(t) = x_0\cosh\left(\sqrt{\frac{g}{H}}t\right) + \frac{v_0}{\sqrt{\frac{g}{H}}}\sinh\left(\sqrt{\frac{g}{H}}t\right) \tag{7.16}$$

从数学上来说,确定了某变量的初值及其随时间变化的导数,则可以确定该变量随时间变化的轨迹。从通解公式中可得,在已知初值 x_0 和 v_0 时,可求得 x 随时间 t 变化的任意时刻的值。线性倒立摆模型中,x_0 和 v_0 分别为质点的初始位置和初始速度。式(7.16)表明,知道质点初始状态之后,就可以根据线性倒立摆模型求解质点任意时刻的状态了。线性倒立摆的微分方程表征了质点的运动趋势,其通解公式则表达了质点具体的运动轨迹。把式(7.15)微分,即可得到质点的速度运动轨迹。

$$v(t) = x_0 \sqrt{\frac{g}{H}} \sinh\left(\sqrt{\frac{g}{H}} t\right) + v_0 \cosh\left(\sqrt{\frac{g}{H}} t\right) \tag{7.17}$$

倒立摆在三维空间中的运动由冠状面的侧向运动和矢状面的前向运动构成。两个平面的运动可以单独地由倒立摆轨迹来描述。两个方向的运动合成后如图 7.17 所示。分别查看倒立摆冠状面和矢状面的轨迹可以发现二者有一个明显区别,即冠状面轨迹没有越过零位置,矢状面轨迹则越过了零位置。一般来说规划前进运动的时候倒立摆的轨迹会这样分布。规划侧移运动时则冠状面和矢状面的质心轨迹都不会越过零位置,且冠状面的轨迹会是不对称的,从而实现一步一步的侧移。

在多步连续行走时认为每一个单足支撑期存在一个线性倒立摆,脚掌踩在线性倒立摆的末端位置。考虑简单情况,运行完 一个单足支撑期后会进行支撑脚的瞬间切换,接着质心运行下一个倒立摆的运动轨迹,各个倒立摆的轨迹根据该步的步行参数来规划。

最后得到由多个线性倒立摆轨迹拼接而成的质心运动轨迹,如图 7.18 所示。

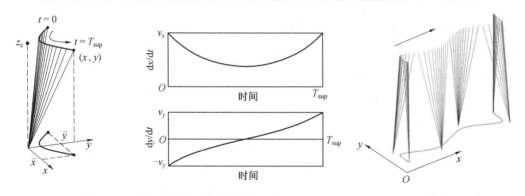

图 7.17　三维空间中的线性倒立摆运动　　图 7.18　连续行走时的线性倒立摆运动

2. 足端轨迹生成

足端轨迹分为支撑脚轨迹和摆动脚轨迹,生成支撑脚轨迹时只需让支撑脚踩在倒立摆的支撑点保持不动即可。

而对双足机器人的摆动腿来说,摆动相的任务是使足端尽快从当前位置摆动至下一步的着地位置,摆动的过程中要保证机器人双腿不发生相互干涉,摆动腿的运动不会对机器人整体产生过大的冲击。在摆动相的任意时刻内,机器人足位置包含四个变量。以机器人正常站立时重心对地面的投影为坐标原点,建立坐标系,需要的四个变量为竖直高度 H、冠状面位置 x,矢状面位置 y,围绕 Z 轴的旋转角 θ。在直线行走的情况下,对于冠状面位置 x,只需设置为机器人正常站立时的 x 值,并在行走过程中,保持该值不变即可。因为在步态规划中,机器人矢状面倒立摆摆动跨度 F 是可变的,而冠状面的倒立摆摆动跨度 D 是不变的,其值一直为机器人正常站立时双腿中心的间距。

对矢状面位置 y,使用一个简单的插值函数来解决

$$y(t) = \frac{F}{2}\sin\left(\frac{2\pi t}{T} - \frac{\pi}{2}\right) \tag{7.18}$$

式(7.18)表示摆动腿矢状面位置 y 在时间 $T/2$ 内,由 $-F/2$ 变化为 $F/2$。在双腿交换时,摆动腿会有小突变,由此会对机器人整体产生冲击。但在机器人实体实验中,发现这样简单的规划下,双腿交换时机器人并没有产生很大的冲击,可以连续行走。推测原因是机器人各个关节的执行器本身具有一定的柔性。当速度突变时,各关节因为本身的柔性能起到缓冲作用,不会对机器人产生不良影响。矢状面位置 y 与时间的变化关系如图 7.19 所示。

对竖直高度 H,同样采用插值函数确定。但是此时需要注意的是,摆动腿离地需要干脆利落,避免离地过程中脚面与地面不平滑的部分摩擦,使得机器人受到整体的旋转力矩而改变方向。摆动腿着地时需要稍微缓慢地接触地面,使得脚接触地面时不会受到过大的地面反力作用而不稳。因此,在摆动足上升阶段和下降阶段,用不同的插值函数来规划。上升阶段为

$$H(t) = H_0\sin\frac{2\pi t}{T} \tag{7.19}$$

下降阶段为

$$H(t) = \frac{H_0}{2} + \frac{H_0}{2}\sin\left(\frac{2\pi t}{T} + \frac{\pi}{2}\right) \tag{7.20}$$

其相对时间的变化如图 7.20 所示。

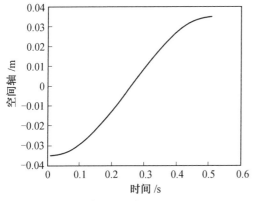

图 7.19 矢状面位置与时间变化关系图

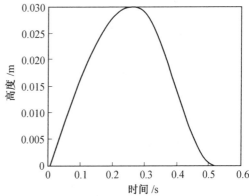

图 7.20 摆动腿高度相对时间变化轨迹

围绕 Z 轴的旋转 θ,定义第 $i-1$ 步机器人上身绕 Z 轴的转角为 θ_{i-1},第 i 步机器人上身绕 Z 轴的转角为 θ_i,第 $i+1$ 步机器人上身绕 Z 轴的转角为 θ_{i+1}。由于第 i 步的摆动腿就是第 $i-1$ 步的支撑腿。则在第 i 步内,摆动腿需要摆动的角度为 $\Delta\theta = \theta_{i+1} - \theta_{i-1}$,故规划转角为

$$\theta(t) = \theta_{i-1} + (\theta_{i+1} - \theta_{i-1})\frac{1 + \sin\left(\dfrac{2\pi t}{T} - \dfrac{\pi}{2}\right)}{2}$$

(7.21)

由此规划,可以在一步开始和结束时,摆动腿的转动速度为零,这样的性质有助于交换支撑腿时保持稳定。假设 θ_{i-1} 的值为零,摆动腿转动了 $0.2\ \text{rad}$,则其相对时间的变化如图 7.21 所示。

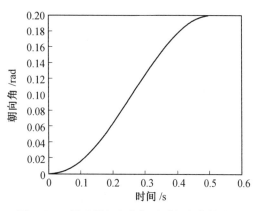

图 7.21 摆动腿朝向角相对时间变化轨迹

7.3 运动控制器硬件和软件

7.3.1 单片机

单片微型计算机简称单片机,是最早用于运动控制器的微处理器,也是典型的微控制器(MCU)。单片机采用超大规模集成电路技术,把具有数据处理能力的中央处理器(CPU)、随机存储器(RAM)、只读存储器(ROM)、多种 I/O 口和中断系统、定时器/计时器等功能集成到一块硅片上,构成集成电路芯片。功能强大的单片机还包括显示驱动电路、脉宽调制电路、模拟多路转换器和 A/D 转换器等电路。单片机是世界上数量最多的微处理器。早期的单片机是 4 位或 8 位的,如 Intel 公司的 8031。此后 MCS51 系列单片机得到了快速发展。随着工业控制领域要求的提高,开始出现了 16 位单片机。20 世纪 90 年代后,32 位单片机成为市场主流,主频也得到不断提高。

7.3.2 可编程逻辑控制器

可编程逻辑控制器采用可编程的存储器,用于其内部存储程序,执行逻辑运算、顺序控制、定时、计数与算术操作等面向用户的指令。利用 PLC 进行运动控制系统设计包含以下步骤。

(1)分析控制系统的控制要求,确定动作顺序,绘制出顺序功能图;

(2)根据运动控制要求,确定 I/O 点数和类型(如数字量、模拟量等),估算内存容量

需求,选择适当类型的 PLC;

(3)进行外围电路设计,绘制电气控制系统原理图和接线图;

(4)根据控制系统要求将顺序功能图转换为梯形图,下载程序到 PLC 主单元中;

(5)对程序进行模拟测试,由外接信号源加入测试信号,用手动开关模拟输入信号,用指示灯模拟负载,通过指示灯的亮暗情况分析程序运行的情况,并及时修改和调整程序;

(6)将 PLC 与现场设备连接,对 PLC 控制器进行现场测试。当试运行一定时间且系统运行正常后,可将程序固化在用户存储器中。

7.3.3　ARM 处理器

计算机根据指令集的不同主要分为以下几种类型。

(1)复杂指令集计算机。

在 CISC 指令集的各种指令中,大约有 20% 的指令会被反复使用,占整个程序代码的 80%,而余下的 80% 的指令却不经常使用,在程序设计中只占 20%。

(2)精简指令集计算机。

RISC 优先选取使用频率最高的简单指令,避免复杂指令;将指令长度固定,指令格式和寻址方式种类减少;以控制逻辑为主,不用或少用微码控制等。RISC 体系的特点如下:

① 采用固定长度的指令格式,指令归整、简单、基本寻址方式有 2 ～ 3 种;

② 使用单周期指令,便于流水线操作执行;

③ 大量使用寄存器,数据处理指令只对寄存器进行操作,只有加载／存储指令可以访问存储器,指令的执行效率优于 CISC。

7.3.4　数字信号处理

DSP 微处理器以数字信号来处理大量信息,其工作原理是接收模拟信号,转换为 0 或 1 的数字信号,再对数字信号进行处理,并在其他系统芯片中把数字数据解译回模拟数据或实际环境格式。

TI 公司系列 DSP 主要有:TMS320C2000 系列,该系列产品主要用于数字控制系统;TMS320C5000 系列,该系列主要用于低功耗、便携式的无线终端产品;TMS320C6000 系列,该系列产品主要用于高性能复杂的通信系统或者其他一些高端应用,如图像处理等。作为交流伺服控制系统的核心,通常选用 TMS320C2000 系列芯片,采用 5.0 V 供电,最高运算速度达 40 MIPS。

DSP 不仅可编程,而且实时运行速度可达每秒数千万条复杂指令程序,远远超过通用微处理器。通用微处理器采用冯·诺依曼结构。冯·诺依曼结构中,程序和数据共用一个公共存储空间和单一的地址与数据总线。GPP 可通过采取多种方法提高计算速度,如提高时钟频率、高速总线、多级 Cashe 和协处理器等。

DSP 芯片采用哈佛结构或改进的哈佛结构。哈佛结构最大的特点是独立的数据存储空间和程序存储空间,独立的数据总线和程序总线,允许 CPU 同时执行取指令和取数据操作,从而提高了系统运算速度。硬件乘法器和乘加指令 MAC 适合深度运算,如快速傅立叶变换(FFT)。因此,高性能、多轴联动驱动器多采用 DSP 开发。

流水线操作就是将一条指令执行分解成多个阶段,在多条指令同时执行过程中,每个指令的执行阶段可以相互重叠进行,指令重叠数称为流水线深度。

7.3.5 基于微处理器的直流伺服电动机驱动器案例

LMD18200 是专用于直流电动机驱动的 H 桥组件,其外形结构有两种,常用的 LMD18200 芯片有 11 个引脚,采用 TO－220 封装。

LMD18200 内部集成了 44 个 MOS 管,组成一个标准的 H 桥驱动电路。通过自举电路为上桥路的两个开关管提供栅极控制电压。充电电路由一个 300 kHz 的振荡器控制,使自举电容可充至 14 V 左右,典型上升时间是 20 μs,适用于 1 kHz 左右的工作频率。可在引脚 1、11 外接电容形成第二个充电电路,外接电容越大,向开关管栅极输入的电容充电速度越快,电压上升时间越短,工作频率越高。引脚 2、10 接直流电动机电枢,正转时电流方向从引脚 2 到引脚 10;反转时电流方向从引脚 10 到引脚 2。电流检测输出引脚 8 可以接一个对地电阻,通过电阻来输出过流。内部保护电路设置的过流阈值为 10 A,当超过该值时会自动封锁输出,并周期性地恢复输出。若过电流持续时间较长,过热保护将关闭整个输出。过热信号还可以通过引脚 9 输出,当结温达到 145 ℃ 时,引脚 9 有输出信号。

通常采用 Motorola68332 CPU 与 LMD18200 接口组成一个单极性驱动直流电动机的闭环控制电路。在此电路中,PWM 控制信号是通过引脚 5 输入的,而转向信号是通过引脚 3 输入的。根据 PWM 控制信号的占空比来决定直流电动机的转速和转向。电路中可采用增量型光电编码器来反馈电动机的实际位置,输出 A、B 两相,检测电动机转速和位置,形成闭环位置反馈,从而达到精确控制直流伺服电动机的目的。由于采用了专门的电动机控制芯片 LMD18200,从而减少了整个电路的元件,也减轻了单片机负担,工作更可靠,适合在仪器仪表控制中使用。

7.4 PID 控制器简介

7.4.1 PID 控制器

PID 控制器(比例－积分－微分控制器),由比例单元(Proportional)、积分单元

(Integral)和微分单元(Derivative)组成。可以通过调整这三个单元的增益 K_p、K_i 和 K_d 来调定其特性。PID控制器主要适用于基本上线性且动态特性不随时间变化的系统。

PID控制器是一个在工业控制应用中常见的反馈回路部件。这个控制器把收集到的数据和一个参考值进行比较,然后把这个差别用于计算新的输入值,这个新的输入值的目的是可以让系统的数据达到或者保持在参考值。PID控制器可以根据历史数据和差别的出现率来调整输入值,使系统更加准确而稳定。

PID控制器的比例单元(P)、积分单元(I)和微分单元(D)分别对应目前误差、过去累计误差及未来误差。若是不知道受控系统的特性,一般认为 PID 控制器是最适用的控制器。借由调整 PID 控制器的三个参数,可以调整控制系统,设法满足设计需求。控制器的响应可以用控制器对误差的反应快慢、控制器过冲的程度及系统振荡的程度来表示。不过使用 PID 控制器不一定能保证可达到系统的最佳控制,也不保证系统稳定性。

有些应用只需要 PID 控制器的部分单元,将不需要单元的参数设为零即可。因此 PID 控制器可以变成 PI 控制器、PD 控制器、P 控制器或 I 控制器。其中又以 PI 控制器比较常用,因为 D 控制器对回授噪声十分敏感,而若没有 I 控制器的话,系统不会回到参考值,会存在一个误差量。PID 控制器的结构如图 7.22 所示。

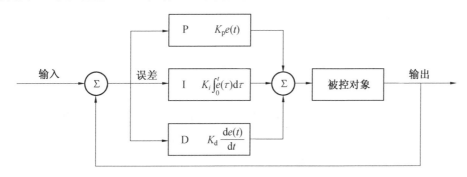

图 7.22　PID 控制器的方块图

1. 反馈回路基础

PID 回路是要自动实现一个操作人员用量具和控制旋钮进行的工作,这个操作人员会用量具测系统输出的结果,然后用控制旋钮来调整这个系统的输入,直到系统的输出在量具上显示稳定的需求结果,在旧的控制文档里,这个过程称为"复位"行为,量具被称为"测量",需要的结果被称为"设定值",而设定值和测量之间的差别被称为"误差"。

一个控制回路包括三个部分:① 系统的传感器得到的测量结果;② 控制器做出决定;③ 通过一个输出设备来做出反应。

控制器从传感器得到测量结果,然后用需求结果减去测量结果来得到误差,再用误差计算出一个对系统的纠正值来作为输入结果,这样系统就可以从它的输出结果中消除误差。

在一个 PID 回路中,这个纠正值有三种算法,消除目前的误差,平均过去的误差和透过误差的改变来预测将来的误差。

比如说,利用水箱为植物提供水,水箱的水需要保持在一定的高度。可以用传感器来检查水箱里水的高度,这样就得到了测量结果。控制器会有一个固定的用户输入值用于表示水箱需要的水面高度,假设这个值是保持 65% 的水量。控制器的输出设备会连在由马达控制的水阀门上。打开阀门就会给水箱注水,关上阀门就会让水箱里的水量下降。这个阀门的控制信号就是控制变量。

PID 控制器可以用来控制任何可被测量及可被控制变量。例如,它可以用来控制温度、压强、流量、化学成分、速度等。汽车上的巡航定速功能就是一个例子。

一些控制系统把数个 PID 控制器串联起来,或是连成网络。这样的话,一个主控制器可能会为其他控制器输出结果。一个常见的例子是马达的控制。控制系统会需要马达有一个受控的速度,最后停在一个确定的位置。可由一个子控制器用来管理速度,但是这个子控制器的速度是由控制马达位置的主控制器来管理的。

联合和串联控制在化学过程控制系统中相当常见。

2. 应用

电子的类比控制器可以用晶体管、真空管、电容器及电阻器组成。许多复杂的电子系统中常会包括 PID 控制,如磁盘的读写头定位、电源供应器的电源条件、甚至是现代地震仪的运动侦测线路。现代电子控制器已大幅地被这些利用单芯片或 FPGA 来实现的数位控制器所取代。

现代工业使用的 PID 控制器多半会用 PLC 或有安装面板的数位控制器来实现。软件实现的好处是相对廉价,配合 PID 实现方式调整的灵敏度很大。在工业锅炉、塑胶射出机械、烫金机及包装行业中都会用到 PID 控制。

变化的电压输出可以用 PWM 来实现,也就是固定周期,依据要输出的量去调整周期中输出高电势的时间。对于数位系统,其时间比例有可能是离散的,如周期是 2 s,高电势时间设定单位为 0.1 s,表示可以分为 20 格,精度为 5%,因此存在量化误差,但只要时间分辨率够高,就会有不错的效果。

3. 控制理论

PID 是以它的三种纠正算法而命名的。受控变数是三种算法(比例、积分、微分)相加后的结果,即为其输出,其输入为误差值(设定值减去测量值后的结果)或是由误差值衍生的信号。若定义 $u(t)$ 为控制输出,PID 算法可以用下式表示

$$u(t) = MV(t) = K_p e(t) + K_i \int_0^t e(\tau) \mathrm{d}\tau + K_d \frac{\mathrm{d}}{\mathrm{d}t} e(t) \tag{7.22}$$

式中　　K_p—— 比例增益,是调试参数;

K_i—— 积分增益,也是调试参数;

K_d—— 微分增益,也是调试参数;

e—— 误差 e = 设定值(SP) − 回授值(PV);

t—— 目前时间;

τ—— 积分变数,数值从 0 到目前时间 t。

用更专业的话来讲,PID 控制器可以视为频域系统的滤波器。在计算控制器最终是否会达到稳定结果时,此性质很有用。如果数值挑选不当,控制系统的输入值会反复振荡,这导致系统可能永远无法达到预设值。PID 控制器的一般转移函数是

$$H(s) = \frac{K_d s^2 + K_p s + K_i}{s + C} \tag{7.23}$$

式中 C—— 取决于系统带宽的常数。

4. 比例控件

比例控制考虑当前误差,误差值和一个正值的常数 K_p(表示比例)相乘。K_p 只是在控制器的输出和系统的误差成比例的时候成立。比如说,一个电热器控制器是在目标温度和实际温度差 10 ℃时有 100% 的输出,而其目标值是 25 ℃。那么它在 15 ℃ 的时候会输出 100%,在 20 ℃ 的时候会输出 50%,在 24 ℃ 的时候会输出 10%,注意在误差是 0 的时候,控制器的输出也是 0。比例控制的输出如下

$$P_{out} = K_p e(t) \tag{7.24}$$

若比例增益大,在相同误差量下,会有较大的输出,但若比例增益太大,会使系统不稳定。相反的,若比例增益小,在相同误差量下,其输出较小,因此控制器会较不敏感。若比例增益太小,当有干扰出现时,其控制信号可能不够大,无法修正干扰的影响。稳态误差,确认比例控制在误差为 0 时,其输出也会为 0。若要让受控输出为非零的数值,就需要产生一个稳态误差或偏移量。

5. 积分控件

积分控制考虑过去误差,将误差值过去一段时间和(误差和)乘以一个正值的常数 K_i。K_i 从过去的平均误差值来找到系统的输出结果和预定值的平均误差。一个简单的比例系统会振荡,会在预定值的附近来回变化,因为系统无法消除多余的纠正。通过加上负的平均误差值,平均系统误差值就会渐渐减少。所以,最终这个 PID 回路系统会在设定值稳定下来。积分控制的输出如下

$$I_{out} = K_i \int_0^t e(\tau) d\tau \tag{7.25}$$

积分控制会加速系统趋近设定值的过程,并且消除纯比例控制器会出现的稳态误差。积分增益越大,趋近设定值的速度越快,不过因为积分控制会累计过去所有的误差,可能会使回授值出现过冲的情形。

6. 微分控件

微分控制考虑将来误差,计算误差的一阶导数,并和一个正值的常数 K_d 相乘。这个导数的控制会对系统的改变做出反应。导数的结果越大,那么控制系统就对输出结果做出更快速的反应。这个 K_d 参数也是 PID 被称为可预测的控制器的原因。K_d 参数对减少控制器短期的改变很有帮助。一些实际中的速度缓慢的系统可以不需要 K_d 参数。微分控制的输出如下

$$D_{out} = K_d \frac{d}{dt} e(t) \tag{7.26}$$

微分控制可以提升整定时间及系统稳定性,不过因为纯微分器不是因果系统,因此在 PID 系统实现时,一般会为微分控制加上一个低通滤波器以限制高频增益及噪声。实际上较少用到微分控制,估计 PID 控制器中只有约 20% 会用到微分控制。

7.4.2 PID 参数调试

PID 的参数调试是指通过调整控制参数(比例增益、积分增益 / 时间、微分增益 / 时间)让系统达到最佳的控制效果。稳定性(不会有发散性的振荡)是首要条件,此外,不同系统有不同的行为,不同的应用其需求也不同,而且这些需求还可能会互相冲突。

PID 只有三个参数,在原理上容易说明,但 PID 参数调试是一个困难的工作,因为要符合一些特别的判据,而且 PID 控制有其限制存在。历史上有许多不同的 PID 参数调试方式,包括齐格勒 - 尼科尔斯方法等,其中也有一些已申请专利。

PID 控制器的设计及调试在概念上很直观,但若有多个目标都要达到的话,在实际上很难完成。PID 控制器的参数若仔细调试,会有很好的效果,相反的,若调试不当,效果会很差。一般初始设计常需要用计算机不断地模拟,并且修改参数,一直达到理想的性能或是可接受的程度为止。有些系统有非线性的特性,若在无载下调试的参数可能无法在满载下动作,可以利用增益规划的方式进行修正。

1. 稳定性

若 PID 控制器的参数末挑选妥当,其控制器输出可能是不稳定的,也就是其输出发散,过程中可能有振荡,也可能没有振荡,且其输出只受饱和或是机械损坏等原因限制。不稳定一般是由过大增益造成的,特别是针对延迟时间很长的系统。

一般而言,PID 控制器会要求响应的稳定,不论程序条件及设定值如何组合,都不能出现大幅振荡的情形,不过有时可以接受临界稳定的情形。

2. 最佳性能

PID 控制器的最佳性能可能和针对过程变化或是设定值变化有关,也会随应用而不同。两个基本的需求是调整能力及命令追随。有关命令追随的一些判据包括上升时间

及整定时间。有些应用可能因为安全考量，不允许输出超过设定值，也有些应用要求在到达设定值过程中的能量可以最小化。

3. 各种方法简介

有许多种调试 PID 控制器参数的方法，最有效的方式多半是建立某种程序，再依不同参数下的动态特性来调试参数。相对而言人工调试其效率较差，若是系统的响应时间到数分钟以上，更可以看出人工调试效率的不佳。

调试方法的选择和是否可以暂时将控制回路"离线"有关，也和系统的响应时间有关。离线是指一个和实际使用有些不同的条件，而且控制器的输出只需考虑理论情况，不需考虑实际应用。在线调试是实际应用的条件，控制器的输出需考虑实际的系统。若控制回路可以离线，最好的调试方法是对系统给一个步阶输入，测量其输出与时间的关系，再用其响应来决定参数。

4. 人工调整

若需在系统仍有负载的情形下进行调试（线上调试），有一种做法是先将 K_i 及 K_d 设为 0，增加 K_p 一直到回路输出振荡为止，之后再将 K_p 设定为"1/4 振幅衰减"（使系统第二次过冲量是第一次的 1/4）增益的一半，然后增加 K_i 直到一定时间后的稳态误差可被修正为止。不过若 K_i 可能造成不稳定，最后若有需要，可以增加 K_d，并确认在负载变动后回路可以迅速地回到其设定值，若 K_d 太大会造成响应太快及过冲。一般而言快速反应的 PID 应该会有轻微的过冲，只是有些系统不允许过冲。因此需要将反馈系统调整为过阻尼系统，其中 K_p 的取值远小于造成系统振荡时 K_p 的一半。

调整 PID 参数对系统的影响见表 7.1 所列。

表 7.1　调整 PID 参数对系统的影响

调整方式	(on) 上升时间	超调量	安定时间	稳态误差	稳定性
↑K_p	减少 ↓	增加 ↑	小幅增加 ↗	减少 ↓	变差 ↓
↑K_i	小幅减少 ↘	增加 ↑	增加 ↑	大幅减少 ↓↓	变差 ↓
↑K_d	小幅减少 ↘	减少 ↓	减少 ↓	变动不大 →	变好 ↑

5. 齐格勒－尼科尔斯方法

齐格勒－尼科尔斯方法是另一种启发式的调试方式，由 John G. Ziegler 和 Nathaniel B. Nichols 在 20 世纪 40 年代提出，一开始也是将 K_i 及 K_d 设定为 0，增加比例增益直到系统开始等幅振荡为止，当时的增益为 K_u，而振荡周期为 P_u，即可用表 7.2 中的方式计算增益。

表 7.2　控制器中路及其调试参数性能

控制器种类	K_p	K_i	K_d
P	$0.50K_u$	—	—
PI	$0.45K_u$	$1.2K_p/P_u$	—
PID	$0.60K_u$	$2K_p/P_u$	$K_pP_u/8$

6. PID 调试软件

大部分现代工业设备不再用上述人工计算的方式调试,而是用 PID 调试及最佳化软件来达到一致的效果。软件会收集资料,建立模型,并提供最佳的调试结果,有些软件甚至可以用参考命令的变化来进行调试。

数学的 PID 调试会将脉冲加入系统,再用受控系统的频率响应来设计 PID 的参数。若是系统的响应时间要数分钟,建议用数学 PID 调试,因为用试误法可能要花上几天才能找到可让系统稳定的参数。最佳解不太容易找到,有些数位的回路控制器有自我调试的程序,利用微小的参考命令来计算最佳的调试值。

也有其他调试的公式,它们都是依不同的性能判据所产生的。许多有专利的公式已嵌入在 PID 调试软件及硬件模组中。一些先进的 PID 调试软件也可以在动态的情况下用算法调整 PID 回路,这类软件会将程序建模,给系统提供摄动量,再根据系统响应计算参数。

7.5　总线舵机控制实践 2:驱动器参数调整

7.5.1　实验说明

(1) 连接 Roban 机器人舵机,使用机器人调试软件控制机器人往复运行。

使用 Roban 软件即可,软件会连接舵机,改变参数即可。

(2) 在舵机调试软件中修改舵机 P、D 数据,观察舵机运行情况。

如图 7.23 所示,在软件控制表有 D Gain 和 P Gain,可以更直观地观察更改数值后舵机的运动。

(3) 在实训环节配套舵机调试软件中修改对应舵机的控制参数,调整控制器参数,观察舵机运行曲线效果(位置、电流和电压等)。

与 3.7 小节实验类似,更改参数通过 Options 选择想要画出的曲线,在 Graph 绘出即可,如图 7.24 所示。

(4) 调整 P 参数,从小到大调整,观察舵机运行曲线效果。

更改 P Gain 的值,从小到大,通过 Graph 观察即可。

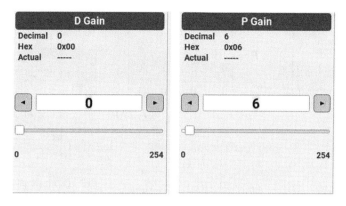

图7.23　在舵机调试软件中修改舵机 P、D 数据

图7.24　在实训环节配套舵机调试软件中修改对应舵机的控制参数

（5）调整舵机的 D 参数，从小到大调整，观察舵机曲线。

更改 D Gain 的值，从小到大，通过 Graph 观察即可。

（6）修改舵机上的负载值，调整机器人控制器的相关参数，观察运行效果。

调整参数，通过 Roban 机器人上位软件观察运行现象即可。

7.6　Roban 腿部运动仿真实验

7.6.1　第一关节和第二关节机器人末端正、逆运动学原理

以平面 2R 机器人为例讲述正、逆运动学，按如图7.25所示的方式建系。

由正运动学可以推得变换矩阵如下：

$$
{}_1^0\boldsymbol{T} = \begin{bmatrix} c_1 & -s_1 & 0 & 0 \\ s_1 & c_1 & 0 & 0 \\ 0 & 0 & 1 & 0 \\ 0 & 0 & 0 & 1 \end{bmatrix}, \quad {}_2^1\boldsymbol{T} = \begin{bmatrix} c_2 & -s_2 & 0 & L_1 \\ s_2 & c_2 & 0 & 0 \\ 0 & 0 & 1 & 0 \\ 0 & 0 & 0 & 1 \end{bmatrix}
$$

$$(7.27)$$

所以，

$$
{}_2^0\boldsymbol{T} = {}_1^0\boldsymbol{T}{}_2^1\boldsymbol{T} = \begin{bmatrix} c_{12} & -s_{12} & 0 & L_1 c_1 \\ s_{12} & c_{12} & 0 & L_1 s_1 \\ 0 & 0 & 1 & 0 \\ 0 & 0 & 0 & 1 \end{bmatrix} \qquad (7.28)
$$

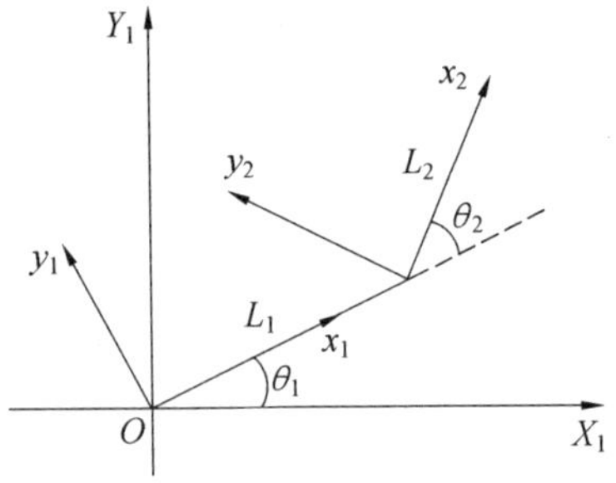

图 7.25　平面 2R 机器人建系

逆运动学假设目标点变换矩阵如下：

$$
{}_B^W\boldsymbol{T} = \begin{bmatrix} c\varphi & -s\varphi & 0 & x \\ s\varphi & c\varphi & 0 & y \\ 0 & 1 & 1 & 0 \\ 0 & 0 & 0 & 1 \end{bmatrix}
$$

目标是根据此变换矩阵解出两个关节的关节变量，具体推导过程如下：

$$
x = L_1 c_1, y = L_1 s_1 \Rightarrow \theta_1 = a\tan 2\left(\frac{y}{L_1}, \frac{x}{L_1}\right)
$$

$$
\varphi = a\tan 2(s\varphi, c\varphi)
$$

$$
\theta_2 = \varphi - \theta_1 \qquad (7.29)
$$

即可得出各关节关节变量的值。

7.6.2　第三关节和第四关节机器人末端正、逆运动学原理

建立如图 7.26 所示坐标系。

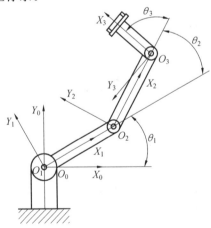

图 7.26　坐标系

该机器人连接变量取值见表7.3所列。

表7.3 机器人连接变量取值表

i	α_{i-1}	a_{i-1}	d_i	θ_i
1	0	0	0	θ_1
2	0	L_1	0	θ_2
3	0	L_2	0	θ_3

正运动学根据变换矩阵公式可以得到

$$
{}^0_1T = \begin{bmatrix} c\theta_1 & -s\theta_1 & 0 & 0 \\ s\theta_1 & c\theta_1 & 0 & 0 \\ 0 & 0 & 1 & 0 \\ 0 & 0 & 0 & 1 \end{bmatrix} \tag{7.30}
$$

$$
{}^1_2T = \begin{bmatrix} c\theta_2 & -s\theta_2 & 0 & L_1 \\ s\theta_2 & c\theta_2 & 0 & 0 \\ 0 & 0 & 1 & 0 \\ 0 & 0 & 0 & 1 \end{bmatrix} \tag{7.31}
$$

$$
{}^2_3T = \begin{bmatrix} c\theta_3 & -s\theta_3 & 0 & L_2 \\ s\theta_3 & c\theta_3 & 0 & 0 \\ 0 & 0 & 1 & 0 \\ 0 & 0 & 0 & 1 \end{bmatrix} \tag{7.32}
$$

$$
{}^0_3T = {}^0_1T = {}^1_2T = {}^2_3T = \begin{bmatrix} c_{123} & -s_{123} & 0 & L_1c_1 + L_2c_{12} \\ s_{123} & c_{123} & 0 & L_1s_1 + L_2s_{12} \\ 0 & 0 & 1 & 0 \\ 0 & 0 & 0 & 1 \end{bmatrix} \tag{7.33}
$$

逆运动学仍假定变换矩阵具有如下形式：

$$
{}^W_BT = \begin{bmatrix} c\varphi & -s\varphi & 0 & x \\ s\varphi & c\varphi & 0 & y \\ 0 & 1 & 1 & 0 \\ 0 & 0 & 0 & 1 \end{bmatrix} \tag{7.34}
$$

可以求得4个分线性方程如下

$$
\begin{cases} c\varphi = c_{123} & (1) \\ s\varphi = s_{123} & (2) \\ x = L_1c_1 + L_2c_{12} & (3) \\ y = L_1s_1 + L_2s_{12} & (4) \end{cases} \tag{7.35}
$$

将式(7.35)中(3)、(4)同时平方后相加,得到

$$x^2 + y^2 = L_1^2 + L_2^2 + 2L_1L_2c_2 \tag{7.36}$$

因此有

$$c_2 = \frac{x^2 + y^2 - L_1^2 - L_2^2}{2L_1L_2}, \quad s_2 = \pm\sqrt{1-c_2^2} \Rightarrow \theta_2 = a\tan 2(s_2, c_2) \tag{7.37}$$

令 $k_1 = L_1 + L_2c_2, k_2 = L_2s_2$,则式(7.35)中(3)(4)两式可改写为

$$\left. \begin{array}{l} x = k_1c_1 - k_2s_1 \\ y = k_1s_1 + k_2c_1 \end{array} \right\} \tag{7.38}$$

于是可得

$$\theta_1 = a\tan 2(y, x) - a\tan 2(k_2, k_1) \tag{7.39}$$

从而

$$\theta_3 = \varphi - \theta_1 - \theta_2 \tag{7.40}$$

则三个关节变量的值已被解出,完成了逆解运算。

7.6.3　仿真实验

1.打开节点管理器 roscore

新建一个终端输入 roscore,如图 7.27 所示。

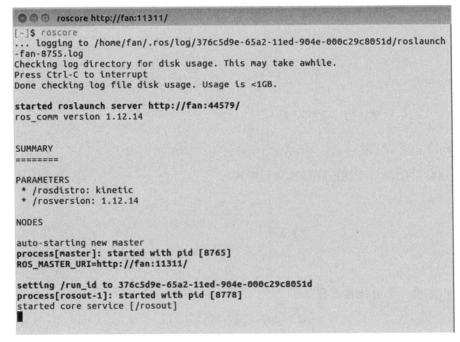

图 7.27　打开节点管理器

2. 打开仿真软件

新建一个终端,输入 cd CoppeliaSim Edu 后按回车键;再输入. /coppeliaSim. sh 后按回车键。打开软件,弹出弹窗选择"No"。

3. 将 Roban 模型导入仿真环境

将 /home/fan/robot_ ros_ application/catkin_ws/src/bodyhub/vrep 中的模型 Roban. ttt 拖入界面中即可。下面开始对腿部进行仿真。

4. 末端位置可视化、读取坐标

场景中单击鼠标右键 → Add → Graph,即可在界面左边看到 Graph 已添加,如图 7.28 所示。双击 Graph,在弹窗中选择 Add new data stream to record(图 7.29),在弹出窗口中,上面选择 Object:absolute x-position,下面选择 RLB6(图 7.30),即表示机器人右脚末端的 x 坐标,同理添加 y、z 坐标。双击每个数据可以为其改名,改成 XYZ。如图 7.31 所示,选择左下角 Adjust curve color 可以更改颜色,将三个数据换成三种不同颜色。

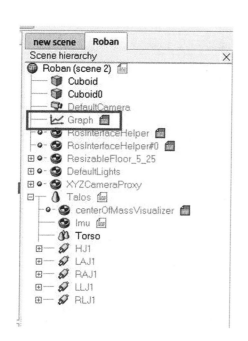

图 7.28　末端位置可视化、读取坐标

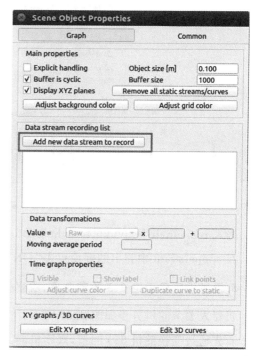

图 7.29　添加新数据

在之后的仿真中依赖 bodyhub 节点,首先以仿真模式启动 bodyhub 节点。

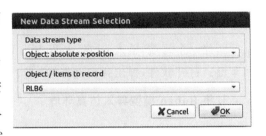

图 7.30　三个数据换成三种不同颜色

在 robot_ros_application/catkin_ws 中打开终端,输入 source devel/setup. zsh 后按回车键;再输入 sudo su 命令切换用户,输入密码 121 后按回车键;输入 source devel/setup. bash 后按回车键。

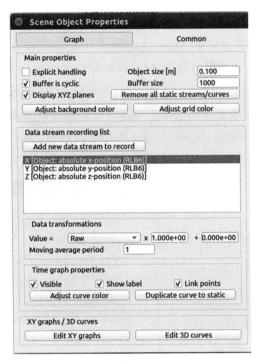

图 7.31　颜色替换完成

输入 roslaunch bodyhub bodyhub. launch sim：=true后按回车键,启动 bodyhub 节点。在 coppeliaSim 中弹出的弹窗点击"OK"。

5. 通过设定若干组 2、3 关节角度,观察机器人足端的末端位置

机器人关节舵机分步如图 7.32 所示。

首先通过变换舵机 3、9 的值,观察机器人姿态变化。

catkin_ws/src/actexecpackage/config 文件夹中的 trajectoryPlan_node. py 可以帮助实现给定舵机角度控制机器人位姿,更改代码中的 poseList 即可。

首先将舵机 3 和 9 设置为 −30,30,如图 7.33 所示。

在 actexecpackage/config 中新建终端,python trajectoryPlan_node. py,不同角度下机器人的位置如图7.34(a) 所示。设置为 30,−30,结果如图 7.34(b) 所示,设置为 15,

－15,结果如图 7.34(c) 所示。

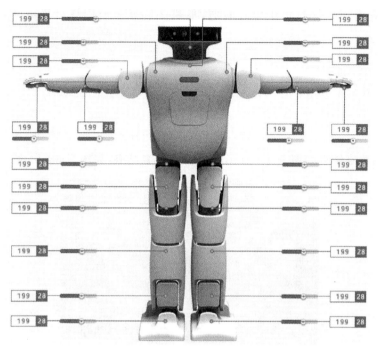

图 7.32 机器人关节舵机分步

```
if __name__ == '__main__':
    poseList = [
    [0,0,0,0,0,0, 0,0,0,0,0,0, 0,-75,-10, 0,75,10, 0,0, 0,0],
    [0,0,-30,0,0,0, 0,0,30,0,0,0, 0,-75,-10, 0,75,10, 0,0, 0,0],
    [0,0,0,0,0,0, 0,0,0,0,0,0, 0,-75,-10, 0,75,10, 0,0, 0,0],
    ]
```

图 7.33 将舵机 3 和 9 设置为 －30,30

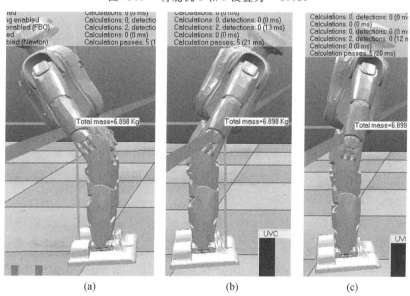

(a)   (b)   (c)

图 7.34 不同角度下机器人的位置

下面变换舵机 4 和 10 的值。

首先设置为 －30,30（由于重心问题，舵机 3 和 9 需要同样设置角度），如图 7.35 所示。

```
poseList = [
[0,0,0,0,0,0, 0,0,0,0,0,0, 0,-75,-10, 0,75,10, 0,0, 0,0],
[0,0,30,-30,0,0, 0,0,-30,30,0,0, 0,-75,-10, 0,75,10, 0,0, 0,0],
[0,0,0,0,0,0, 0,0,0,0,0,0, 0,-75,-10, 0,75,10, 0,0, 0,0],
]
```

图 7.35　舵机参数设置

－15° 的仿真结果如图 7.36(a) 所示，15° 的仿真结果，如图 7.36(b) 所示。

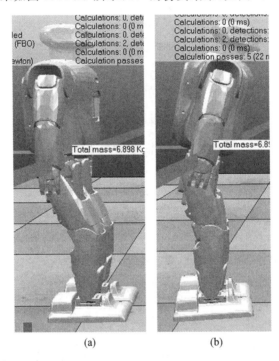

(a)　　　　　　　　(b)

图 7.36　不同角度下机器人的位置

6. 利用逆解程序让机器人运行

catkin_ws/src/ikmodule 是机器人逆解功能包，可以处理逆解相关运算。 以 ikmodule/walkEngine/examples 中的 singleLegStand.py 为例来讲解。

首先在 bodyhub 节点已经启动的前提下，启动 ik_module_node 节点。新开一个终端，输入 rosrun ik_module ik_module_node。

新开一个终端，输入 rosrun ik_module singleLegStand.py。在该代码的 main() 函数中，通过设置 zoffset 的值可以使机器人足端抬起不同高度，而逆解程序会自动算出 2、3 关节舵机应为多少度。设置 zoffset 的值分别为 0.05、0.1、0.15，结果如图 7.37 所示。

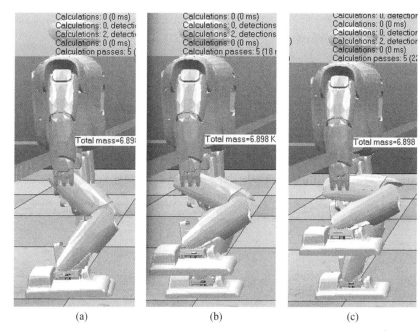

(a)   (b)   (c)

图 7.37　机器人足端抬起不同高度演示

7. 让仿真中的机器人足端以拱形轨迹运行（步态行走时的摆动相轨迹）

在 catkin_ws/src/gaitcommander/scripts 中新建文件 walkline. py,将以下代码填写进去,即可实现机器人步态行走左右脚共 10 步（行走视频扫描二维码可见）。可以看到 z 坐标为拱形变化, y 值不变, x 值阶跃上升。

```
#! /usr/bin/env python
import rospy
import time
from bodyhub. srv import SrvState
from std_msgs. msg import Bool
from std_msgs. msg import Float64MultiArray
GAIT_RANGE = 0.05
walkingPub = rospy. Publisher('/gaitCommand', Float64MultiArray, queue_size = 1)


def walking_client(walkstate):
    rospy. wait_for_service("/MediumSize/BodyHub/StateJump")
    client = rospy. ServiceProxy("/MediumSize/BodyHub/StateJump", SrvState)
    client(2, walkstate)


def slow_walk(direction, stepnum):
```

行走视频

```
array = [0.0, 0.0, 0.0]
if direction == "forward":
        array[0] = GAIT_RANGE
else:
        rospy.logerr("error walk direction")
for i in range(stepnum):
    if rospy.wait_for_message("/requestGaitCommand", Bool):
        walkingPub.publish(data = array)


def main():
    rospy.init_node("gait_test",)
    time.sleep(2)
    walking_client("setStatus")
    walking_client("walking")
    slow_walk("forward",10)


if __name__ == '__main__':
main()
```

gaitcommander/scripts 中打开终端,输入 python walkline.py。

8.控制仿真的机器人末端分别按照一个圆轨迹和方形轨迹运行

(1) 圆轨迹。

使机器人每前进一小段距离转一定角度即可,下面的代码中旋转角度为 10°。在 catkin_ws/src/gaitcommander/scripts 中新建文件 walkcircle.py,将以下代码填写进去。

```
#! /usr/bin/env python
import rospy
import time
from bodyhub.srv import SrvState
from std_msgs.msg import Bool
from std_msgs.msg import Float64MultiArray
GAIT_RANGE = 0.05
walkingPub = rospy.Publisher('/gaitCommand', Float64MultiArray, queue_size = 1)
def walking_client(walkstate):
    rospy.wait_for_service("/MediumSize/BodyHub/StateJump")
```

```python
client = rospy.ServiceProxy("/MediumSize/BodyHub/StateJump", SrvState)
client(2, walkstate)


def slow_walk(direction, stepnum):
    array = [0.0, 0.0, 0.0]
    if direction == "forward":
        array[0] = GAIT_RANGE
    elif direction == "turn_left":
        array[2] = 10
    else:
        rospy.logerr("error walk direction")
    for i in range(stepnum):
        if rospy.wait_for_message("/requestGaitCommand", Bool):
            walkingPub.publish(data=array)


def main():
    rospy.init_node("gait_test",)
    time.sleep(2)
    walking_client("setStatus")
    walking_client("walking")
    for i in range(36):
        slow_walk("forward", 2)
        slow_walk("turn_left", 2)

if __name__ == '__main__':
    main()
```

行走视频

在 gaitcommander/scripts 中打开终端，输入 python walkcircle.py。机器人行走视频扫描二维码可见，其部分行走轨迹利用 Graph 导出数据并绘图，如图 7.38 所示，近似为一个圆。

（2）方形轨迹。

控制机器人前进、左移、后退、右移相同步数即可。在 catkin_ws/ src/ gaitcommander/scripts 中新建文件 walksquare. py，将以下代码填写进去。

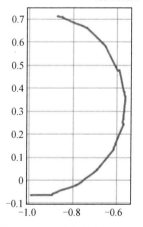

图 7.38　机器人行走轨迹 1

```python
#! /usr/bin/env python
import rospy
import time
from bodyhub.srv import SrvState
from std_msgs.msg import Bool
from std_msgs.msg import Float64MultiArray
GAIT_RANGE = 0.05
walkingPub = rospy.Publisher('/gaitCommand', Float64MultiArray, queue_size = 1)
def walking_client(walkstate):
    rospy.wait_for_service("/MediumSize/BodyHub/StateJump")
    client = rospy.ServiceProxy("/MediumSize/BodyHub/StateJump", SrvState)
    client(2, walkstate)


def slow_walk(direction, stepnum):
    array = [0.0, 0.0, 0.0]
    if direction == "forward":
            array[0] = GAIT_RANGE
    elif direction == "leftward":
            array[1] = 1 * GAIT_RANGE
    elif direction == "keep":
            array = array
    elif direction == "backward":
            array[0] = -1 * GAIT_RANGE
    elif direction == "rightward":
            array[1] = -1 * GAIT_RANGE
    else:
            rospy.logerr("error walk direction")
    for i in range(stepnum):
        if rospy.wait_for_message("/requestGaitCommand", Bool):
            walkingPub.publish(data = array)

def main():
    rospy.init_node("gait_test",)
    time.sleep(2)
```

```
        walking_client("setStatus")

        walking_client("walking")

        slow_walk("forward",4)

        slow_walk("keep",2)

        slow_walk("leftward",4)

        slow_walk("keep",2)

        slow_walk("backward",4)

        slow_walk("keep",2)

        slow_walk("rightward",4)

        slow_walk("keep",2)

if __name__ == '__main__':

        main()
```

在每次移动后添加了原地踏步函数,否则机器人会直接斜着迈出一步。

在 gaitcommander/scripts 中打开终端,输入 python walksquare.py。

机器人行走视频扫描二维码可见,其部分行走轨迹利用 Graph 导出数据

行走视频

并绘图,如图 7.39 所示,近似为一个方形。

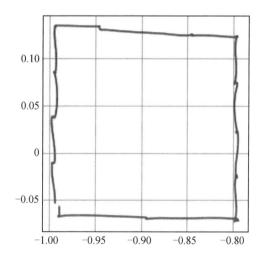

图 7.39 机器人行走轨迹 2

7.7　Roban 腿部运动实践

7.7.1　Roban 机器人的使用方法

首先将机器人连接电源,然后将机器人外接显示屏和鼠标键盘,如图 7.40 所示。打开机器人背后的开关,等待系统启动。进入 ubuntu 系统,点击右上角的 Wi-Fi,选择一个可以连接的 Wi-Fi,输入密码,成功连接过后,正常启动机器人,机器人则会自动连接 Wi-Fi。

图 7.40　背部接线
并连接 Wi-Fi

在计算机上打开上位机软件,将计算机和机器人连接在同一个 Wi-Fi 下,点击要连接的机器人的 IP,连接成功,如图 7.41 所示。连接成功后,即可通过计算机上位机软件控制机器人。

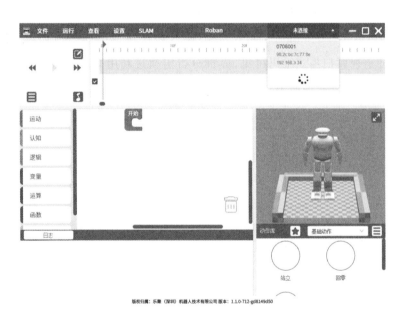

图 7.41　上位机软件连接机器人 IP

7.7.2　设置实验环境

利用机器人的背带,将机器人抬起并固定,使得实物机器人末端位置的轨迹可以可视化显示,如图 7.42 所示。

7.7.3　设定若干组 2、3 关节角度进行观察

通过上位机软件连接机器人,利用上位机软件调节二关节角度,调节界面如图 7.43 所示。

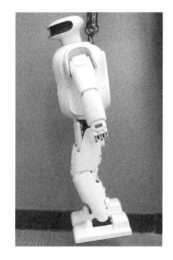

图 7.42　抬起并固定机器人　　　　　图 7.43　调节界面

分别调节二关节舵机值为 -15、+15、-35、+35,结果如图 7.44 所示。

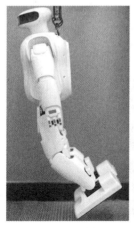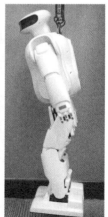

图 7.44　二关节调节状态

分别调节三关节舵机值为 10、30、50,结果如图 7.45 所示。

图 7.45　三关节调节状态

7.7.4　利用逆解库和逆解程序让机器人运行

把机器人外接显示屏、鼠标和键盘，利用机器人内部 ROS 功能包中的程序进行实验。

机器人开机后在终端输入：roscore

即打开 ROS 系统，然后输入：cd robot_ros_application/catkin_ws/

即进入工作空间，然后输入：source devel/setup. bash，从而设置环境变量。

利用 ik_module 功能包进行实验，在 catkin_ws/src/ikmodule/walkengin/examples 目录下找到 singlelegstand. py 文件，把文件中的 yoffset 参数改为 0，然后通过改变 zoffset 参数，即给定不同的 Z 坐标，进行逆解，观察各关节以及腿部末端的姿态和位置。

输入：\$ rosrun ik_module singlelegstand. py，运行程序。分别给定 Z 坐标为 0.01、0.03 和 0.05，观察结果如图 7.46、图 7.47、图 7.48 所示（运行视频扫描二维码可见）。

图 7.46　Z 坐标为　　　图 7.47　Z 坐标为　　　图 7.48　Z 坐标为
0.01 时腿部状态　　　0.03 时腿部状态　　　0.05 时腿部状态　　　运行视频

7.7.5　自行实现逆解库

本实验采用 Matlab 中的 robotic toolbox 功能包的逆解函数。首先根据机器人腿部建立 D－H 参数表，在 Matlab 中建立仿真模型，如图 7.49 所示。

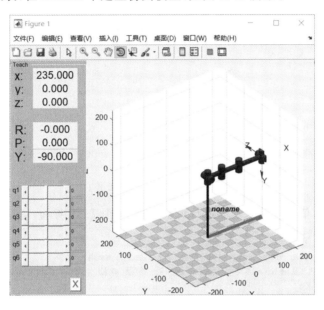

图 7.49　Matlab 演示

Matlab 代码：

% 使用 Link 类函数，基于 DH 法建模（改进型）

```
L(1) = Link([0,0,0,0],'modified');
L(2) = Link([-pi/2,0,0,-pi/2],'modified');
L(3) = Link([0,0,60,-pi/2],'modified');
L(4) = Link([0,0,75,0],'modified');
L(5) = Link([0,0,100,0],'modified');
L(6) = Link([0,0,0,pi/2],'modified');
```

通过给定不同的 Z 值进行逆解函数的逆解，直接将得到的各关节角度输入模型中进行逆解的验证。

Matlab 代码如下：

```
T = [0 1 0 0;
     0 0 1 0;
     1 0 0 Z;
     0 0 0 1]
q1 = Six_Link.ikine(T)
```

令 Z＝235，运行结果如图 7.50 所示。

```
命令行窗口

T =

     0     1     0     0
     0     0     1     0
     1     0     0   235
     0     0     0     1


q1 =

   -0.0000   -1.5708    0.0000   -0.0000    0.0000   -0.0000

fx >>
```

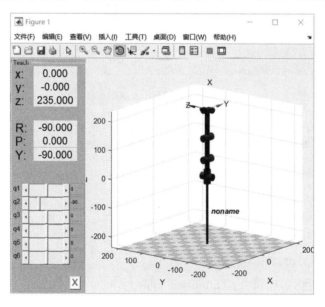

图 7.50　Matlab 运行结果

将得到的角度值依次输入模型进行观察，效果如图 7.51 所示，可以看出结果正确。

图 7.51　将得到的角度值依次输入模型

改变 Z 值为 220，并进行验证，图 7.52 为结果正确。

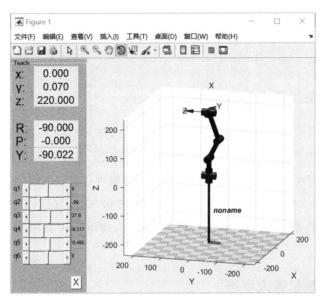

图 7.52　改变 Z 值为 220

7.7.6　让机器人足端以拱形轨迹运行

拱形轨迹运行即步态行走时的摆动相轨迹，用上位机软件（图 7.53）连接机器人，编写程序，让机器人向前迈出一步，观察足端轨迹即为拱形轨迹（运行视频扫描二维码可见）。

运行视频

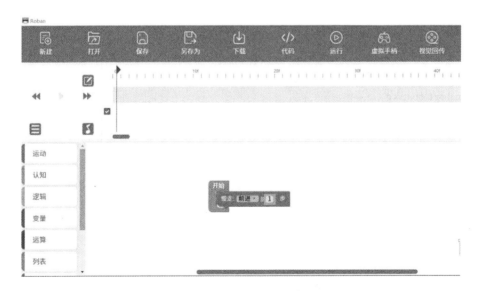

图 7.53　拱形轨迹运行模块

7.8　Roban 整机运动控制实践

7.8.1　控制机器人基本案例

通过 Roban 自带的调试软件 Roban 进行计算机与 Roban 的连接。

连接好后,点击软件中"直立"选项,机器人便完成了直立操作。修改关节 ID6 或者 ID12 的值便可以实现单腿站立、改变 ID9 和 ID3 的值可以实现前倾。

通过修改舵机参数,调整到不同数值,在人工的状态下运行机器人站立、单脚站立、前倾三种动作,将机器人放到斜面上观察实际机器人的运行效果都还不错。可以实现这些基本动作。

7.8.2　控制机器人步态

(1) 在 ROS 工作空间中执行下面函数即可实现 S 行走。

```python
#! /usr/bin/env python
# -*- coding: utf-8 -*-

import sys
import math
import time
import tty
import termios
import rospy
import rospkg

from std_msgs.msg import *
sys.path.append(rospkg.RosPack().get_path('leju_lib_pkg'))
import motion.bodyhub_client as bodycli
class Action(object):
    '''
    robot action
    '''
    def __init__(self, name, ctl_id):
```

```python
        rospy.init_node(name, anonymous = True)
        time.sleep(0.2)
        rospy.on_shutdown(self.__ros_shutdown_hook)
        self.bodyhub = bodycli.BodyhubClient(ctl_id)
    def __ros_shutdown_hook(self):
        if self.bodyhub.reset() == True:
            rospy.loginfo('bodyhub reset, exit')
        else:
            rospy.loginfo('exit')
    def bodyhub_ready(self):
        if self.bodyhub.ready() == False:
            rospy.logerr('bodyhub to ready failed! ')
            rospy.signal_shutdown('error')
            time.sleep(1)
            exit(1)
    def bodyhub_walk(self):
        if self.bodyhub.walk() == False:
            rospy.logerr('bodyhub to walk failed! ')
            rospy.signal_shutdown('error')
            time.sleep(1)
            exit(1)
    def start(self):
        print 'action start'
class Walking(Action):
    def __init__(self):
        super(Walking, self).__init__('walk_s_route', 2)
    def walk_s_route(self):
        for i in range(0, 5):
            self.bodyhub.walking(0.0, 0.0, 12.0)
        for i in range(0, 16):
            self.bodyhub.walking(0.07, 0.0, -7.5)
        for i in range(0, 16):
            self.bodyhub.walking(0.07, 0.0, 7.5)
        for i in range(0, 5):
```

```
            self. bodyhub. walking(0. 0，0. 0，－12. 0)
            self. bodyhub. wait_walking_done()
        def start(self)：
            self. bodyhub_walk()
            self. walk_s_route()
            rospy. signal_shutdown('exit')
    if __name__ == '__main__'：
        Walking(). start()
```

（2）在ROS工作空间中执行下面函数即可实现S行走，近似圆形和矩形行走，修改每一步的坐标即可，主要是调用 mCtrl. SendGaitCommand() 函数实现每一步的步态控制。

```
#！/usr/bin/env python
# － * － coding：utf－8－ * －
import sys
import time
import rospy
import rospkg
import math
sys. path. append(rospkg. RosPack(). get_path('leju_lib_pkg'))
import motion. motionControl as mCtrl
NodeControlId = 2
def rosShutdownHook()：
    mCtrl. ResetBodyhub()
if __name__ == '__main__'：
    print 'node runing...'
    rospy. init_node('demo_walking_node'，anonymous = True)
    time. sleep(0. 2)
    rospy. on_shutdown(rosShutdownHook)
    while not rospy. is_shutdown()：
        if mCtrl. SetBodyhubTo_walking(NodeControlId) == False：
            rospy. logerr('bodyhub to walking fail！')
            rospy. signal_shutdown('error')
            exit(1)
        #circle
```

```
# mCtrl. SendGaitCommand(0.05，0.05，0.0)
# mCtrl. WaitForWalkingDone()
# mCtrl. SendGaitCommand(0.05，0.05，0.0)
# mCtrl. WaitForWalkingDone()
        # mCtrl. SendGaitCommand(0.05，0.05，0.0)
# mCtrl. WaitForWalkingDone()
        # mCtrl. SendGaitCommand(-0.05，0.05，0.0)
# mCtrl. WaitForWalkingDone()
        # mCtrl. SendGaitCommand(-0.05，0.05，0.0)
# mCtrl. WaitForWalkingDone()
# mCtrl. SendGaitCommand(-0.05，0.05，0.0)
# mCtrl. WaitForWalkingDone()
        # mCtrl. SendGaitCommand(-0.05，-0.05，0.0)
# mCtrl. WaitForWalkingDone()
# mCtrl. SendGaitCommand(-0.05，-0.05，0.0)
# mCtrl. WaitForWalkingDone()
        # mCtrl. SendGaitCommand(-0.05，-0.05，0.0)
# mCtrl. WaitForWalkingDone()
        # mCtrl. SendGaitCommand(0.05，-0.05，0.0)
# mCtrl. WaitForWalkingDone()
        # mCtrl. SendGaitCommand(0.05，-0.05，0.0)
# mCtrl. WaitForWalkingDone()
# mCtrl. SendGaitCommand(0.05，-0.05，0.0)
# mCtrl. WaitForWalkingDon
        # rectangle
    mCtrl. SendGaitCommand(0.05，0.0，0.0)
mCtrl. WaitForWalkingDone()
mCtrl. SendGaitCommand(0.05，0.0，0.0)
mCtrl. WaitForWalkingDone()
    mCtrl. SendGaitCommand(0.05，0.0，0.0)
mCtrl. WaitForWalkingDone()
    mCtrl. SendGaitCommand(0.0，0.05，0.0)
mCtrl. WaitForWalkingDone()
    mCtrl. SendGaitCommand(0.0，0.05，0.0)
```

```
mCtrl. WaitForWalkingDone()
mCtrl. SendGaitCommand(0. 0，0. 05，0. 0)
mCtrl. WaitForWalkingDone()
        mCtrl. SendGaitCommand(-0. 05，0. 0，0. 0)
mCtrl. WaitForWalkingDone()
mCtrl. SendGaitCommand(-0. 05，0. 0，0. 0)
mCtrl. WaitForWalkingDone()
        mCtrl. SendGaitCommand(-0. 05，0. 0，0. 0)
mCtrl. WaitForWalkingDone()
        mCtrl. SendGaitCommand(0. 0，-0. 05，0. 0)
mCtrl. WaitForWalkingDone()
        mCtrl. SendGaitCommand(0. 0，-0. 05，0. 0)
mCtrl. WaitForWalkingDone()
mCtrl. SendGaitCommand(0. 0，-0. 05，0. 0)
mCtrl. WaitForWalkingDone()
mCtrl. ResetBodyhub()
if mCtrl. SetBodyhubTo_setStatus(NodeControlId) == False：
    rospy. logerr('bodyhub to setStatus fail! ')
    rospy. signal_shutdown('error')
    exit(1)
mCtrl. ResetBodyhub()
print("end")
rospy. signal_shutdown('exit')
```

7.9 机械臂逆解实物实验

7.9.1 实验说明

(1) 了解实物机器人杆件和放置杆件的对应关系；

(2) 让机械臂末端能够在 XOZ 平面中按照一个方形轨迹运行；

(3) 学习机械臂在 XOY 平面中的运行方法，让机械臂能够在 XOY 平面中按照一个方形轨迹运行；

(4) 在机械臂实物上添加网格纸，通过编程让机械臂可以运行到网格点中的任意位置；

(5) 理解机械臂在整个工作空间中运行的原理,在实验中能够实现将特定物体抓取后放置到另一个位置；

(6) 在实物中实现物体搜索功能,在特定空间中搜索物体并抓取放置到指定位置。

7.9.2　函数说明

(1) move_motor_to(x, y):X 号舵机运动到 Y 度。

(2) move_all_motor(motor_1, motor_2, motor_3):全部舵机一起运动。

(3) move_to(x, y, z):终端运动到指定坐标。

(4) get_all_motor():读取当前舵机值。

(5) get_coordinates():获取当前终端处理器坐标。

(6) read_io_input(x):读取 X 号端口输入值。

(7) send_io_output(x, y):向 X 号端口输出 Y。

(8) read_controller():读取手柄键值。

(9) turn_on_sucker():打开吸盘。

(10) turn_off_sucker():关闭吸盘。

(11) is_color_exist(color_h, color_s, color_v):是否识别到指定颜色。

(12) get_color_position(color_h, color_s, color_v):读取指定颜色的坐标,返回面积最大的区域的中心的坐标,未识别到,则返回 0。

(13) get_color_area(color_h, color_s, color_v):读取指定颜色的面积,返回面积最大的区域的面积,未识别到,则返回 0。

7.9.3　机械臂在 *XOZ* 平面按方形轨迹运行说明

直接修改机械臂末端位置坐标实现方形轨迹运动,实现代码如图 7.54 所示。

7.9.4　机械臂在 *XOY* 平面按方形轨迹运行说明

直接修改机械臂末端位置坐标实现方形轨迹运动,实现代码如图 7.55 所示。

```python
#!/usr/bin/env python3
# coding:utf-8

from lejulib import *
import time
if _name_ == '_main_':
    move_to(160,0,130)
    time.sleep(1)
    move_to(160, 0, 110)
    time.sleep(1)
    move_to(180, 0, 110)
    time.sleep(1)
    move_to(180, 0, 130)
    time.sleep(1)
    move_to(160, 0, 130)
    time.sleep(1)
    move_to(160, 0, 136)
    time.sleep(1)

    print("Hello World!")
```

图 7.54　机械臂在 XOZ 平面
按方形轨迹运行代码

```python
#!/usr/bin/env python3
# coding:utf-8

from lejulib import *
import time
if _name_ == '_main_':
    move_to(160,0,100)
    time.sleep(1)
    move_to(180,0,100)
    time.sleep(1)
    move_to(180,20,100)
    time.sleep(1)
    move_to(160,20,100)
    time.sleep(1)
    move_to(160,0, 100)
    time.sleep(1)
    move_to(160, 0, 136)
    time.sleep(1)

    print("Hello World!")
```

图 7.55　机械臂在 XOY 平面
按方形轨迹运行代码

7.9.5　机械臂末端抓取物体实验

抓取物体运动范围：内圈$(0,165.4,-50)\sim(0,-165.4,-50)$即以原点为圆心，165.4 mm 为半径的半圆；外圈$(0,245.8,-50)\sim(0,-245.8,-50)$即以原点为圆心，245.8 mm 为半径的半圆。

该圆环区域即为可抓取物体的放置范围。例如，抓取坐标为$(166,96,0)$位置的物体并放置在$(26,200,0)$处。直接修改机械臂末端位置坐标实现抓取，实现代码如图 7.56 所示。

```python
#!/usr/bin/env python3
# coding:utf-8

from lejulib import *
import time
if _name_ == '_main_':
    turn_on_sucker()
    move_all_motor(90,0,0)
    move_to(166,96,-50)
    time.sleep(2)
    move_to(166,96,0)
    time.sleep(2)
    move_to(26,200,0)
    time.sleep(2)
    move_to(26,200,-40)
    time.sleep(2)
    turn_on_sucker()
    move_all_motor(90, 0, 0)
    time.sleep(2)

    print("Hello World!")
```

图 7.56　修改机械臂末端位置坐标实现抓取

第8章　机器人轨迹规划

8.1　机器人轨迹规划和运动曲线基本概念

8.1.1　运动曲线

一个物体的运动遵循一条轨迹。在一台自动机械中,运动可以是沿一条直线的单轴运动。在一些更加复杂的场合中,如 CNC 的切削刀具可能要求沿圆周运动,就要求多轴联动。当机械的轴被要求从点 A 移动到点 B 时,需要生成这两点间的连接轨迹。在运动控制中,这条轨迹也称为运动曲线。运动曲线应该可以将物体以一个平滑的加速从点 A 出发进入匀速运行状态,匀速运行一定时间以后,又以平滑的减速到达位置点 B 停止。运动控制器以规则的时间区间为伺服控制系统的每台电机产生速度和位置指令,形成运动曲线。这时各伺服控制系统将调节它的电机沿期望曲线移动对应的轴。

运动学在不考虑引发运动的力的情况下对运动进行研究。研究时间、位置、速度和加速度之间的关系。研究机械的运动学不仅在计算运动曲线中需要,而且也有助于在机械设计过程中正确选择各轴对应的电机。当一个轴坐标从点 A 运动到点 B 时,它的位置 $s(t)$ 的运动轨迹是时间的函数。速度 $v(t)$ 是给定时间区间内位置 $s(t)$ 的变化率。

由于一个函数的积分是函数曲线在无穷小区间函数值的和。因此,它等于曲线下的面积。因此,t 时刻的位置就等于直到时刻 t 的速度曲线下的面积,如图 8.1 所示。曲线上某一点的斜率可以通过微分得到。因此,加速度就是速度曲线的斜率。运动曲线的几何规则如下:

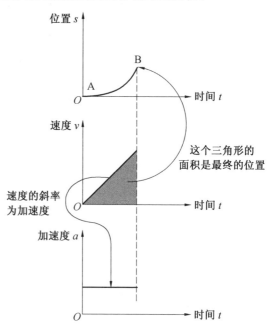

图 8.1　位置、速度、加速度之间的基本关系

（1）时刻 t 的位置等于速度曲线在直到时刻 t 时曲线下的面积；

（2）加速度是速度曲线的斜率。

8.1.2　单轴运动

单轴运动就是在某段时间移动一个轴而没有和任何其他轴的联动。在工业运动控制中有两种运动形式在单轴运动中应用最为广泛：① 点动移动；② 回零。在这些运动中，轨迹计算一般采用梯形或 S 形速度曲线。

一个轴的点动移动或回零操作是很常用的。首先，点动指令可以从一个操作端（主机）向运动控制器发出。控制器收到指令，计算轨迹曲线，并执行这个运动。其次，也可以用一个用户界面的按钮。例如，当坐标轴 1 的点动按钮被按下并保持时，该轴就一直移动到按钮被释放为止。最后，点动移动和回零指令可以在运动程序中使用，让轴根据程序运动。

1. 点动移动

点动移动是一个单轴的简单运动。可以设定配置参数来定义点动运动的速度和加速度。指令可配置定义为：正向或负向移动到一个指定位置、通过一定距离、连续移动到任意的停止位置。

2. 回零

运动控制器有一个内部自带的回零搜索程序。回零的目的是为坐标轴建立绝对坐标参考位置，这个参考位置称为零位。回零对采用增量编码器位置反馈时是特别需要的，因为这种系统在上电时轴的位置是未知的。一旦零位被找到，所有后续运动都是参照这个零位来定义的。

尽管有几种回零方法，用得最多的还是通过一个传感器，用移动直到被触发的方案来建立零位。如图 8.2 所示为一个坐标轴，它有两个在行程末端的极限开关和一个在中间的零件开关。通常这些开关连线到该轴控制器对应的数字 I/O 上。

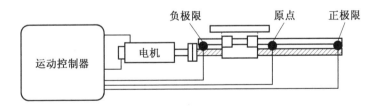

图 8.2　带两个限位开关和一个零位开关的直线轴

移动滑块直到被触发，程序由一个预触发和一个后触发段组成，如图 8.3 所示。在预触发段，轴以一个固定的回零速度朝零位传感器方向移动和加速。当轴撞到零位开关时，收到一个触发信号，预触发移动开始，轴减速，当前时刻轴位于零位的另一边。减速后控制器控制运动转入后触发移动。结果，轴平滑地改变它的移动方向，往回低速向零位开关移动。

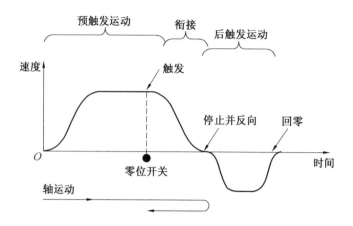

图 8.3　基于移动直到触发方案的零位搜索

在收到触发信号瞬间，轴位置（编码器计数值）被控制器的硬件捕获单元保存。这是当触发发生时捕获轴瞬时位置的精确方法。从这个触发位置，要继续执行后触发移动，使得轴移动到一个预先指定的距离。

用零位开关信号和电机编码器零脉冲（C(Z)脉冲）进行组合，可以得到更精确的零位。控制器的硬件捕获单元可以设为在回零开关被触发后捕获零脉冲的第一个上升沿，如图 8.4 所示。在这个触发后，轴减速，在它开始返回零位之前先短暂停留一会。在这一点，可以非常精确地知道停止位与触发位间的后触发距离，因此控制器可以计算出一条新的轨迹让轴返回触发位置，并将它记录作为零位。

可以在软件中定义一个零位偏移距离。这样零位传感器的零位位置可以通过软件设定来调整，而不用物理调整机器上传感器的位置。这个偏移被加到触发点作为运动的零位。

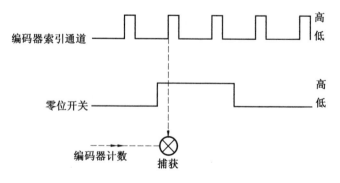

图 8.4　通过零位开关和编码器零脉冲捕获更精确的零位位置

8.2 常见运动曲线

有两种常用的运动曲线:梯形速度曲线和 S 形速度曲线。由于梯形速度曲线非常简单,因此应用非常普遍,而 S 形速度曲线可以使运动更为平滑。

8.2.1 梯形速度曲线

加速度变化将引起曲线的突变,梯形曲线由于在速度曲线的转角加速度不连续,存在 4 个加速度变化极大的冲击点。整个运动曲线可以划分为 3 段:加速段、恒速段(零加速)和减速段。

为了移动一个机械轴,通常需要知道下列运动参数:v_m——运动速度;a——加速度;s——轴坐标移动的距离。通过确定移动速度和时长,期望的运动轨迹可以通过编程写入运动控制器。这时,程序将求出轴坐标移动距离 s 的指令。

1. 几何方法

为了计算移动时间 t_m,可以对运动应用几何法则,从速度曲线的斜率 $a = v_m/t_a$ 入手。

2. 解析方法

应用运动控制器可以计算任意时刻的轴位置。由于运动由三个阶段构成,方程的计算需要使用各段正确的边界条件(t_0, v_0, s_0)。

8.2.2 S 形速度曲线

对计算机来说,梯形曲线比较简单,但它有一个很大的缺点。梯形的尖角会导致加速度的不连续,这将对系统引发无穷大(或实际上为极大)的冲击。

为了使加速度平滑连续,可将速度曲线的尖角圆滑处理为 S 形。圆角采用二次抛物线构造,这种重新构造的速度曲线在加速度的正、零、负各段之间转换时是平滑的。与梯形速度曲线不同,加速度不再是常数,并且加减速时产生的冲击也不是无穷大了。只要冲击有限,就不会突然使负载振动而破坏平滑的周期运行,电机电流、力或转矩突然变化的要求被消除。此外,减小了运动的高频振荡。因此,采用 S 形曲线可增加电机的使用寿命,提升系统的精度。

S 形速度曲线含有 7 个不同区间。其中 4 段用二次方程表达,剩余 3 段是斜率为正、零、负的直线。纯 S 形速度曲线由两段二次曲线组成。

8.3　机器人关节插值

　　下面讨论关节轨迹的插值计算。机械手运动路径点（节点）一般用工具坐标系$\{T\}$相对于工作坐标系$\{S\}$的位姿来表示。为了求得在关节空间形成所求轨迹，首先用运动学逆解将路径点转换成关节矢量角度值，然后对每个关节拟合一个光滑函数，使之从起始点开始，依次通过所有路径点，最后到达目标点。对于每一段路径，各个关节运动时间均相同，这样保证所有关节同时到达路径点和终止点，从而得到工具坐标系$\{T\}$应有的位置和姿态。尽管每个关节在同一段路径中的运动时间相同，但各个关节函数之间却是相互独立的。

　　关节空间法是以关节角度的函数描述机器人轨迹的，关节空间法不必在直角坐标系中描述两个路径点之间的路径形状，计算简单、容易。此外，由于关节空间与直角坐标空间之间并不是连续的对应关系，因而不会发生机构的奇异性问题。

　　在关节空间中进行轨迹规划，需要给定机器人在起始点和终止点手臂的位形。对关节进行插值时，应满足一系列的约束条件，如抓取物体时，手部运动方向（初始点），提升物体离开的方向（提升点），放下物体（下放点）和停止点等节点上的位姿、速度和加速度的要求；与此相应的各个关节位移、速度、加速度在整个时间间隔内连续性要求；其极值必须在各个关节变量的容许范围之内，等等。在满足所求的约束条件下，可以选取不同类型的关节插值函数，生成不同的轨迹。

　　下面着重讨论关节轨迹的插值方法。关节轨迹插值计算的方法较多，现简述如下。

8.3.1　三次多项式插值

　　在机械手运动过程中，由于相应于起始点的关节角度θ_0是已知的，而终止点的关节角θ_f可以通过运动学逆解得到。因此，运动轨迹的描述可用起始点关节角度与终止点关节角度的一个平滑插值函数$\theta(t)$来表示，$\theta(t)$在$t_0=0$时刻的值是起始关节角度θ_0，在终端时刻t_f的值是终止关节角度θ_f。显然，有许多平滑函数可作为关节插值函数，如图 8.5所示。

　　为了实现单个关节的平稳运动，轨迹函数$\theta(t)$至少需要满足四个约束条件，其中两个约束条件是起始点和终止点对应的关节角度。这组解只适用于关节起始速度和终止速度为零的运动情况。对于其他情况，后面另行讨论。

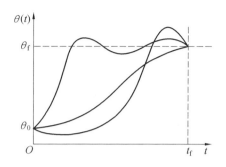

图 8.5　单个关节的不同轨迹曲线

8.3.2　过路径点的三次多项式插值

一般情况下,要求规划过路径点的轨迹。如果机械手在路径点停留,则可直接使用前面三次多项式插值的方法;如果只是经过路径点,并不停留,则需要推广上述方法。

实际上,可以把所有路径点也看作"起始点"或"终止点",求解逆运动学,得到相应的关节矢量值。然后确定所要求的三次多项式插值函数,把路径点平滑地连接起来。但是,在这些"起始点"和"终止点"的关节运动速度不再是零。

实际上,三次多项式描述了起始点和终止点具有任意给定位置和速度的运动轨迹。剩下的问题就是如何确定路径点上的关节速度,可由以下三种方法规定:

(1) 根据工具坐标系在直角坐标空间中的瞬时线速度和角速度来确定每个路径点的关节速度。

(2) 在直角坐标空间或关节空间中采用适当的启发式方法,由控制系统自动地选择路径点的速度。

(3) 为了保证每个路径点上的加速度连续,由控制系统按此要求自动地选择路径点的速度。

8.3.3　五次多项式的插值

如果对于运动轨迹的要求更为严格,约束条件增多,那么三次多项式就不能满足需要,必须用更高阶的多项式对运动轨迹的路径段进行插值。例如,对某段路径的起始点和终止点都规定了关节的位置、速度和加速度。

8.4　机器人驱动与控制技术

8.4.1　多轴运动

同步或协调的多轴联动包括:① 多电机单轴驱动;② 两轴或多轴联动;③ 采用主从

同步随动;④ 张力控制;⑤ 运动学。市场上有许多运动控制器可以提供大多数或所有类型的同步联动。

1. 单电机单轴驱动

在一些系统中,用不止一台电机来驱动一个单轴。这种应用典型的例子是龙门机床(图 8.6),它可用于喷水切割、焊接、雕刻或起重。在这个系统中,用两台电机(电机 1 和电机 2)驱动机床的基座做直线运动。这些电机必须同步以防止扭坏基座。

一个轴的所有电机都按这个轴定义的坐标系配置。在龙门机床场合,电机 1 和电机 2 都按系统的基座轴配置。这样,当运动控制器给基座轴发送运动指令时,指令发生器计算得到的位置指令就同样发给两台电机的伺服环。这时每个伺服环必须跟踪指令运动。假定所有伺服环都已经被很好地整定,这种方法就可以执行一个很好的电机间的联动去驱动同一个基座轴。这种联动又称为设定点协调运动。此外,两台电机还可以进行主从同步协调进行联动。

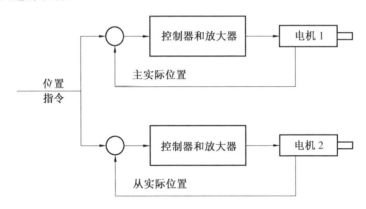

图 8.6　采用位置指令协调基座轴运动的龙门机床

2. 两轴或多轴联动

当有多个轴用运动控制器控制时,它们可以产生复杂的联动。一种实现联动的方法是通过圆弧和凸轮来实现。两个或更多直线轴也可以联动,在这种模式中,每台电机驱动一个轴,但所有轴都是联动的。

3. 主从同步随动

许多运动控制应用包含不被运动控制器控制的轴。例如,将纸张一类的连续带状材料切割成固定长度的系统中包含一个馈送轴,它通常不被控制切割刀具的运动控制器所控制。这个连续馈送轴可以由一台感应电机和它的变频器驱动。但是刀具的运动必须与馈送轴的速度或位置同步。由于运动控制器不控制所有的轴,它就不能通过联动来实现同步,需要采用另外一种方法。

对一个外部轴实现同步运动称为随动,也称为主从配置。外部轴称为主动轴,它的运动通过编码器检测。随动轴称为从动轴。注意一个主动轴可以配有多个从动轴。

来自主轴编码器的数据流送到从动轴作为一连串的位置指令。从动轴对这个轨迹进行跟踪随动。换句话说，从动轴的位置指令来自外部编码器而不是内部的指令发生器。

无论何时，只要可能就应当采用联动而不采用随动方案。因为联动轴的运行轨迹是数学运算产生的，它比通过外部主编码器产生的信号更平滑，编码器信号可能会有噪声。平滑的轨迹允许采用较高增益进行刚性的控制，得到较高的性能。

（1）电子齿轮。

主动轴运动与从动轴运动之间的一个常数齿轮比可以通过电子齿轮建立。如本章开始介绍的那样，在这些轴之间没有物理的齿轮。每个轴有自己的电机，通过软件实现同步。例如，如果齿轮比被编程为 1：5（主：从），那么当主坐标轴移动 1 单位长度时从坐标轴将移动 5 单位。由于从动轴的位置随主动轴的位置运动，电子齿轮也称位置随动齿轮。

电子齿轮最显著的优点是齿轮比是通过软件实现的，可以实时改变。不过，将电子齿轮装入控制器的存储器可能要花费一点时间，这在对时间要求非常严格的运动中是不希望出现的。电子齿轮的精度会受到坐标轴整定好坏程度的强烈影响，随动误差可能反过来影响系统的同步。另一个负面影响可能来自主编码器噪声，因为从动轴会跟踪这些数据甚至放大它。

一个电子齿轮的典型例子是龙门机床。如果它采用主从驱动，则基座的一台电机被选为主电机（电机 1），这台电机执行由控制器产生的轨迹指令。为使两台电机同步以防止基座被扭转，第二台电机（电机 2）成为第一台电机编码器反馈代码的从机。换句话说，主电机的反馈编码变成从电机的输入指令（图 8.7(a)）。如果主动轴收到的是点动指令，从动轴就简单地跟随它。

由于是将主电机的实际运动轨迹变为从电机的轨迹指令，轨迹跟踪的性能可能会受到限制。主电机的实际轨迹不可避免地会与它的指令轨迹有微小的偏离。当从电机接收主电机实际运动轨迹作为指令时，它的伺服环可能还要再增加更多对期望指令轨迹的偏离。一些控制器允许通过预设齿轮比在主从模式下用指令位置跟踪方式工作，如图 8.7(b) 所示。但是这只有主动轴和从动轴在相同的控制器控制下才有可能。

（2）电子凸轮。

考虑如图 8.8 所示的机械凸轮随动结构，凸轮的结构决定了随动运动。因此，随动器（从动）的直线位置是凸轮（主动）角位置的函数。

由于凸轮的形状是不规则的，随动器位置与凸轮位置之比是变化的。一种可能性是主、从轴之间采用电子齿轮，齿轮比实时变化，不过，加载新齿轮比到存储器的延时可能引起随动误差。

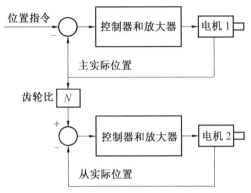

(a) 主编码器跟踪：主电机的编码器反馈值
通过齿轮比作为从电机的输入指令

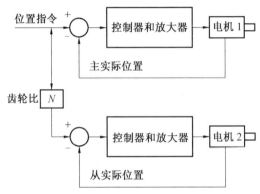

(b) 指令位置跟踪：主电机的运动指令
通过齿轮发给从电机

图 8.7　两种主从编程

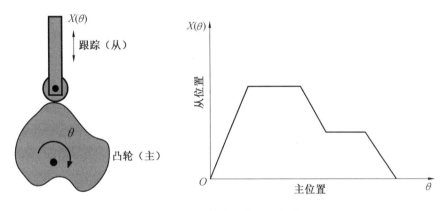

图 8.8　机械式凸轮跟踪机构

替代方法是,可以在运动控制器中用软件电子凸轮来实现这个变化的比率,电子凸轮比是瞬时变化的。这种凸轮可以在运动软件中用"比例随动"定义,它可以通过数学方程、查表,或时基控制实现。

重要的是要注意将从动位置编程为主动位置的函数,而不是时间,这是两个轴锁定同步的特点。尽管概念源于机械凸轮随动机构,利用电子等价替代机械凸轮随动机构时,软件可变比的实现能力远远超过了它的被替代者,许多复杂的多轴运动都可以用电子凸轮实现。

① 比例随动。

飞剪(或切长)是电子凸轮最常见的应用之一。一对夹辊将连续的材料以一定的速度送往机器,通常这个辊送轴用带有控制器的感应电机驱动,它不在机器的运动控制器控制之下。

夹棍上的主编码器给运动控制器提供位置和速度信息,以协调载有飞剪的从动轴运动。为了能够切割移动中的材料,从动轴的速度在切割期间必须与材料的速度相等。首先,需要将从动轴加速到材料速度,并且在执行切割时要跟踪这个速度,切割完成后,从动轴减速停车,并快速返回到飞剪的起点以准备开始下一切割周期。

一种描述同步运动的方法是画出相对主动轴距离的速度比。图8.9为飞剪所要求的同步运动。

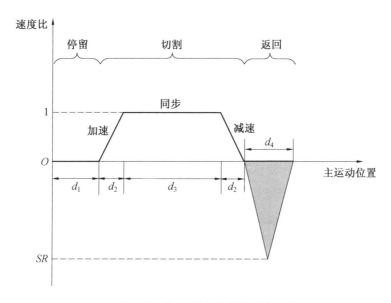

SR— 返回过程中,飞剪与材料的最大速度比

图 8.9　飞剪同步运动中与主运动位置相关的速度比

这个运动可以分成三个阶段:停留、切割和返回。图8.9的第一部分是停留区,作为一个变量它允许增加切割长度。在停留期间,材料通过的距离为 d_1。然后,切割区开始将飞剪加速到材料速度,这段时间材料通过的距离为 d_2。当飞剪在同步段开始位置与材

料速度相等（$SR = 1$）时，一个气动活塞将飞剪降低对材料进行切割。切割完成时材料和飞剪通过的距离为 d_3。在同步段末端，活塞释放缩回飞剪、从动轴开始减速停车，通过距离也为 d_2。到此切割区结束，飞剪必须在返回区回到它的原来位置。

这个运动曲线各段下的面积就是从动轴移动的距离。因此返回区三角形曲线下的面积必须等于切割区梯形速度曲线下的总面积，这样从动轴才能准确回到它的原始位置。

由于速度比是变化的，这个运动可以采用电子凸轮来编程。在同步段，速度比等于1，意味着从动轴与材料的速度是一样的。于是，移动的材料对从动轴看起来就像静止的一样。一些运动控制器用"比例随动"来实现电子凸轮。图 8.10 为一种典型的速度比与主位置运动曲线的恒加速段。

在每一段运动中，主动轴和从动轴移动时间相同。由于主动轴恒速移动，主动轴移动的距离直接正比于移动时间。换句话说，主动轴的距离 d_m 在比例随动模式中是与常规时基运动模式中的运动时间 t_m 是相似的。

回到飞剪应用，根据图 8.10 所示的飞剪同步运动中与主运动位置相关的速度曲线，很容易算出从动轴在主动轴每一段中必须移动的距离。也就是说，在运动程序中可以用一个运动时间和这段时间轴应移动的距离来指定每一个运动。按比例随动模式编程是与之类似的，只是需要在给定运动曲线各段从动轴位置之前用主动轴距离替代运动时间即可。

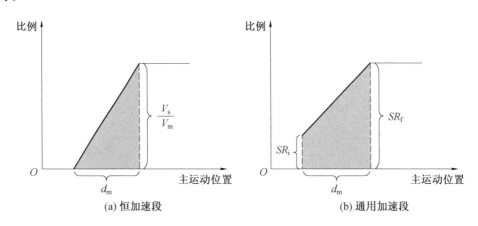

图 8.10　比例随动中的从动轴运动

外部主动轴的编码器连接到电机 1，编码值输入到运动控制器。这个输入被配置给 X 轴，定义为主动轴。电机 2 驱动从动轴，配置为 Y 轴。飞剪电磁线圈与 I/O 引脚连接，一旦到达同步段就被使能，材料与飞剪同步移动时，飞剪降低 300 ms 后自动缩回。

② 时基控制。

在主 / 从应用中，从动轴位置需要被编程为一个外部主动轴位置的函数。然而，所有计算的轨迹都是时间的函数。于是，所有运动指令也可以将运动描述为时间的函数。在时基控制中,运动时间与主动轴运动的距离成正比。这就允许从动轴的运动程序可以写得像所有的运动一样都按时间进行。

每种运动控制器都有它的伺服更新率。例如,如果伺服更新率是 2.5 kHz,那么每隔 $400\ \mu s$ 就要计算一次轨迹方程,更新伺服环,也称为伺服周期或采样周期(T_s)。一个轴的运动轨迹用离散时间方程计算时,可表述为

$$v_{k+1} = v_k + a\Delta t \tag{8.1}$$

式中　　k—— 采样数($k = 0, 1, 2, \cdots$);

　　　　a—— 加速度;

　　　　v_k—— 第 k 次采样时的速度;

　　　　v_{k+1}—— 计算得到的轨迹在第 $k+1$ 次采样点的速度值。

在这个轨迹计算中使用的时基是 Δt,是两次采样之间的时间间隔。

尽管仍然采用伺服每次的 1 ms 中断并用同样的方程计算,但最后速度 v_3 的结果并不相同。其影响是如果时基减半,最后的速度也减半($v_3 = 3$ 对 $v_6 = 6$)。这样,可以通过仅仅改变它的坐标系统时基就可以控制运动的速度。为了建立主编码器与时间的关系,必须改变间隔时间 Δt 的默认设定值。如果用主编码器的计数值和主动轴最大速度的倒数作为比例因子,可以将时间间隔定义为

$$\Delta t = \frac{1}{\omega_{\text{master}}^{\text{nom}}} \times \theta_{\text{master}} \tag{8.2}$$

式中　　$\omega_{\text{master}}^{\text{nom}}$—— 主动轴运行在它的期望运行速度(cts/ms)时的额定值;

　　　　θ_{master}—— 用主编码(cts)测定的主动轴移动距离。

当主动轴以额定速度运动时,单位时间内移动的距离与额定速度相等,因此,Δt 将等于 1。如果主动轴以额定速度的一半运行,移动距离也将减半。当用额定速度定标时,时基也将减半($\Delta t = 0.5$)。相应地,从动轴在它的运动程序中的运动也将运行在一半额定速度,以保持两个轴的运动同步。

8.5　PWM 舵机控制实践 2:舵机轨迹插值

(1) 让舵机以直线插值的方式进行往复运行,周期为 6 s。

图 8.11 为舵机接线图,直线插值代码如图 8.12 所示。

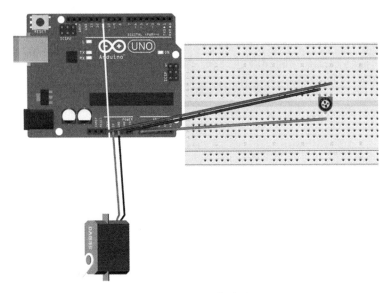

图 8.11　舵机接线图

```
int val;                        //变量val用来存储从模拟口0读到的值

void setup() {
    myservo.attach(11);         // 将引脚11上的舵机与声明的舵机对象连接起来

}

void loop() {
  for(val=0;val<179;val+=30){
    myservo.write(val);
      delay(500);
    }                           // 6次循环共3s
  for(val=179;val>0;val-=30){
    myservo.write(val);
    delay(500);
    }
      delay(500);               //6次循环共3s
  }
```

图 8.12　直线插值代码

（2）如图 8.13 所示为控制舵机在 $30° \sim 150°$ 范围往复运行，周期为 6 s，加 / 减速段为 $T/6$，匀速段为 $T/6$ 的代码示例。

```
int val;                        //变量val用来存储从模拟口0读到的值

void setup() {
     myservo.attach(11);// 将引脚11上的舵机与声明的舵机对象连接起来
Serial.begin(9600);
pinMode(3, OUTPUT);
}

void loop() {
  int step=1;
  for(val=30;val<75;step++){
       val+=step;                 //加速
    myservo.write(val);
      delay(100);

  }
  Serial.println(val);
// delay(100);
  for(val=75;val<105;val+=3){     //匀速
     myservo.write(val);
     delay(100);
  }
  Serial.println(val);
  step-=1;
  for(val=105;val<150;step--){    //减速
     val+=step;
     myservo.write(val);
     delay(100);
  }
// delay(100);
                                  // 共3s
  Serial.println(val);
  step=1;
  for(val=150;val>105;step++){
     val-=step;                   //加速
     myservo.write(val);
     delay(100);
  }
//delay(100);
  for(val=105;val>75;val-=3){     //匀速
     myservo.write(val);
     delay(100);
  }
  Serial.println(val);
  step-=1;
  for(val=75;val>30;step--){      //减速
     val-=step;
     myservo.write(val);
     delay(100);
  }
  Serial.println(val);
//delay(100);
     delay(400);                  //共3s
}
```

图 8.13   舵机控制代码 1

（3）图 8.14 为控制舵机在 $30°\sim150°$ 范围以正弦曲线往复运行，周期为 4 s 的代码示例。

```
#include <Servo.h>              // 声明调用Servo.h库
Servo myservo;                  // 创建一个舵机对象


int val;                        //变量val用来存储从模拟口0读到的值

void setup() {
     myservo.attach(11);;// 将引脚11上的舵机与声明的舵机对象连接起来
Serial.begin(9600);

}

void loop() {
  float t=0.4;
  float angle;
  for(val=30;;t=t+0.4){
       val=(90+60*sin(PI/2*t +PI*3/2));
       angle=PI/2*t +PI*3/2;
       Serial.print(angle);
       Serial.print(" ");
       Serial.println(val);
       myservo.write(val);
       delay(400);
  }
  delay(200);
}
```

图 8.14　舵机控制代码 2

8.6　总线舵机控制实践 3：舵机轨迹插值 1

8.6.1　实验要求

（1）复习总线舵机运行实验方法；

（2）让舵机以直线插值的方式进行往复运行，周期为 6 s；

（3）控制舵机在 $30°\sim150°$ 范围以梯形速度曲线往复运行，周期为 6 s，加 / 减速段为 $T/6$，匀速段为 $T/6$；

（4）控制舵机在 $30°\sim150°$ 范围以正弦曲线往复运行，周期为 4 s；

（5）以上各个实验需要给出代码原理框图、速度曲线、指令位置曲线和实际位置曲线。

8.6.2 实验过程

实验要求是使用直线插值法进行往复运动,周期是 6 s。使用直线插值法将舵机的运动分解,前半个周期从最小角度运动到最大角度,然后确定发送目标角度的频率,再通过这几个条件,写出正向运动的运动函数。然后同样的道理写出逆向运动的运动函数。

由于舵机运动本身的误差,对舵机的角度进行了 20° 的偏差调整。回调函数的代码如图 8.15 所示。

```c
//回调函数
void backCallFunc(void* arg){
    dxl comm result = packetHandler->read2ByteTxRx(portHandler,DXL ID,ADOR MX
PRESENT POSITIONl,&dxl present position,&dxl error);
    if(index){
        goal position = dxl present position;
        index = 0;
    }
    printf("%f",time count);
    printf("%f ",(dxl present position - dxl pre present position)*90/1024/0.05);
    printf("%f   ",dxl present position*90/1024.0);
    printf("%f\n",goal position*90/1024.0);
if(goal position < 100)
{
    goal position = 200;
}
if(dxl present position -20 < 200)
{
    dxl pre present position = dxl present position;
    goal position+=64;
    dxl comm result =packetHandler -> write2ByteTxRx(portHandler,DXL ID,ADOR MX
PRESENT POSITIONl,&dxl present position,&dxl error);
}
else if(dxl present position + 20 > 4000)
{
    dxl pre present position = dxl present position;
    goal positon -=64;
    dxl comm result =packetHandler -> write2ByteTxRx(portHandler,DXL ID,ADOR MX
PRESENT POSITIONl,&dxl present position,&dxl error);
}
else if(dxl present position - dxl pre present position > 0)
{
    dxl pre present position = dxl present position;
    goal positon -=64;
    dxl comm result =packetHandler -> write2ByteTxRx(portHandler,DXL ID,ADOR MX
PRESENT POSITIONl,&dxl present position,&dxl error);
}
else if(dxl present position - dxl pre present position < 0)
{
    dxl pre present position = dxl present position;
    goal positon +=64;
    dxl comm result =packetHandler -> write2ByteTxRx(portHandler,DXL ID,ADOR MX
PRESENT POSITIONl,&dxl present position,&dxl error);
}
time count +=0.05;
}
```

图 8.15 回调函数代码 1

运行结果如图 8.16、图 8.17 所示。

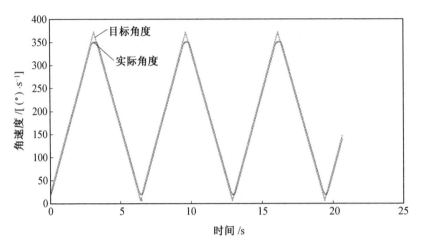

图 8.16　目标角度和实际角度

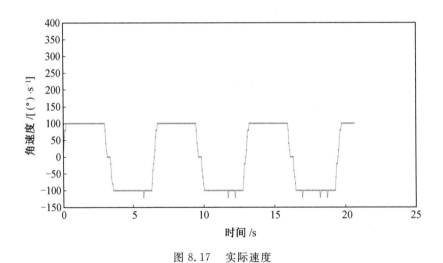

图 8.17　实际速度

控制舵机在指定角度内,速度以梯形的方式进行运动,加速、减速、匀速各 $T/6$。通过边界条件,把速度函数以及角度的位置函数求解出来,然后通过插值法,以一定的频率将每次的目标角度发送出去。代码和运行结果如图 8.18、8.19、8.20 所示。

```
void backCallFunc(void* arg){
    dxl comm result = packetHandler->read2ByteTxRx(portHandler,DXL ID,ADOR MX
PRESENT POSITIONl,&dxl present position,&dxl error);
    printf("%f",time count);
    if(time count <=20 ){
        goal position =341*0.05*0.05*temp count*temp count + 341 ;
        dxl comm result                    =packetHandler               ->
write2ByteTxRx(portHandler,DXL ID,ADOR MX
PRESENT POSITIONl,&dxl present position,&dxl error);
        printf("%f ",time count);
    }
    else if(time count >20 && time  count <=40 ){
        goal position += 34;
        dxl comm result                    =packetHandler               ->
write2ByteTxRx(portHandler,DXL ID,ADOR MX
PRESENT POSITIONl,&dxl present position,&dxl error);
        printf("%f ",60.0);
        printf("%f ",dxl present position*90/1024.0);
        printf("%f\n",goal position*90/1024.0);
    }
    else if(time  count >40 && time  count <=80 ){
        goal position = 341*0.05*0.05*temp count*temp count + 2048*0.05*temp count -
1365 ;
        dxl comm result                    =packetHandler               ->
write2ByteTxRx(portHandler,DXL ID,ADOR MX
PRESENT POSITIONl,&dxl present position,&dxl error);
        printf("%f ",180 - 0.05*60*temp count);
        printf("%f ",dxl present position*90/1024.0);
        printf("%f\n",goal position*90/1024.0);
    }
    else if(time count >80 && time  count <=100 ){
        goal position -= 34;
        dxl comm result                    =packetHandler               ->
write2ByteTxRx(portHandler,DXL ID,ADOR MX
PRESENT POSITIONl,&dxl present position,&dxl error);
        printf("%f ",-60.0);
        printf("%f ",dxl present position*90/1024.0);
        printf("%f\n",goal position*90/1024.0);
    }
    else if(time count >100 && time  count <=120 ){
        goal position = 341*0.05*0.05*temp count*temp count - 4096*0.05*temp count +
12629 ;
        dxl comm result                    =packetHandler               ->
write2ByteTxRx(portHandler,DXL ID,ADOR MX
PRESENT POSITIONl,&dxl present position,&dxl error);
        printf("%f ",60*temp count*0.05 - 360);
        printf("%f ",dxl present position*90/1024.0);
        printf("%f\n",goal position*90/1024.0);
    }
```

图 8.18 回调函数 2

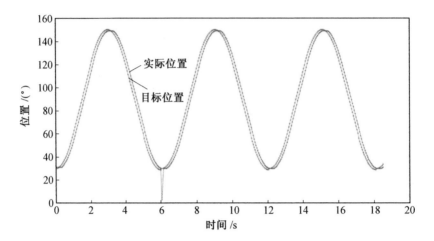

图 8.19　位置曲线

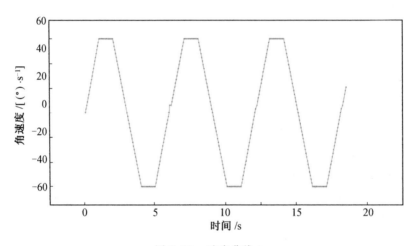

图 8.20　速度曲线 1

　　要求运动角度以正弦曲线运动，以一定的频率发送正弦函数的目标角度值给舵机。代码和运行结果如图 8.21、8.22、8.23 所示。

```
void backCallFunc(void* arg)
  {dxl comm result =
     packetHandler->read2ByteTxRx(portHandler,DXL ID,ADOR MX PRESENT POSITIONl,&dx
     l present position,&dxl error);
     goal position =628*sin(0.5*PI*temp count*0.05-0.5*PI)+1024 ;
     dxl comm result =
  packetHandler->write2ByteTxRx(portHandler,DXL ID,ADOR MX GOAL POSITIONl,goal p
  osition,&dxl error);
     printf("%f",time count);
     printf("%f ",(dxl present position - dxl pre present position)*90/1024/0.05);
     printf("%f ",dxl present position*90/1024.0);
     printf("%f\n",goal position*90/1024.0);
     time count+=0.05;
     dxl pre present position = dxl present position;
     }
```

图 8.21　正弦曲线运动代码

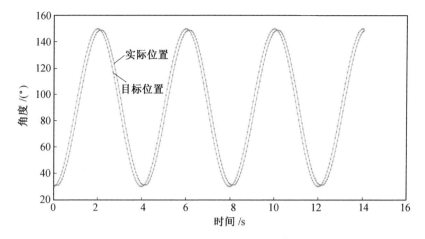

图 8.22 目标位置和实际位置

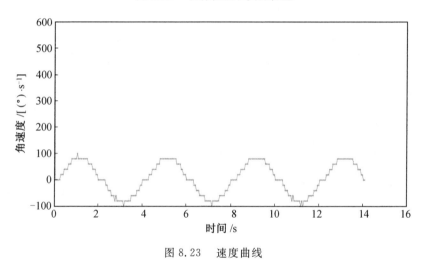

图 8.23 速度曲线

8.7 总线舵机控制实践 4：舵机轨迹插值 2

8.7.1 实验说明

（1）使用万用表在舵机不上电情况下测量舵机位置电位器的电阻数值，特别注意进入死区时的数值。

拆开舵机，如图 8.24 所示，最下面的就是电位器，测量引脚即可。死区电阻一边电阻远大于另一边电阻。

（2）使用万用表测量舵机上电情况下各个位置电源电压的数值，了解 LDO 的基本原理。

通电源,在舵机不运行的情况下,用万用表的电压挡测定每个位置的电压即可。最外面两引脚的电压为3.32 V,1、2间为2.42 V,2、3间为0.88 V。很明显后两者之和接近前者。

(3)使用示波器测量舵机以正弦曲线往复运行时舵机电位器的电压值,理解舵机当前位置测量的基本原理。

电压大致呈现正、余弦曲形形状,因为总的电阻是不变的,位置不同,两个可变电阻分配也不同。

(4)让舵机进行往复运行,测量 H 桥的输出值(图 8.25),理解 H 桥的工作原理。

图 8.24　舵机实物图

图 8.25　测量 H 桥的输出值

(5)让舵机在给定位置进行位置保持,轻微掰动舵机,测量 H 桥 PWM 的输出值,电流测量端口的电压。

如图 8.26 所示,端口电压在 7 V 左右。

图 8.26　测量 H 桥 PWM 的输出值

8.8 Roban 物体跟随仿真

8.8.1 摄像头颜色识别的基本方法

一般对颜色空间的图像进行有效处理都是在 HSV 空间进行的。HSV(Hue, Saturation, Value) 是根据颜色的直观特性由 A. R. Smith 在 1978 年创建的一种颜色空间,也称六角锥体模型(Hexcone Model)。这个模型中颜色的参数分别是色调(H)、饱和度(S)和明度(V)。

(1) 色调 H:用角度度量,取值范围为 $0° \sim 360°$,从红色开始按逆时针方向计算,红色为 $0°$,绿色为 $120°$,蓝色为 $240°$。它们的补色是黄色为 $60°$,青色为 $180°$,紫色为 $300°$。

(2) 饱和度 S:颜色接近光谱色的程度。一种颜色可以看成是某种光谱色与白色混合的结果。其中光谱色所占的比例越大,颜色接近光谱色的程度就越高,颜色的饱和度也就越高。饱和度高,颜色则深而艳。光谱色的白光成分为 0,饱和度达到最高。通常取值范围为 $0\% \sim 100\%$,值越大,颜色越饱和。

(3) 明度 V:明度表示颜色明亮的程度,对于光源色,明度值与发光体的光亮度有关;对于物体色,此值和物体的透射比或反射比有关。通常取值范围为 0%(黑)$\sim 100\%$(白)。

RGB 和 CMY 颜色模型都是面向硬件的,而 HSV 颜色模型是面向用户的。

HSV 模型的三维表示从 RGB 立方体演化而来。设想从 RGB 沿立方体对角线的白色顶点向黑色顶点观察,就可以看到立方体的六边形外形。六边形边界表示色彩,水平轴表示纯度,明度沿垂直轴测量。

从摄像头接收到图像之后,进行高斯模糊,转换颜色空间到 HSV,再对图片进行二值化处理,进行膨胀操作、腐蚀操作,根据给定的 HSV 阈值找到想要识别到的颜色代码如图8.27所示。

```
class Colorobject:
    def  init  (self, lower ,upper ,cName= ' none'):
        self.coLowerColor = lower
        self.coupperColor = upper
        self.coResult = {'find' :False, 'name' :cName}
    def detection(self, inage ,minisize=5):
        blurred = cv2.GaussianBlur(inage, (5, 5), 0) # 高斯模糊
        hsvIng = cv2.cvtColor(image, CV2.COLOR BGR2HSV) #转换颜色空间到 HSV
        mask = cv2.inRange(hsvImg,self .coLowerColor, self. coUpperColor) #对图片进行二
值化处理
        mask = cv2.dilate(mask, None, iterations=2) #膨胀操作
        mask = cv2.erode(mask, None, iterations=2) #腐蚀操作
        contours = cv2. findContours(mask.copy(), cv2 . RETR   EXTERNAL, CV2.CHAIN
APPROX  SIMPLE)[-2] # 寻找图中轮廓

        self . coResult['find'] = False
        if len(contours) > 0: #如果存在至少-个轮廓则进行如下操作
            c = max(contours, key=cv2. contourArea) #找到面积最大的轮廓
            self.coResult[ 'boundingR'] = cv2. boundingRect(c) #x,y,w,h
            if self. coResult[ ' boundingR'][2] > 5 and self. coResuit[ ' boundingR'][3] > 5 and
cv2. contourArea(c)>minisize:
                M = cv2. moments(c)
                self.coResult['Cx'] = int(M['m10']/M['m00' ])
                self.coResult['Cy'] = int(M['m01'/M['m00'])
                self. coResult[ 'contour'] = C
                self. coResult['find'] = True

        return self. coResult
```

图 8.27　颜色识别代码

8.8.2　如何从仿真摄像头中获取图像数据

1. 打开 ros

roscore

2. 打开 Vrep

cd CoppeliaSim_Edu

. /coppeliaSim. sh

3. 运行代码

将 roban 机器人的 Vrep 文件直接拖入 Vrep 窗口即可导入模型。直接运行代码即可。

8.8.3　使用直接法对物体进行跟随

使用直接法对物体进行跟随,代码如图 8.28 所示。

```
while True:
    # 取当前帧
    frame = vs.read()
    # (true, data)
    frame = frame[1]
    # 到头了就结束
    if frame is None:
        break

    # resize每一帧
    (h, w) = frame.shape[:2]
    width=600
    r = width / float(w)
    dim = (width, int(h * r))
    frame = cv2.resize(frame, dim, interpolation=cv2.INTER_AREA)

    # 追踪结果
    (success, boxes) = trackers.update(frame)##对新的画面,用追踪算法进行匹配

    # 绘制区域,对新的画面进行框图
    for box in boxes:
        (x, y, w, h) = [int(v) for v in box]
        cv2.rectangle(frame, (x, y), (x + w, y + h), (0, 255, 0), 2)

    # 显示
    cv2.imshow("Frame", frame)
    key = cv2.waitKey(100) & 0xFF

    if key == ord("s"):##ascii码是否一致
        # 选择一个区域,按s
        box = cv2.selectROI("Frame", frame, fromCenter=False,
            showCrosshair=True)

        # 创建一个新的追踪器
        tracker = OPENCV_OBJECT_TRACKERS[args["tracker"]]()##选择你设定参数的追踪算法
        trackers.add(tracker, frame, box)##将算法与画面与框打包成追踪器

    # 退出
    elif key == 27:
        break
```

图 8.28 直接法对物体进行跟随代码

8.8.4 采用 PD 控制加死区方法对物体进行追踪

采用 PD 控制加死区方法对物体进行追踪的代码如图 8.29 所示。

```
#过滤
if confidence > args [ "confidence"]:
    #the index of the class label from the
    #detections list
    idx = int(detections[0, 0,i, 1])#将可信的结果返回查找
    label =CLASSES[idx]
#只保留人的
#if CLASSES[idx] I= "person":
    ##continue

#得到 BBOX
#print (detections[0,0,i,3:7])
        box = detections[0,0, i,3:7] * np.array([w, h, w, h])##将位置信息变为正确的可追踪
格式
        ( startX,startY, endX,endY) = box.astype( "int")
#使用 dli 来进行目标追踪
#http://dlib.net/python/index.html#dlib.correlation tracker
t = dlib.correlation tracker()
rect = dlib.rectangle(int(startx), int(startY), int(endX), int(endY))#生成追踪框
t.start track(rgb, rect)#开始追踪

#保存结果
labels.append( label)
trackers.append(t)

#绘图
cv2.rectangle(frame, (startx, startY),(endx,endY),(0, 255,0),2)
cv2.putText(frame, label,(startX,startY - 15),
cv2.FONT HERSHEY SIMPLEX,0.45, (0, 255,0),2)
```

图 8.29 PD 控制加死区方法对物体进行追踪的代码

8.8.5　分别采用直线插值、三次样条、五次样条方法追踪

1. 直线插值

采用直线插值方法的追踪代码如图 8.30 所示。

```
class HeadJointcontrol_Thread(threading.Thread):
    def __init__(self , parent):
        super(HeadJointControl_Thread, self).__init__()
        self.parent = parent
        self._pid_x = pidAlg.PositionPID(p=0.03,d=0.01)
        self._pid_y = pidAlg.PositionPID(p=0.03,d=0.01)
        self._err_threshold = [2.0,2.0]
        self.controlID= 2
        self.HeadJointPub = rospy.Publisher( 'NediunSize/BodyHub/HeadPosition' ,JointControlPoint,queue_size=100)
        self.update_ctlid()
        self.target_pos=[0,0]

def run(self):
    self.set_head_servo([0,0])
    while (self.parent.running  and  not  rospy.is_shutdown()) and (self.parent.detect_fps < Fps_Threshold or self.parent.target_lost):
        time.sleep(0.1)
    while self.parent.running and not rospy.is_shutdown():
        errx=-self.parent.ball_pos[0]+self.parent.ing_size[0]/2
        erry=self.parent.ball_pos[1]-self.parent.ing_size[1]/2
        rspx=0
        rspy=0
        errx = errx*0.1
        erry = erry*0.1
#print(self.parent.ing_update ,self.parent.target_lost,errx,erry)
#执行阈值
        print( 'err: %f '%errx)
        for i in range(0, 10 ):
            if abs( errx)>self._err_threshold[0]:
                rspx=self._pid_x.run(errx)
            if abs(erry)>self._err_threshold[1]:
                rspy=self._pid_y.run(erry)

            self.target_pos[0]+=rspx
            self.target_pos[1]+=rspy

            if self.target_pos[0]>=H_limit:
                self.target_pos[0]=H_liMit
            elif self.target_pos[0]<=-H_liMit:
                self.target_pos[0]=-H_liMit
            if self.target_pos[1]>=V_liMit:
                self.target_pos[1]=v_limit
            elif self.target_pos[1]<=-v_liMit:
                self.target_pos[1]=V_limit

        #print(self.target_pos)
            self.set_head_servo( self.target_pos)
        time.sleep(0.1)
#self.set_head_servo( [0,0])
```

图 8.30　直线插值方法进行追踪代码

2. 三次样条

采用三次样条方法的追踪代码如图 8.31 所示。

```
class HeadJointcontrol Thread(threading.Thread):
    def   init  ( self , parent) :
        super(HeadJointcontrol Thread , self).  init  ()
        self.parent = parent
        self.  pid  x = pidAlg.PositionPID(p=0.4,d=0.1)
        self.  pid  y = pidAlg.PositionPID(p=0.4,d=0.1)
        self.  err threshold= [2.0， 2.0]
        self.controlID= 2
        self.HeadJointPub    =    rospy.Publisher(  'RediunSize/BodyHub/HeadPosition'  ,
JointControlPoint,queue size=100)
        self.update ctlid()
        self.target pos=[0,0]
    def run(self):
        self.set head ervo([0,0])
        while (self.parent.running and not rospy.is shutdown()) and (self.parent.detect fps <
FPS Threshold or self.parent.target lost):
            time.sleep(0.1)
        while self.parent.running and not rospy.is shutdown():
            errx = -self.parent.ball  , pos[0] + self.parent.ing size[0] / 2
            erry = self.parent.ball
            pos[1] - self.parent.ing size[1] / 2
            rspx = 0
            rspy = 0
            errx = errx * 0.1
            erry = erry * 0.1
# print(self. parent. img  update ,self. parent. target  lost,errx,erry)
# 执行阈值
            print('err: %f' % errx)
            for i in range(0, 10):
                if abs(errx) > self.  err .threshold[0]:
                    rspx = self.  pid x.run(errx)

                if abs(erry) > self.  err .threshold[1]:
                    rspy = self.  pid.y.run(erry)
                    self.target pos[0] += rspx * ((i + 1) / 10) ** 3
                    self.target pos[1] += rspy * ((i + 1) / 10) ** 3
                if self.target pos[0] >= V limit:
                    self.target pos[0] = V limit
                elif self.target pos[0]<=-V limit:
                    self.target pos[0]=-V limit

                if self. target  pos[1]>=V  limit:
                    self. target  ,pos[1]=V  limit
                elif self.target  ,pos[1]<=-V limit:
                    self.target  pos[1]=-V limit
# print(self. target  pos)
                self.set  head servo(self.target  ,pos)
                time.sleep(0.1)
# self.set  head  servo([0,0])
```

图 8.31　三次样条对物体进行追踪代码

3. 五次样条

采用五次样条方法的追踪代码如图 8.32 所示。

```
class HeadJointControl Thread( threading . Thread):
    def   init  (self, parent):
        super(HeadJointcontroi Thread, self).   init   ()
            self.parent = parent
            self.   pid  x = pidAlg. PositionPID(p=0.4,d=0.1)
            self.   pid  y = pidAlg.PositionPID(p=0.4,d=0.1)
            self.  err.threshold = [2.0, 2.0]
            self .controlID= 2
            self                                 .HeadJointPub                     =
rospy.Publisher('Mediumsize/BodyHub/HeadPosition',JointControlPoint, queue  size=100)
            self.update  ctlid()
            self.target  pos=[0,0]

    def run(self):
            self.set  head  servo([0,0])
        while.(self.parent. running and not rospy.is  shutdown()) and (self.parent.detect  fps <
FPS  Threshold or self.parent. target  lost):
            time.sleep(0.1)
        while self.parent. running and not rospy. is  shutdown():
            errx=-self.parent.ball   ,pos[0]+self. parent.ing  size[0]/2
            erry=self.parent.ball    pos[1]-self.parent.ing  size[1]/2
            rspx=θ
            rspy=0
            erry = erry*0.1
    # print(self.parent . ing  update ,self . parent. target.  lost,errx,erry)
    #执行阈值
    print('err: %f '%errx)
    for i in range(0,10):
        if abs(errx)>self.  err  threshold[0]:
            rspx=self.  pid  x. run(errx)
        if abs(erry)>self.   err  threshold[1]:
            rspy=self.  pid  y.run(erry)
            self. target  ,pos [0]+=rspx*((i+1)/10)**5
            self.target  ,pos[1]+=rspy*((i+1)/10)**5
        if self. target  pos[0]>=H  limit:|
            self.target  pos[0]=H  limit
        elif self.target  pos[0]<=-H  limit :
            self.target  ,pos[0]=-H  limit
        if self.target  ,pos[1]>=V  linit:
            self. target  ,pos[1]=V   limit
        elif self.target  pos[1]<=-V  limit:
            self. target  ,pos[1]=-V  limit
    # print(self. target  pos)
            self.set  head  servo(self.target  pos)
            time.sleep(0.1)
    # self.set  head  servo([0,0])
```

图 8.32   五次样条对物体进行追踪代码

8.9　Roban 物体跟随实践

8.9.1　合理调整摄像头的识别参数

按照如图 8.33 所示步骤运行脚本,本实验采用了蓝色的道具,然后进行参数的调节。点击回调图像中的道具区域,终端会打印该处的 HSV 参数,根据这些参数,在代码中更改 HSV 阈值,从而使得摄像头识别到想要的颜色。

在机器人中小球追踪的案例实现

运行追踪小球的脚本

```
cd ~/robot_ros_application/catkin_ws/
source devel/setup.bash
rosrun ros_higher_vocational_training_platform ball_tracking.py
```

也可以在 vnc-viwer 的终端运行传入 debug 参数显示识别结果:

```
cd ~/robot_ros_application/catkin_ws/
source devel/setup.bash
rosrun ros_higher_vocational_training_platform ball_tracking.py debug
```

这会在屏幕中显示机器人摄像头的实时图像, 识别出的小球结果会被一个红色矩形框起。

图 8.33　调整摄像头参数

续图 8.33

如图 8.34 所示,更改 HSV 阈值,设置为 $[0,160,50]-[50,220,255]$。

```
SERVO = client  action. SERVO
QUEUE   IMG = Queue.Queue(maxsize=2)
bridge = CvBridge( )

# Horizontal and vertical limit value
H  limit=70
V  limit=25

# fps threshold:Only when the frame rate is greater than this value, the head actuator will work
FPS   Threshold=20

# HSV 阈值
LowerRed = np.array([0, 160,50])
upperRed = np.array([50, 220,255])

class Action(object):
    '''
    robot action
    '''
```

图 8.34   更改 HSV 阈值

再次运行脚本,可以看到蓝色道具已经被识别到,被打上了矩形框,效果如图 8.35 所示。

图 8.35   颜色被识别

8.9.2　PD 控制对道具进行跟踪

含有 PD 控制线程的主要代码如图 8.36 所示,运行效果视频扫描二维码可见。

运行效果

```python
# 过滤
if confidence > args["confidence"]:
    # extract the index of the class label from the
    # detections list
    idx = int(detections[0, 0, i, 1])##将可信的结果返回查找
    label = CLASSES[idx]

    # 只保留人的
    ##if CLASSES[idx] != "person":
        ##continue

    # 得到BBOX
    #print (detections[0, 0, i, 3:7])
    box = detections[0, 0, i, 3:7] * np.array([w, h, w, h])##将位置信息变为正确的可追踪格式
    (startX, startY, endX, endY) = box.astype("int")

    # 使用dlib来进行目标追踪
    #http://dlib.net/python/index.html#dlib.correlation_tracker
    t = dlib.correlation_tracker()
    rect = dlib.rectangle(int(startX), int(startY), int(endX), int(endY))##生成追踪框
    t.start_track(rgb, rect)##开始追踪

    # 保存结果
    labels.append(label)
    trackers.append(t)

    # 绘图
    cv2.rectangle(frame, (startX, startY), (endX, endY),
        (0, 255, 0), 2)
    cv2.putText(frame, label, (startX, startY - 15),
        cv2.FONT_HERSHEY_SIMPLEX, 0.45, (0, 255, 0), 2)
```

图 8.36　PD 控制线程主要代码

8.9.3　直线插值对道具进行跟踪

直线插值对道具进行跟踪的代码如图 8.37 所示,运行效果视频扫描二维码可见。

运行效果

```
class HeadJointControl. Thread( threading. Thread):
    def  init  (self, parent):
        super (HeadJointontroi Thread, self).  init  ()
        self.parent = parent
        self.  pid  x = pidAlg.PositionPID(p=0.03 ,d=0.01)
        self.  pid  y = pidAlg. PositionPID(p=0.03,d=0.01)
        self.  err  threshold = [2.0, 2.0]
        self.ControlID= 2
        self          .        HeadJointPub       =        rospy.       Publisher(          '
MediunSize/BodyHub/HeadPosition',JointControlPoint, queue  size=100)
        self . update  ctlid()
        self. target  pos=[0,0]
    def run(self):
        self.set  head  servo([0,0])
    while (self. parent.running and not rospy. is shutdown()) and (self . parent.detect fps <
FPS  Threshold or self.parent.target  lost):
        time .sleep(0.1)
    while self.parent. running and not rospy.is shutdown() :
        errx=-self.parent. ball  ,pos[0]+self. parent.ing  size[0]/2
        erry=self.parent.ball pos[1]-self.parent.ing  size[1]/2
        rspx=0.
        rspy=0
        errx = errx*0.1
        erry = erry*0
    # print(self. parent. ing  update , self . parent. target  lost ,errx,erry)
    #执行阈值
    print('err: %f'%errx)
    for i in range(0,10):
        if abs(errx)>self.  err  threshold[0]:
            rspx=self.  pid  x.run(errx)
        if abs(erry)>self.  err  threshold[1]:
            rspy=self.  pid  y.run(erry)

        self.target  pos [0]+=rspx
        self.target  pos[1]+=rspy

        if self.target  pos[0]>=H  limit:
        self.target   ,pos[0]=H  limit
        elif self.target  pos[0]<=-H  linit:
        self. target  pos[0]=-H  limit
        if self.target  pos[1]>=V  limit:
        self. target  pos[1]=V  limit
        elif self. target   pos[1]<=-V  limit:
        self. target   ,pos[1]=-V  linit
    # print(self .target  ,pos )
        self.set  head  servo(self. target  ,pos)
        time.sleep(0.1 )
    # self.set  head  servo([0,0])
```

图 8.37　直线插值对道具进行跟踪的代码

8.9.4 三次曲线插值对道具进行跟踪

三次曲线插值对道具进行跟踪的代码如图8.38所示，运行效果视频扫描二维码可见。

运行效果

```
class HeadJointControl Thread( threading. Thread) :
    def init (self, parent):
        super(HeadJointcontroi Thread, self). init .()
        self.parent = parent
        self pid x = pidAlg.PositionPID(p=0.4,d=0.1)
        self pid y = pidAlg. PositionPID(p=0.4,d=0.1)
        self. err threshold = [2.0, 2.0]
        self.controlID= 2
        self.HeadJointPub         =         rospy.         Publisher(      '      Mediumsize
/BodyHub/HeadPosition',JointControlPoint, queue size=100)
        self.update ctlid()
        self.target pos=[0,0]
    def run(self):
        self.set head servo([0,0])
        while (self.parent. running and not rospy.is shutdown()) and (self. parent.detect fps <
FPS Threshold or self. parent. target Lost):
            time .sleep(0.1)
        while self.parent.running and not rospy.is shutdown():
            errx=-self.parent.ball ,pos[O]+self. parent.ing size[0]/2
            erry=self.parent.ball pos[1]-self. parent.ing size[1]/2
            rspx=0
            errx = errx*0.1
            erry = erry*0.1
# print(self. parent.ing. update ,self.parent. target lost,errx,erry)
#执行阈值
            print('err: %f'%errx)
            for i in range(0,10):
                if abs(errx)>self.    err  threshold[0]:
                    rspx=self.   pid   x.run(errx)
                if abs(erry)>self.    err  threshold[1]:
                    rspy=self.    .pid y.run(erry)
                self. target pos[0]+=rspx*((i+1)/10)**3
                self. target pos[1]+=rspy*((i+1)/10)**3

                if self. target pos[0]>=H linit:
                    self.target   pos [0]=H limit
                elif self.target pos[0]<=-H limit:
                    self. target pos[0]=-H limit

                if self. target  pos[1]>=V limit :
                    self.target   ,pos[1]=V limit
                elif self. target  ,pos[1]<=-V linit:
                    self. target  ,pos[1]=-V limit
# print(self.target  pos )
            self.set head servo(self.target pos)
            time.sleep(0.1)
# self.set  head  servo([0,0])
```

图 8.38 三次曲线插值对道具进行跟踪的代码

8.9.5 五次曲线插值对道具进行跟踪

五次曲线插值对道具进行跟踪的代码如图 8.39 所示,运行效果视频扫描二维码可见。

运行效果

```
class HeadJointControl   Thread( threading. Thread):
    def   init   (self, parent) :
        super (HeadJointControi Thread, self).   init    ()
        self.parent = parent
        self.pid  x = pidAlg.PositionPID(p=0.4,d=0.1)
        self.   ,pid  y = pidALg. PositionPID(p=0.4,d=0.1)
        self.   err  threshold = [2.0, 2.0]
        self.ControlID= 2
        self            .            HeadJointPub         =       rospy      .       Publisher(          '
MediunSize/BodyHub/HeadPosition',JointControlPoint, queue  size=100)
        self .update  .ctlid()
        self.target  pos=[0,0]
    def run(self):
        self.set    head    servo([0,0])
        while (self. parent.running and not rospy.is shutdown()) and (self.parent.detect fps <
FPS  Threshold or self . parent. target  lost):
            time.sleep(0.1)
        while self. parent.running and not rospy. is  shutdown():
            errx=-self.parent.ball pos[O]+self.parent.ing size[0]/2
            erry=self. parent.ball  pos[1]-self.parent.ing size[1]/2
            rspx=0
            rspy=0
            errx = errx*0.1
            erry = erry*0.1
    # print(self.parent . ing  update ,self. parent.target  lost ,errx,erry)
    #执行阈值
        print('err: %f '%errx)
        for i in range(0,10):
            if abs(errx)>seif.   err threshold[0]:
                rspx=self.   pid x. run(errx)

            if abs(erry)>self.   err threshold[1]:
                rspy=self.   pid y.run(erry)

        self. target  pos[0]+=rspx*((i+1)/10)**5
        self. target  pos[1]+=rspy*((i+1)/10)**5
            if self. target pos[0]>=H limit:
                self. target  pos[0]=H limit
            elif self.target pos[0]<=-H limit:
                self. target  pos[0]=-H limit
    if self.target pos[1]>=V limit:
    self.target  pos[1]=V  linit
    elif self.target pos [1]<=-V linit:
    self. target  pos[1]=-V  limit
    # print(self . target  ,pos)
        self.set head servo(self.target pos )
        time.sleep(0.1)
    # self.set head  servo([0,0])
```

图 8.39   五次曲线插值对道具进行跟踪的代码

8.9.6　梯形速度曲线插值对道具进行跟踪

梯形速度曲线插值对道具进行跟踪的代码如图 8.40 所示，运行效果视频
扫描二维码可见。

运行效果

```
def run(self):
    self.set_head_servo([0,0])
    while (self.parent.running and not rospy.is_shutdown()) and (self.parent.
        time.sleep(0.1)
    while self.parent.running and not rospy.is_shutdown():
        errx=-self.parent.ball_pos[O]+self.parent.ing_size[0]/2
        erry=self.parent.ball_pos[1]-self.parent.ing_size[1]/2
        rspx=0
        rspy=0
        errx = errx*0.1
        erry = erry*0.1
        # print(self.parent.ing_update ,self.parent.target_lost,errx,erry)
        #执行阈值
            print('err: %f'%errx)
        if abs(errx)>self.err_threshold[0]:
            rspx=self.pid_x.run(errx)

        if abs(erry)>self.err_threshold[1]:
            rspy=self.pid_y.run(erry)

        self.target_pos[0]+=rspx*1/64
        self.target_pos[1]+=rspy*1/64
        if self.target_pos[0]>=H_limit:
            self.target_pos[0]=H_limit
        elif self.target_pos[0]<=-H_limit:
            self.target_pos[0]=-H_limit
        if self.target_pos[1]>=V_limit:
            self.target_pos[1]=V_limit
        elif self.target_pos[1]<=-V_limit:
            self.target_pos[1]=-V_limit
        # print(self.target_pos)
        self.set_head_servo(self.target_pos)

        if abs(errx)>self.err_threshold[0]:
            rspx=self.pid_x.run(errx)

        if abs(erry)>self.err_threshold[1]:
            rspy=self.pid_y.run(erry)

        self.target_pos[0]+=rspx*3/64
        self.target_pos[1]+=rspy*3/64

        if self.target_pos[0]>=H_limit:
            self.target_pos[0]=H_limit
        elif self.target_,pos[0]<=-H_limit:
            self.target_pos[0]=-H_limit

        if self.target_pos[1]>=V_limit:
            self.target_pos[1]=V_limit
        elif self.target_pos[1]<=-V_limit:
            self.target_pos[1]=-V_limit

        # print(self.target_pos)
        self.set_head_servo(self.target_pos)

        if abs(errx) > self.err_threshold[0]:
            rspx = self.pid_x.run(errx)

        if abs(erry) > self.err.threshold[1]:
            rspy = self.pid_y.run(erry)

        self.target_pos[0] += rspx * 2 / 8
        self.target_pos[1] += rspy * 2 / 8

        if self.target_pos[0] >= H_limit:
            self.target , pos[0] = H_limit
        elif self.target , pos[0] <= -H_limit:
            self.target_pos[0] = -H_limit

        if self.target_pos[1] >= V_limit:
            self.target_pos[1] = V_limit
        elif self.target_pos[1] <= -V_limit:
            self.target_pos[1] = -V_limit

        # print(self.target_pos)
        seif.set_head_servo(self.target_pos)
        if abs(errx) > self.err_threshold[0]:
            rspx = self.pid_x.run(errx)
        if abs(erry) > self.err.threshold[1]:
            rspy = self.pid_y.run(erry)
        self.target_pos[0] += rspx * 0.25
        self.target_pos[1] += rspy * 0.25
```

图 8.40　梯形速度曲线插值对道具进行跟踪的代码

```
        if self.target pos[0]>=H limit:
            self.target , pos[0]=H limit
        elif self.target pos[0]<=-H limit:
            self.target pos[0]=-H limit
        if self.target pos[1]>=V limit:
            self.target pos[1]=V limit
        elif self.target pos[1]<=-V limit:
            self.target pos[1]=-V limit

# print(self.target pos)
self.set head servo(self.target pos)
        if abs(errx)>self. err threshold[0]:
            rspx=self. pid x.run(errx)

        if abs(errx)>self. err threshold[0]:
            rspx=self. pid x.run(errx)

        if abs(erry)>self. err threshold[1]:
            rspy=self. pid y.run(erry)

        self.target pos[0]+=rspx*0.125
        self.target pos[1]+=rspy*0.125

        if self.target pos[0]>=H limit:
            self.target pos[0]=H linit
        elif self.target pos[0]<=-H limit:
            self.target ,pos[0]=-H limit
        if self.target pos[1]>=V linit:
            self.target pos[i]=V linit
        elif self.target pos[1]<=-V limit:
            self.target pos[1]=-V limit

# print(self.target ,pos)
self.set head servo(self.target pos)

        if abs(errx)>self. err threshold[0]:
            rspx=self. pid x.run(errx)

        if abs(erry)>self. err .threshold[1]:
            rspy=self. pid y.run(erry)

        self.target pos[0]+=rspx/16
        self.target pos[1]+=rspy/16

        if self.target pos[0]>=H limit:
            self.target pos[0]=H limit
        elif self.target pos[0]<=-H limit:
            self.target pos[0]=-H limit
        if self.target pos[1]>=V linit:
            self.target pos[1]=V limit
        elif self.target ,pos[1]<=-V limit:
            self.target pos[1]=-V limit
# print(self.target ,pos)
self.set head servo(self.target pos)

if abs(errx)>self. err threshold[0]:
    rspx=self. pid x.run(errx)

if abs(erry)>self. err .threshold[1]:
    rspy=self. pid y.run(erry)

self.target pos[0]+=rspx*3/64
self.target pos[1]+=rspy*I/64

if self.target pos[0]>=H limit:
    self.target pos[0]=H limit
elif self.target pos[0]<=-H limit:
    self.target pos[0]=-H limit
if self.target pos[1]>=V limit:
    self.target pos[i]=V limit
elif self.target pos[1]<=-V limit:
    self.target pos[1]=-V limit

# print(self.target pos)
self.set head servo(self.target pos)
        time.sleep(0.1)
# self.set head servo([0,0])

set head servo(self ,angles):
if self.parent .debug:
    rospy.logwarn("pub angles: {}" .format(angles))
```

续图 8.40

8.10　Roban 人脸跟随实践

人脸识别技术是基于人的脸部特征,对输入的人脸图像或者视频流,首先判断其是否存在人脸,如果存在人脸,则进一步给出每张人脸的位置、大小和各个主要面部器官的位置信息。并依据这些信息,进一步提取每张人脸中所蕴含的身份特征,并将其与已知的人脸进行对比,从而识别每张人脸的身份。

8.10.1　人脸识别原理

人脸识别技术原理简单来讲主要有三大步骤:

(1) 建立一个包含大批量人脸图像的数据库,来源包括自传照片、身份证读卡器等;

(2) 通过各种方式来获得当前要进行识别的目标人脸图像;

(3) 将目标人脸图像与数据库中既有的人脸图像进行比对和筛选。

根据人脸识别技术原理具体实施起来的技术流程则主要包含以下四个部分:人脸图像的采集与预处理、人脸检测、人脸特征提取,以及人脸识别和活体鉴别。

人脸图像的预处理:其目的是在系统对人脸图像的检测基础之上,对人脸图像做出进一步处理,即灰度调整、图像滤波、图像尺寸归一化等,以利于人脸图像的特征提取。

人脸检测:在图像中准确标定出人脸的位置和大小,并把其中有用的信息挑出来(如直方图特征、颜色特征、模板特征、结构特征及 Haar 特征等),然后利用信息来达到人脸检测的目的。

人脸特征提取:人脸识别系统可使用的特征通常分为视觉特征、像素统计特征、人脸图像变换系数特征、人脸图像代数特征等。人脸特征提取就是针对人脸的某些特征进行的,也称人脸表征,它是对人脸进行特征建模的过程。

匹配与识别:提取的人脸特征值数据与数据库中存贮的特征模板进行搜索匹配,通过设定一个阈值,将相似度与这一阈值进行比较,来对人脸的身份信息进行判断。

8.10.2　算法调试

按照图 8.41 所示的步骤操作,调试算法,使得摄像头可以识别到视野中的人。(运行效果视频扫描二维码可见)

运行效果

运行人脸追踪的脚本

```
cd robot_ros_application/catkin_ws/
source devel/setup.bash
rosrun ros_higher_vocational_training_platform face_tracking.py
```

```
lemon@lemon-NUC8i3BEH:~$ cd robot_ros_application/catkin_ws/
lemon@lemon-NUC8i3BEH:~/robot_ros_application/catkin_ws$ source devel/setup.bash
lemon@lemon-NUC8i3BEH:~/robot_ros_application/catkin_ws$ rosrun ros_higher_vocational_training_platform face_tracking.py
[ INFO:5] Initialize OpenCL runtime...
```

在摄像头前移动，Roban 头部舵机会跟随人脸转动，当然头部不是 360°的

自由度，一般为正面的+90°~-90°。

结束程序可以使用"ctrl + c"。

可以用 vnc-viwer 软件或连接机器人的屏幕执行这个命令：

```
cd robot_ros_application/catkin_ws/
source devel/setup.bash
rosrun ros_higher_vocational_training_platform face_tracking.py debu
g
```

这会在系统中显示机器人摄像头的实时图像，识别出的人脸结果会被一个红色

矩形框起。

图 8.41   算法调试步骤

8.10.3   采用 PD 控制加死区的方法对视野中物体进行二自由度跟踪

在源码的基础上进行修改，代码如图 8.42 所示，运行效果视频扫描二维码可见。

设置 $p=0.5, d=0.3$，在类定义中加入两个参数，分别记录 x 方向和 y 方

向上一次的偏差值，代码如图 8.43 所示。

在线程中，添加如图 8.44 所示代码，作用是记录上次的偏差值。

运行效果

```
def thread set servos():
    set head servo([Face.pan, Face.tlt])
    step = 0.01
    p=0.5
    d=0.3
    print("A")
    while Face . running:
        start = tine. time()
        if abs(Face.error pan) > 15 or abs(Face.error tlt) > 15:
            if abs(Face.error pan) > 15:
                Face.pan          +=step          *          (p*Face.error pan+d*(Face
error pan-Face.error pan last))
            if abs(Face.error tlt) > 15:
                Face.tlt +=step * (p*Face.error tlt+d*(Face.error tlt-Face.error tlt last))

            if Face.pan > H limit:
                Face.pan = H limit
            elif Face.pan < -H limit:
                Face.pan = -H limit
            if Face.tlt > V limit:
                Face.tlt = V limit
            elif Face.tlt < -V limit:
                Face.tlt = -V limit
            set head servo([Face.pan, -Face.tlt])
        else:
            time.sleep(0.01)
        end = time. time( )
        print( 'tine1:%s '%(end-start))
    set head servo([0,0])
```

图 8.42 PD 控制加死区方法代码

```
class FaceConfig:
    def   init  (self):
        self. running = True
        self.size = 0.5
        self.face =0,0,0,0
        self.face roi = 0,0,0,0
        self.face emplate = None
        self.found face = False
        self . template matching running = False
        self. template matching start time = θ
        self. template matching current time = 0
        self .center  x = 160
        self .center  y = 120
        self.pan = 0
        self.tlt = 0
        self .error pan = 0
        self.error pan tast = 6
        self.error tlt last = 0
        Setr.COItTOtiUFZ
        self.HeadJointPub
rospy.Publisher( 'MediumSize/BodyHub/HeadPosition',JointControlPointqueue size=100 )
        self.update ctlid()
```

图 8.43 设置参数记录偏差值代码

```
def thread  face  center():
    while Face. running :
        time.sleep(0.01)
        face  x = Face.face[0] + Face.face[2] /2
        face  y = Face.face[1j + Face.face[3]/ 2
        if face  x==0 and face  y ==0:
            face  X = Face.center  x
            face  y = Face.center  y
        Face.error  pan  last=Face.error. pan
        Face.error  tlt  last=Face.error  tlt
        Face.error  pan = Face.center  x-face  x
        Face.error  tlt = Face.center  y.face  y
        rospy.Logdebug(Face.error. pan,Face.error  ttt %f ,%f", Face.error. pan, Face.error   tlt)
```

加入的代码

图 8.44　在线程中加入代码

8.10.4　在直线插值跟踪视野中做二维移动的人脸

首先改变如图 8.45 所示两线程中的频率和时间,即使得 set_servos 线程能在一个周期中发送多个值和坐标点。

```
def detectFace():
    rate = rospy.Rate(10)
    while not Face.found_face and Face.running:
        time.sleep(0.1)
        if not QUEUE_IMG.empty():
            frame = QUEUE_IMG.get()
        else:
            continue
        detectFaceAllSizes(frame)
        show_face(Face.face)

        while Face.found_face and Face.running:
            rate.sleep()
            if not Face.face_template.any():
                continue
            if not QUEUE_IMG.empty():
                frame = QUEUE_IMG.get()
            else:
                continue
            detectFaceAroundRoi(frame)
            if Face.template_matching_running:
                detectFacesTemplateMatching(frame)
            show_face(Face.face)


def thread_face_center():
    while Face.running:
        time.sleep(0.1)
        face_x = Face.face[0] + Face.face[2] / 2
        face_y = Face.face[1] + Face.face[3] / 2
        if face_x == 0 and face_y == 0:
            face_x = Face.center_x
            face_y = Face.center_y
        Face.error_pan_last=Face.error_pan
        Face.error_tlt_last=Face.error_tlt
        Face.error_pan = Face.center_x - face_x
        Face.error_tlt = Face.center_y - face_y
        rospy.logdebug("Face.error_pan,Face.error_tlt %f,%f", Face.error_pan, Face.error_tlt)
```

图 8.45　改变两线程中的频率和时间代码

调整好后,修改 set_servos 线程,代码如图 8.46 所示,最终的运行效果扫描二维码可见。

运行效果

· 250 ·

```python
def thread_set_servos():
    set_head_servo([Face.pan, Face.tlt])
    step = 0.005
    print("A")
    while Face.running:
        start = time.time()
        if abs(Face.error_pan) > 15 or abs(Face.error_tlt) > 15:
            for i in range(0,10):
                if abs(Face.error_pan) > 15:
                    Face.pan += step * Face.error_pan
                if abs(Face.error_tlt) > 15:
                    Face.tlt += step * Face.error_tlt

                if Face.pan > H_limit:
                    Face.pan = H_limit
                elif Face.pan < -H_limit:
                    Face.pan = -H_limit
                if Face.tlt > V_limit:
                    Face.tlt = V_limit
                elif Face.tlt < -V_limit:
                    Face.tlt = -V_limit
                set_head_servo([Face.pan, -Face.tlt])
        else:
            time.sleep(0.1)
        end = time.time()
        print('time1:%s'%(end-start))
    set_head_servo([0,0])
```

图 8.46 修改 set_servos 线程代码

8.10.5 在三次曲线插值跟踪视野中做二维移动的人脸

运行效果

前面调整步骤同直线插值,修改 set_servos 线程如图 8.47 所示,最终的运行效果扫描二维码可见。

```python
def thread_set_servos():
    set_head_servo([Face.pan, Face.tlt])
    step = 0.035
    print("A")
    while Face.running:
        start = time.time()
        if abs(Face.error_pan) > 15 or abs(Face.error_tlt) > 15:
            for i in range(0,10):
                if abs(Face.error_pan) > 15:
                    Face.pan  += 0.5*step * (((i+1)*0.1)**3)*Face.error_pan
                if abs(Face.error_tlt) > 15:
                    Face.tlt  += 0.5*step * (((i+1)*0.1)**3)*Face.error_tlt

                if Face.pan > H_limit:
                    Face.pan = H_limit
                elif Face.pan < -H_limit:
                    Face.pan = -H_limit
                if Face.tlt > V_limit:
                    Face.tlt = V_limit
                elif Face.tlt < -V_limit:
                    Face.tlt = -V_limit
                set_head_servo([Face.pan, -Face.tlt])
                print('error:%f'%Face.pan)
        else:
            time.sleep(0.01)
        end = time.time()
        print('time1:%s'%(end-start))
    set_head_servo([0,0])
...
```

图 8.47 在三次曲线插值跟踪视野中做二维移动的人脸代码

8.10.6 在五次曲线插值跟踪视野中做二维移动的人脸

前面调整步骤同直线插值,修改 set_servos 线程如图 8.48 所示,最终的运行效果扫描二维码可见视频。

运行效果

```python
def thread_set_servos():
    set_head_servo([Face.pan, Face.tlt])
    step = 0.04
    print("A")
    while Face.running:
        start = time.time()
        if abs(Face.error_pan) > 15 or abs(Face.error_tlt) > 15:
            for i in range(0,10):
                if abs(Face.error_pan) > 15:
                    Face.pan   += 0.8*step * (((i+1)*0.1)**5)*Face.error_pan
                if abs(Face.error_tlt) > 15:
                    Face.tlt   += 0.8*step * (((i+1)*0.1)**5)*Face.error_tlt

                if Face.pan > H_limit:
                    Face.pan = H_limit
                elif Face.pan < -H_limit:
                    Face.pan = -H_limit
                if Face.tlt > V_limit:
                    Face.tlt = V_limit
                elif Face.tlt < -V_limit:
                    Face.tlt = -V_limit
                set_head_servo([Face.pan, -Face.tlt])
                print('error:%f'%Face.pan)
        else:
            time.sleep(0.01)
        end = time.time()
        print('time1:%s'%(end-start))
    set_head_servo([0,0])
```

图 8.48 在五次曲线插值跟踪视野中做二维移动的人脸代码

8.10.7 在梯形速度曲线插值跟踪视野中做二维移动的人脸

前面调整步骤同直线插值,修改 set_servos 线程,根据梯形速度曲线积分,求得位置曲线,按照曲线规律,给定相应的坐标点,如图 8.49 所示,最终的运行效果扫描二维码可见。

运行效果

```
def thread_set_servos():
    set_head_servo([Face.pan, Face.tlt])
    step = 0.032
    print("A")
    while Face.running:
        start = time.time()
        if abs(Face.error_pan) > 15 or abs(Face.error_tlt) > 15:
                if abs(Face.error_pan) > 15:
                    Face.pan  += step * 1/16*Face.error_pan
                if abs(Face.error_tlt) > 15:
                    Face.tlt  += step * 1/16*Face.error_tlt

                if Face.pan > H_limit:
                    Face.pan = H_limit
                elif Face.pan < -H_limit:
                    Face.pan = -H_limit
                if Face.tlt > V_limit:
                    Face.tlt = V_limit
                elif Face.tlt < -V_limit:
                    Face.tlt = -V_limit
                set_head_servo([Face.pan, -Face.tlt])
                if abs(Face.error_pan) > 15:
                    Face.pan  += step * 3/16*Face.error_pan
                if abs(Face.error_tlt) > 15:
                    Face.tlt  += step * 3/16*Face.error_tlt

                if Face.pan > H_limit:
                    Face.pan = H_limit
                elif Face.pan < -H_limit:
                    Face.pan = -H_limit
                if Face.tlt > V_limit:
                    Face.tlt = V_limit
                elif Face.tlt < -V_limit:
                    Face.tlt = -V_limit
                set_head_servo([Face.pan, -Face.tlt])
                if abs(Face.error_pan) > 15:
                    Face.pan  += step * 0.25*Face.error_pan
                if abs(Face.error_tlt) > 15:
                    Face.tlt  += step * 0.25*Face.error_tlt

                if Face.pan > H_limit:
                    Face.pan = H_limit
                elif Face.pan < -H_limit:
                    Face.pan = -H_limit
                if Face.tlt > V_limit:
                    Face.tlt = V_limit
                elif Face.tlt < -V_limit:
                    Face.tlt = -V_limit
                set_head_servo([Face.pan, -Face.tlt])
                if abs(Face.error_pan) > 15:
```

图 8.49　在梯形速度曲线插值跟踪视野中做二维移动的人脸代码

```
            if abs(Face.error_pan) > 15:
                Face.pan  += step * 0.25*Face.error_pan
            if abs(Face.error_tlt) > 15:
                Face.tlt  += step * 0.25*Face.error_tlt

            if Face.pan > H_limit:
                Face.pan = H_limit
            elif Face.pan < -H_limit:
                Face.pan = -H_limit
            if Face.tlt > V_limit:
                Face.tlt = V_limit
            elif Face.tlt < -V_limit:
                Face.tlt = -V_limit
            set_head_servo([Face.pan, -Face.tlt])
            if abs(Face.error_pan) > 15:
                Face.pan  += step * 3/16*Face.error_pan
            if abs(Face.error_tlt) > 15:
                Face.tlt  += step * 3/16*Face.error_tlt

            if Face.pan > H_limit:
                Face.pan = H_limit
            elif Face.pan < -H_limit:
                Face.pan = -H_limit
            if Face.tlt > V_limit:
                Face.tlt = V_limit
            elif Face.tlt < -V_limit:
                Face.tlt = -V_limit
            set_head_servo([Face.pan, -Face.tlt])
            if abs(Face.error_pan) > 15:
                Face.pan  += step * 1/16*Face.error_pan
            if abs(Face.error_tlt) > 15:
                Face.tlt  += step * 1/16*Face.error_tlt

            if Face.pan > H_limit:
                Face.pan = H_limit
            elif Face.pan < -H_limit:
                Face.pan = -H_limit
            if Face.tlt > V_limit:
                Face.tlt = V_limit
            elif Face.tlt < -V_limit:
                Face.tlt = -V_limit
            set_head_servo([Face.pan, -Face.tlt])
            print('error:%f'%Face.pan)
        else:
            time.sleep(0.01)
        end = time.time()
        print('time1:%s'%(end-start))
set_head_servo([0,0])
```

续图 8.49

参 考 文 献

[1] 基洛卡. 工业运动控制:电机选择、驱动器和控制器应用[M]. 尹泉,王庆义,等译. 北京:机械工业出版社,2018.

[2] 黄志坚. 机器人驱动与控制及应用实例[M]. 北京:化学工业出版社,2016.

[3] 蔡自兴,谢斌. 机器人学[M].3 版. 北京:清华大学出版社,2015.

[4] 王斌锐,李璟,周坤,等. 运动控制系统[M]. 北京:清华大学出版社,2020.

[5] 融亦鸣,朴松昊,冷晓琨. 仿人机器人建模与控制[M]. 北京:清华大学出版社,2021.